U0606096

教育部高等学校材料类专业
教学指导委员会规划教材

国家级一流本科专业
建设成果教材

高等学校功能材料专业系列教材

功能材料
性能测试方法

董旭峰 主编

黄　昊　杜希文　副主编

本书配有数字资源与在线增值服务
微信扫描二维码获取

首次获取资源时，
需刮开授权码涂层，
扫码认证

刮开涂层
扫码认证

授权码

化学工业出版社

·北京·

内容简介

《功能材料性能测试方法》共 8 章，所涉及的功能材料全面覆盖金属、非金属、高分子及复合材料；性能测试方法涉及材料的电、磁、声、光、热等基本功能性能的测试技术。此外，面向新能源、光电催化等新兴领域，本书也将材料的电化学性能、催化性能的测试技术纳入其中，形成本书的特色内容。本书介绍各种方法的基本测试原理、测试仪器、测试过程及分析方法，同时在各章后加入了实际的测试案例，以增强本书对学生实践的指导意义。

本书既可作为高等学校功能材料专业本科生的教材，亦可作为从事功能材料研究的科研人员和工程师的参考书。

图书在版编目（CIP）数据

功能材料性能测试方法 / 董旭峰主编；黄昊，杜希文副主编. -- 北京：化学工业出版社，2025. 6.
（教育部高等学校材料类专业教学指导委员会规划教材）.
ISBN 978-7-122-48100-9

Ⅰ. TB342

中国国家版本馆 CIP 数据核字第 20253Q6E12 号

责任编辑：陶艳玲　　　　　　　文字编辑：邢苗苗
责任校对：王　静　　　　　　　装帧设计：史利平

出版发行：化学工业出版社
　　　　　（北京市东城区青年湖南街 13 号　邮政编码 100011）
印　　　装：大厂回族自治县聚鑫印刷有限责任公司
787mm×1092mm　1/16　印张 16¼　字数 394 千字
2025 年 10 月北京第 1 版第 1 次印刷

购书咨询：010-64518888　　　售后服务：010-64518899
网　　址：http://www.cip.com.cn
凡购买本书，如有缺损质量问题，本社销售中心负责调换。

定　　价：59.00 元　　　　　　　版权所有　违者必究

高等学校功能材料专业系列教材编委会

裴文利　东北大学

秦文静　天津理工大学

邱治文　宜春学院

任　宁　浙江超威创元实业有限公司

任小虎　西安建筑科技大学

孙剑锋　河北工业大学

孙可为　西安建筑科技大学

田瑞雪　内蒙古科技大学

王　超　沈阳工业大学

王　丹　华南理工大学

王　辅　西南科技大学

王　丽　河北工业大学

王连文　兰州大学

王庆富　青岛科技大学

王伟强　大连理工大学

王显威　河南师范大学

王亚平　河北工业大学

王育华　石家庄铁道大学

魏永星　西安工业大学

吴爱民　大连理工大学

吴朝新　西安交通大学

武四新　河南大学

肖聪利　北华航天工业学院

徐友龙　西安交通大学

杨春利　西安建筑科技大学

杨　枫　河南师范大学

杨　静　天津大学

伊廷锋　东北大学

袁　方　西安交通大学

云斯宁　西安建筑科技大学

张桂月　奥测世纪（天津）技术有限公司

张瑞云　中国华能集团清洁能源技术研究院有限公司

张善勇　哈尔滨工业大学

张晓丹　南开大学

张紫辉　河北工业大学

钟新华　华南农业大学

周　娜　石家庄铁道大学

朱玉梅　天津大学

本书编写人员名单

主编

　　董旭峰　　大连理工大学

副主编

　　黄　昊　　大连理工大学

　　杜希文　　天津大学

各章节编写人员

　　第 1 章：董旭峰　　大连理工大学

　　　　　　　黄　昊　　大连理工大学

　　第 2 章：李晓娜　　大连理工大学

　　第 3 章：裴文利　　东北大学

　　　　　　　董旭峰　　大连理工大学

　　第 4 章：蒋　丽　　大连理工大学

　　第 5 章：王显威　　河南师范大学

　　　　　　　李小方　　河南师范大学

　　　　　　　杨　枫　　河南师范大学

　　第 6 章：黄震威　　沈阳航空航天大学

　　第 7 章：胡方圆　　大连理工大学

　　第 8 章：周　娜　　石家庄铁道大学

审校

　　吴爱民　　大连理工大学

　　王伟强　　大连理工大学

总　序

材料是人类文明进步的基石。自 20 世纪 60 年代美国无线电科学家莫顿博士提出"功能材料"的概念以来，这一领域的发展始终与科技创新同频共振。相较于传统结构材料对力学性能的单一追求，功能材料以其独特的光、电、磁、热、声、化学等多元特性，不仅支撑着航天、国防等尖端领域的突破，更广泛渗透至智能穿戴、新能源、生物医疗等民生领域，深刻重塑着人类的生产与生活方式。功能材料已被纳入我国多项国家战略与政策体系中。从《中国制造 2025》到"十四五"规划纲要，从"双碳"目标引领到科技自立自强战略部署，功能材料均被明确列为战略性新兴产业的发展重点，是推动经济社会高质量发展、保障产业链供应链安全的关键领域。在这一时代背景下，对高层次、创新型功能材料专业人才培养提出了更为迫切的需求。

为响应国家战略性新兴产业发展规划，教育部于 2010 年批准设立功能材料专业，并于次年将其列入高等学校特色专业建设点。迄今，全国已有近 70 所高校开设该专业，更多院校在材料科学与工程大类下设立功能材料培养方向，逐步形成覆盖广泛、特色鲜明的专业布局。在教育部高等学校材料类专业教学指导委员会的指导下，2018 年由 12 所高校共同发起成立"全国高校功能材料专业联盟"，到 2025 年，联盟成员达到 40 个。在多年的合作过程中，联盟以服务国家战略、培养高层次人才为使命，秉承"共创、共融、共享、共赢"的理念，致力于推动专业标准、课程体系和教材建设，取得了显著的成效。

教材是教学之本，亦是人才培养的重要依托。长期以来，功能材料专业核心课程教材存在系统性不足、实践导向欠缺等问题。在教育部"面向未来的战略性新材料的教材研究与实践"项目支持下，联盟系统梳理了功能材料的知识体系，提出以电子运动为主线的专业框架，确立《功能材料基础》《功能材料合成与制备》《功能材料器件》及《功能材料性能测试方法》四门核心课程教材，并纳入教育部高等学校材料类专业教学指导委员会规划教材。后期，专业方向课程教材逐步建设，并加入本系列教材。

本系列教材以"宽口径、厚基础"为理念，整合国内外优秀教学资源，兼顾理论体系与工程实践，注重反映功能材料领域最新科研成果与产业趋势。在编写过程中，突出科学性、前沿性和适用性，力求内容编排贴合教学实际、难度适中，为全国高校功能材料专业提供一套体系完整、内容精良的教学用书。

我们期待本系列教材能够为推动我国功能材料教育高质量发展、服务国家战略需求贡献一份力量，也恳请广大师生和读者提出宝贵意见，共同促进专业教材体系的不断完善。

杜希文　天津大学
全国高校功能材料专业联盟
2025 年 7 月

前 言

为响应国家战略性新兴产业发展规划，教育部、财政部在 2011 年下发了《关于批准第七批高等学校特色专业建设点的通知》（教高函 [2011] 8 号），功能材料专业作为国家战略性新兴产业相关专业被列入其中。目前全国共有近 70 所高校开设功能材料专业，并有更多的高校在材料类大专业下设立功能材料培养方向。十余年来，全国高校积极探索本专业建设路径，但在核心课程教材建设方面仍面临系统性不足、实践导向欠缺等共性问题。《功能材料性能测试方法》作为专业基础课程，既是衔接理论与实践的桥梁，更是培育工程思维和创新能力的载体。在全面贯彻党的二十大精神、深化新时代教育教学改革的背景下，本书应运而生，由多所高校专业带头人和骨干教师联合编写，致力于打造兼具理论深度与实践价值的创新教材。

本书立足"新工科"建设理念，构建了"原理-仪器-方法-案例"四位一体的知识体系。在覆盖电、磁、声、光、热等基础性能测试的同时，加入电化学催化、新能源材料等前沿领域测试技术，形成传统与新兴交叉融合的内容架构。各章精心设计的测试案例均源自科研一线，通过"问题导入-方案设计-数据分析-结论提炼"的完整流程，培养学生解决复杂工程问题的能力。编写团队特别注重将课程思政元素有机融入技术原理阐释，在仪器发展史讲解中凸显我国科技工作者的创新贡献，在案例分析中渗透工匠精神和工程伦理教育。

本书由国内多所高校的功能材料专业骨干教师通力合作完成，大连理工大学董旭峰担任主编，大连理工大学黄昊和天津大学杜希文担任副主编，各章节编写人员均具有丰富的教学科研经验。第 1 章由董旭峰、黄昊编写；第 2 章由李晓娜编写；第 3 章由裴文利、董旭峰编写；第 4 章由蒋丽编写；第 5 章由王显威、李小方、杨枫编写；第 6 章由黄震威编写；第 7 章由胡方圆编写；第 8 章由周娜编写。全书由吴爱民、王伟强审校，由董旭峰、黄昊、杜希文统编定稿。

在成书过程中，编写组系统梳理了国内外经典文献和最新科研成果，通过线上线下混合式研讨确保内容的前沿性与准确性。特别感谢大连理工大学教材建设基金的全方位支持，以及化学工业出版社编辑团队的专业指导。限于编者水平，书中难免存在疏漏之处，恳请各界同仁不吝指正。

编者
2025 年 5 月

目 录

第1章　绪论

第 **2** 章 // 电性能测试方法

第 **3** 章 // 磁性能测试方法

第 4 章　声学性能测试方法

第 5 章　光学性能测试方法

第 6 章　热性能测试方法

第 7 章 // 电化学测试方法

第8章　催化性能测试方法

附　表

第 1 章

绪 论

    功能材料性能测试是全面深入了解功能材料特性的关键,在材料科学领域有着至关重要的地位。它犹如一把精准的钥匙,开启了功能材料神秘性能世界的大门,涵盖了电、磁、声、光、热、电化学和催化等多个领域的丰富测试手段。

    电性能测试方面,导电性测试方法用于衡量材料传导电流的能力,通过相关测量,能精准判定材料属于导体、半导体还是绝缘体,并获取其导电参数,这是研究导电功能材料的核心环节。介电性测试方法聚焦于材料在电场下的极化特性,通过测量介电常数和介电损耗等参数,可清晰知晓材料存储电能和在交变电场中能量损耗情况,对电容器等相关器件的材料研究有着重大意义。压电性测试方法则用于探测材料机械能与电能相互转换的压电效应,通过施加外力并测量电荷变化,或者反之,为压电材料在传感器、换能器等领域的应用提供了有力的数据支持。

    磁性能测试方面,基本磁性能测试方法是基础,通过测量磁滞回线等,获取饱和磁化强度、矫顽力等参数,从而确定材料的磁性类型,为磁性材料研究奠定基石。磁流变效应测试方法针对磁流变材料在磁场下的流变特性变化,评估磁流变液和磁流变弹性体在不同磁场强度下的黏度、黏弹性等性能,为智能阻尼器等应用提供关键依据。磁光效应测试方法用于测量材料在磁场作用下光学性质的改变,包括对光偏振、吸收特性的影响,在磁光存储等领域材料开发和评估中起着不可或缺的作用。磁致伸缩效应测试方法则通过检测材料在磁场中的尺寸变化,分为静态和动态测试方法,同时涉及磁机耦合系数的测试,为磁致伸缩材料在传感器、驱动器等应用方面提供必要参数。

    声性能测试方法主要涉及吸声和隔声性能。吸声性能测试方法通过测量吸声系数来评估材料对不同频率声音的吸收效果,对于吸声材料在建筑声学、噪声控制领域的研究和开发意义重大。隔声性能测试方法着重于测定材料的隔声系数,以此判断材料阻隔声音传播的能力,是隔声材料如隔声屏障性能评估的关键手段。

    在光性能测试方面,折射率测试方法依据光的折射与反射原理,测量材料的折射率,这对于光学透镜、光纤等光学元件材料的性能研究至关重要,能够确定光在材料中的传播特性。色散测试方法用于评估材料对不同波长光的色散能力,在需要精确控制光色散的光学仪器研究中有着重要价值。光吸收和透射测试方法可检测材料对光的吸收和透射情况,对于光吸收功能材料以及光学窗口等应用的材料研究有着指导作用。

    热性能测试方法包含多个维度。导热性测试方法通过测量热导率等参数评估材料的导热性能,了解材料传导热量的能力,对于热管理材料如散热片的研究至关重要。热容量测试方法用于确定材料吸收热量与温度变化的关系,掌握材料的热存储能力,在热设计中占据重要地位。热转变测试方法运用差热分析、热重分析、差示扫描量热等热分析手段,检测材料在加热过程中的相变、质量变化等情况,对研究材料的热稳定性和热行为意义非凡。热机械性能的测试方法,比如动态热机械分析(DMA),可测量材料在交变应力和温度作用下的力学性能和热性能的关系，对于高分子材料等在不同温度环境下的使用性能研究极为关键。

电化学性能测试方法是功能材料研究的重要组成部分。循环伏安测试技术通过在电极上施加循环变化的电位并测量电流响应，获取电极反应的氧化还原电位、反应动力学等信息，广泛应用于电池、电化学传感器等研究领域。交流阻抗法用于研究电极-溶液界面的电化学过程，通过测量不同频率下的阻抗，分析电极过程的动力学和传质过程，对于评估电池内阻等电化学性能价值重大。恒电流间歇滴定技术（GITT）在恒电流条件下间歇测量电位，可用于研究电极材料的扩散系数等参数，对锂电池等电极材料研究帮助很大。

催化性能测试方法从多个方面对催化剂进行评估。在评价参数上，包括催化剂的活性、选择性、稳定性、形貌与粒度大小以及环境友好性等，这些参数从不同角度全面衡量催化剂在化学反应中的性能表现。催化反应器有积分反应器、微分反应器、无梯度反应器等不同类型，为催化性能测试创造合适的反应环境。催化活性测试方法通过特定的活性表示方法和测定方法，研究催化剂加快化学反应速率的能力，并分析影响活性的因素，这对于催化剂的筛选和优化至关重要。催化选择性测试方法确定催化剂在复杂反应中对特定产物的选择性，通过相应的表示和测定方法，并考虑影响因素，对目标产物的高效生产具有指导意义。催化稳定性测试方法从表示方法、测定方法和影响因素等方面评估催化剂在长时间反应过程中的性能保持能力，确保催化剂在工业应用中的可靠性。催化剂抗毒性测试方法则用于研究催化剂抵抗中毒的能力，保障其在复杂反应环境中的稳定性和长期使用性能。

总之，功能材料性能测试方法丰富多样且相互交织，各个领域的测试方法均为系统化的方法体系，为功能材料在不同领域的应用开发和研究提供了全面、准确的数据支撑，为功能材料的研究与应用提供了坚实的实验基础，有力地推动着功能材料科学与技术不断向前发展。

1.1 电性能测试方法概述

1.1.1 导电性测试方法

材料导电性的测量本质上是对试样电阻的测量，因为在测得试样的电阻（R）和结合尺寸后，试样的电阻率（ρ）便可以根据公式 $\rho = R\dfrac{S}{L}$（S 和 L 分别表示试样的横截面积和长度）算出。跟踪测量试样在变温或变压装置中的电阻，就可以建立电阻与温度或电阻与压力的关系，从而得到电阻温度系数或电阻压力系数。

电阻的测量方法很多，一般都是根据测量的需要和具体测试条件来选择不同的测试方法。根据材料的电性能，可以分为导体、半导体和绝缘体三大类，每种材料都有各自的测量方式。

对于导体电阻的测量，要求测量结果精确，经常使用的测试方法有单电桥（惠斯通电桥）法、双电桥（开尔文电桥）法和直流电位差计测量法。

惠斯通电桥是 1833 年英国数学家 S. 克里斯蒂发明的，在 1843 年查尔斯·惠斯通推广使用后被大家熟知。惠斯通电桥是一种经典的桥式测量线路，由连接成封闭环式的四个电阻组成桥的四臂，其中一个为待测电阻，只要知道其它三个电阻的阻值就可以计算获得待测电阻的阻值。惠斯通电桥测量的相对误差取决于各已知电阻的相对误差，为了减小误差，在测量时标准电阻的阻值应该与待测电阻的阻值在同一数量级，相差不能过大，并且在电桥中的四个电阻阻值接近相等时，桥路灵敏度会接近最大值。单电桥适合测量 $10^2 \sim 10^6 \Omega$ 的中值电阻，对于小电阻的测量并不适用。若要测量数值较小的电阻，应该采用双电桥法或直流电位差计测量法。

开尔文电桥是 1862 年英国的 W. 汤姆孙提出的，被称为汤姆孙电桥，后因他晋封为开尔文勋爵，又称为开尔文电桥。双电桥法为了解决单电桥测量小电阻准确度低的问题，设计了电流接头和电压接头结构。双电桥法的精确度取决于标准电阻的精度和检流计的灵敏度，同时对待测电阻的尺寸精度有严格要求；为了消除环境温度对电阻值的影响，最好在恒温室进行。此外，将单电桥和双电桥合二为一做成一个两用电桥，通过不同接法，可以测量 $10^{-6} \sim 10^6 \Omega$ 的电阻，精度可达 0.02 级。

直流电位差计测量法是一种采用比较法进行测量的仪器，测量原理基于被测量和已知量之间的相互补偿，作为对比的已知量是标准电池的电动势，采用的比较方式是让一电流通过电阻，形成一已知压降，用此压降与被测电动势（或电压）进行比较，从而确定被测量的大小，再计算待测电阻。该方法的好处是在测量电阻时消除了连线电阻和接触电阻的影响，避免了方法误差，测量精度很高，达到 0.001 级。

对于半导体材料的电阻测量常用四探针法，这种测量的做法是：用四根金属探针同时与样品表面接触，金属探针之间的间距为 1mm，然后给其中两根探针通以恒值小电流，使样品内部产生压降，同时以高输入阻抗的直流电位差计或电压表来测量其它两根探针的电压，然后计算材料的电阻率。四探针法方便迅速，不会破坏样品，对样品形状无要求，且精度很高，缺点是受限于针距，当两点电阻间距小于 0.5mm 时，若电阻发生变化，很难被观察到。因此又提出一种新的微区电阻率测量法，称为单探针扩散电阻法，这种测量方法的原理是：金属探针在与半导体接触时会形成扩展电阻，测量这一电阻的阻值，然后根据已有的扩展电阻与电阻率的校正曲线，获得半导体微区电阻率。

对于绝缘体电阻的测量通常采用冲击检流计测量，可测得的绝缘电阻高达 $10^{16} \Omega$。

1.1.2　介电性测试方法

从导电角度来看，电介质并不导电，是绝缘体材料，但是将其置于电场中，在电场作用下材料内部会发生极化现象，结果就是出现沿电场方向有序排列的电偶极子，导致电极化强度不为零。电介质材料这种在电场作用下以电极化方式响应电场的性质称为介电性。这种电现象的产生是因为材料中存在束缚在原子、分子、晶格、缺陷等位置或局部区域内的束缚电荷，其不可长程迁移，在电场作用下，正负电荷中心不再重合，产生电偶极矩或电偶极矩的改变，从而产生极化或表面产生感应电荷。

电介质材料的介电性能测试主要包括绝缘电阻率、介电常数、介电损耗角正切及击穿电场强度的测量。

绝缘体电阻率通过三电极系统来测量。介电常数和损耗是通过测量试样与电极组成的电容、试样厚度和电极尺寸求得的，测量结果对外界影响因素非常敏感。介电常数的测量方法根据频率范围、材料性能、样品的加工尺寸等因素选择。几种常用的介电常数及损耗测量方法为直流法、电桥法、谐振电路法、传输线法（测量线法）和微波法。其中传输线法又分为驻波场法、反射波法和透射波法，分类标准按照电磁波与物质相互作用的类型。击穿电场强度又称介电强度，可用静电电压表、电压互感器、放电球隙等仪器并联于试样两端直接测出。

1.1.3 压电性测试方法

　　根据电介质材料极化特性表现不同，电介质材料另有三个特殊性质：压电性、热释电性和铁电性。当压力或拉力作用在某些晶体（主要是离子晶体）的一定方向上时，晶体内部，与该方向对应的表面上会分别出现正、负电荷，这一物理现象，称为压电效应，通过这一效应产生的电荷密度与所加外力大小成正比。压电效应分为正压电效应和逆压电效应。这种通过外加压力产生电荷，将机械能转化为电能的物理现象称为正压电效应。相反，如果将一块晶体置于外电场中，在电场的作用下，晶体发生极化，正负电荷中心位移，进而导致晶体发生形变，这种电能转化为机械能的物理现象称为逆压电效应。

　　压电性测量方法分为电测法、声测法、力测法和光测法四种，其中，电测法为常用的测量方法，根据样品的状态，电测法又可以分为动态法、静态法和准静态法。动态法是用交流信号激发样品，使之处于特定的振动模式，然后测电谐振及反谐振特征频率，通过适当的计算，可以获得压电参量的数值。

1.2　磁性能测试方法概述

1.2.1　基本磁性能测试方法

　　饱和磁化强度、磁导率、磁能积、矫顽力、剩磁等基本磁性能参数可通过测试磁滞回线得出。磁滞回线是指磁场强度发生周期性改变时，磁性材料产生磁滞现象形成的闭合磁化曲线，可直接反映磁性材料在反复磁化过程中磁化强度和磁场强度两者的关系。

　　电子积分器法是基于电磁感应原理首先用探测线圈测得感生电势，之后利用电子积分器积分来测试磁感应强度的方法；一般用直流电产生稳定磁场，之后增加或减小固定大小的励磁电流来改变磁场的大小，从而逐点测量磁滞回线，该曲线称为静态磁滞回线。电子积分器法测试原理及过程简明，对于磁滞回线的测量比较准确。示波器法用交流电（一般用 50Hz）产生交变磁场，之后通过示波器显示磁滞回线，即动态磁滞回线。示波器法直观、简便，便于定性理解。

1.2.2　磁流变效应测试方法

　　磁流变材料在一定大小的外部磁场作用下可产生液态转变为类固态的现象，归因于磁性颗粒沿着磁场方向形成链状或柱状结构。磁场的变化使磁流变材料的黏度、剪切应力等性能发生改变，同时在外部磁场变为零后，磁流变材料可以迅速变为原来的液相状态。磁流变材料在施加外部磁场作用下流变参数所产生的迅速、可逆并且可控的变化现象称为磁流变效应。

　　绝大多数的磁流变仪器和测量装置都是在剪切模式的基础上设计的。一般剪切模式包括同心圆筒旋转、平行圆盘旋转和提拉三种模式。

　　同心圆筒测试装置是基于普通黏度计稍加改造而成的。现在同心圆筒模式在实际应用过程中包括 Couette 型和 Searle 型。Couette 型具有内部圆筒始终不动而外部圆筒转动的特征，而 Searle 型的特点是内部圆筒转动而外部圆筒始终静止。同心圆筒模式的工作原理为：通过施加与竖直圆筒垂直的磁场，在两个同心圆筒形成的间隙中放置的磁流变液（MRF）迅速由流体状态转变为黏弹性固体状态，同时两个圆筒之间发生扭转，MRF 反馈的剪切应力传递给圆盘，之后扭矩传感测量输出扭矩，由特定装置测量转动轴的速度，由霍尔传感器监测 MRF 处的磁通密度，最后通过公式计算得到剪切应力以及磁通密度等性能参数之间的变化关系。

美国 TA 仪器公司根据同心圆筒模式研制出的加上扩展模块的流变仪，能够较好地用于 MRF 性能测试。美国的 Seval Genc 等研制了一台 Searle 型的新型同心圆筒式流变仪，并利用此流变仪对 MRF 的动态剪切屈服强度等进行了测试研究。Yin 等基于成都仪器厂生产的 NXS211A 型旋转黏度计额外添加了磁场产生装置，并且研究了 MRF 特性。

平行圆盘式测试装置同样也是在旋转黏度计的基础上改制而成的。平行圆盘旋转测试仪的剪切模块由两个平行的圆盘组成，同时圆盘包括圆平盘、凸圆锥盘和凹圆锥盘等不同组合。奥地利安东帕公司制造生产的流变仪在国际上被广泛应用，该公司在 MRF 性能测试方面做了大量的工作，并根据平行圆盘旋转剪切测试原理开发了一系列商业化的流变仪，其中的 MCR301 型流变仪被众多科研工作者广泛应用，现已升级到 MRC501。新加坡南洋理工大学的 Li 研制了一台测试 MRF 蠕变以及恢复性能的仪器，其可在应力控制模式下测试 MRF 的动态剪切性能。

胡元等人根据提拉剪切模式开发了一台不受耦合材料磁性能影响的新型 MRF 静态屈服应力测试仪器。该仪器将流变液存储于导磁材料制成的容器中，之后把目字形框置于流变液中，同时用砝码来改变拉力大小并不断将磁场强度减弱，当 MRF 产生屈服时，目字形框被抬起一定高度，由特定传感器检测拉力大小，再由剪切屈服应力与拉力的理论公式计算得到流变液的静态屈服应力。

美国雷诺市的复合与智能材料试验室开发了一台基于活塞驱动模式的高剪切速率流变仪。该仪器电磁铁中嵌入阻尼管道，通过活塞挤压使流变液流过阻尼管道，通过压力传感器测量阻尼通道两端的压力，之后利用管道两端压力差计算得到 MRF 的剪切屈服应力。

基于挤压模式的 MRF 器件通常被应用于隔振结构中，尽管两个工作盘仅有毫米级的位移量，但其产生的阻尼力比较大。基于挤压模式的 MRF 仪器在现实工程隔振应用较少，仍处于刚开始研究开发的阶段。基于挤压模式的 MRF 特性测试仪器也比较少见。

1.2.3　磁光效应测试方法

磁光效应是指在外加磁场的作用下某些介质具备了旋光性的效应，是光与具有磁矩的物质相互作用而产生的一系列现象。

最简单的测量方法是根据 Kerr 效应的定义来测量，激光器发射出一束激光，经过起偏器变成线偏振光，照射到被测样品上，探测光经样品反射以后，经过检偏器检偏，照射到光接收器上，检测出光强信息。因为起偏器和检偏器的方向是固定不变的，如果样品的磁性质发生了变化，那么由于 Kerr 旋转效应，反射光的偏振方向会发生变化，这会使光接收器上的光强发生变化，从而测量出 Kerr 旋转的强度。由于 Kerr 效应相对较弱，外界干扰会对测量结果产生非常大的影响，所以直接测量方法没有实用价值。Kerr 效应的测量需要用相关检测的方法，一般人们会对入射光的强度进行调制，并在接收端采用光桥接收器以去除共模噪声的干扰，光接收器输出的信号再经过锁相放大器检测，得出最终结果。

上述方法只能测出 Kerr 旋转，无法测出 Kerr 椭偏率，而且 Kerr 效应的强度和探测光的波长有着非常大的关系，所以为了更全面地测量 Kerr 效应，人们设计了优化后的试验布局。光源发出的光被光强调制装置调制成脉冲光，光进入单色仪后，选择输出只有单一波长的光，然后光再通过起偏器变成线偏振光，线偏振光再通过光弹性调制器照射到样品上。光弹性调制器是一种比较特殊的光学部件，它可以对光的旋转性进行调制。光从样品表面反射以后，通过检偏器，照射到光接收器上。光接收器输出的信号分三路输入三个锁相放大器，这三个锁相放大器分别锁定光强调制频率、光弹性调制器调制频率和光弹性调制器调制频率的二次谐波。根据光路布局，经过 Jones 矩阵的计算，可以算出，锁相放大器的读数代表总光强值，就可以得到 Kerr 效应随波长的变化关系。

1.2.4　磁致伸缩效应测试方法

磁致伸缩效应是指磁性材料在磁化时，沿着磁化方向产生长度的增大或减小的效应，这种现象能够用磁致伸缩系数 λ 来衡量。磁致伸缩系数 λ 数值上等于沿着磁化方向的伸长部分与最后的总长度的比值，单位一般取 ppm （10^{-6}）。

磁致伸缩效应的测量方法包括电阻应变法、电容法和小角转动法等，其中电阻应变法是比较完善的测试方法。电阻应变法的原理：把磁致伸缩引起的形变传递到应变片上转化为电阻发生变化，即通过测量电阻的变化来测定材料的磁致伸缩系数。

1.3　声性能测试方法概述

声学材料的声学性能的衡量主要从吸声和隔声这两个方面出发。

1.3.1　吸声性能测试方法

吸声性能的指标通常有吸声系数、反射因数和声阻抗率。当声波入射到材料表面时，材料表面会反射入射的一部分声能，而吸收另一部分入射的声能，吸声系数就是材料吸收声能与入射声能的比值，表示为 α。对于不同频率的声波，相同材料的吸声系数往往不同。材料的吸声系数一般通过试验得到。吸声系数与材料的吸声性成正比。

吸声系数的测量方法（包括空气中吸声系数的测量）主要分为混响室法和阻抗管法。1900 年，W. C. Sabine 解决了福阁艺术博物馆室内的混响问题，并提出 Sabine 混响公式。后来，研究者发现 Sabine 混响公式的局限性，对 Sabine 混响公式进行了推导并修正。修正混响室法一般用于测量大型设备的吸声性能，且测量成本高，测量耗时较长，不适合作为试验研究的参考测量方法。

早在一百多年前，研究者们就开始应用阻抗管法测量材料声学性能。当前阻抗管法在试验方面主要有两种国际标准：驻波比法与传递函数法。其中驻波比法最先被采用，后来研究者们掌握了谱频分析理论以及快速傅里叶变换（FFT）算法，传递函数法不断发展。D. A. Blaser 与 J. Y. Chung 在前人做了大量工作的基础上利用双传感器测量传递函数的方法，进一步试验成功测量了材料的吸声系数，与驻波比法相比，传递函数法大大节省了测量时间。1983 年 6 月 1 日，在世界范围内统一了混响室法吸声系数测量规范。1986 年MatAbom 等在探索双传感器法测量材料声学参数时，研讨出一些方法成功降低了测量误差。1995 年，同济大学王毅刚等人采用三传感器传递函数法，成功地解决了由于传感器间距等于半波长整数倍而引起畸变的问题，较为精确地测量了材料声学性能。1999 年，西北工业大学陈克安等人讨论了利用双传感器传递函数法测量材料声学性能时声波斜入射存在的问题。近年，研究者们又成功应用了四传感器法测量材料的声学性能，与三传感器法相比，其测量结果精度更高。

1.3.2　隔声性能测试方法

隔声性能通过隔声量和声压透射系数来评价。当声能入射到材料后，部分入射的声能可以穿透材料进入空气，并且继续传播，另一部分声能要么被材料吸收，要么被材料表面反射，入射到材料表面的声能与穿透到材料另一端的声能之间的 10 倍对数差即为隔声量，表示为 TL。对于不同频率的声波，同一种材料的隔声量一般也不同。隔声量越大，材料的隔声性能越好。

隔声性能通过隔声量以及声压透射系数评价。声压透射系数可以通过隔声量间接得到，因此对于隔声性能试验需要测量的关键性参数主要为隔声量。目前隔声量通过阻抗管法、混响室-混响室法、混响室-消声室法、Alpha 舱法等方法测量。

阻抗管法是对垂直方向入射到材料的平面波的隔声性能进行测试，该方法又分为双传感器法、三传感器法以及四传感器法。朱蓓丽等人采用双传感器法，对水声管的隔声量进行了测试，结果显示，适当的间距可以明显提高信噪比，获得更加精确的结果。随后研究又发现，采用双传感器测试，材料的吸声性能会影响隔声量测试结果，因此三传感器法被引入。测试结果表明，该方法可以实现测试精度的提高、工作量的减少；且当吸声末端的吸声系数大于 0.9 时，隔声量的测试误差会小于 ±1dB。曲波等人对三传感器法加以改进，研究了四传感器隔声量测试方法，该方法更有效地消除透声部分末端的反射波，显著提高低频段隔声测量精度。

材料隔声量的混响室法测量方法主要有混响室-混响室法、混响室-半消声室法、混响室-消声室法、Alpha 舱法。声源的入射方向与阻抗管测试中的垂直入射有所不同，这四种测试方法的声源的入射方向是不规则的，考虑了样品的结构特点和不均匀性，更适合实际应用。

在传统的混响室-混响室法中，接收室是混响室，因此很难获得样品的声传播指向性和声透射性。而半消声室模拟半无限声场，在半消声室中没有反射干扰，因而声波在空间中只传播一次，所以选择混响室-半消声室测试样品的声传播指向性和声透射性。

混响室-消声室法有许多的优点，然而其成本高、所需空间大，对于测试样品也提出明确的要求。而 Alpha 舱法就可以更好地应对这些问题。与此同时，在测试系统中，Alpha 舱法包括垂直入射和不规则入射，更便于结果的比较分析。

在传统的四种方法之外，近年来还发展出混响室-消声箱法。使用混响室-消声箱法测试消声箱中的声强，可以减少近场效应对材料透射声一侧的影响。然而消声箱的内部空间不够大，测量系统不能完全匹配，仍然会有一些误差，因此需要对测试结果进行修正。

1.4　光性能测试方法概述

1.4.1　折射率测试方法

折射率是指光在真空中的传播速度与光在该介质中的传播速度之比。材料的折射率越高，使入射光发生折射的能力越强。折射率是光功能材料非常重要的性能，根据测试原理的不同，折射率的测试方法多达数十种。利用界面特征测试，可以使用显微镜观察、浸液法和熔体法。依据折射定律，光线从三棱镜中透过，出射方向受入射方向、材料的折射率和棱镜的顶角的影响，所以得到出射角和相关的夹角，就能计算得到材料折射率的值，通常采用分光计来测量角度。直角照准法、垂直入射法、V 棱镜法、最小偏向角法都是依照这个原理设计出来的测试折射率的方法。依据全反射定律，设计出了阿贝折射仪，它是最具有代表性的折射仪。还可以利用反射光强度、光谱、激光照射干涉等方法测试折射率。

精密测角仪法需要在测试之前，将样品制作成特定的形状，它的优点是原理简单和精度高。用显微镜测折射率难以达到高的精度，但是可以用来测试一些块体小的矿物样品。阿贝折射仪测试的精度高，如果样品有抛光平面，则可以直接用来测试，它的缺点是测试范围有限，一般在 1.3～1.7 的范围内。材料科学对于折射率的测量精度要求较高，测试范围较广，要求测试操作简便，并且样品体积较大，有时需要进行破坏性测试，所以一般采用精密测角仪法测量，能够达到很高的精度。随着技术的进步，为了充分提高折射率测试的精度和效率，光电调制、迈克耳孙干涉和光谱测试等方法逐渐被引入折射率的测试领域中。

1.4.2　色散测试方法

材料的折射率随入射光频率的改变而改变的性质，称为"色散"。

伟大的科学家牛顿早在 1666 年就发现了光的散射现象，他用一束近似平行的白光透过玻璃棱镜时，在棱镜后面的光屏上观察到了一条彩色的光带。当介质的折射率随波长的增大而减小时，称其为正常色散。在可见光范围内，对于一般的透明材料，都符合正常色散。

对材料色散特性的测试多采用最小偏向角法，该方法先测量系列谱线的折射率，然后通过最小二乘法进行介质色散方程的拟合。根据折射原理，光线透过材料后，折射方向和入射方向之间存在一定的夹角，被称为偏向角。当入射角和出射角大小相等时，偏向角达到最小值。测量最小偏向角的方法有两倍角法、单值法、三像法和互补法。

由于精确临界位置难以判断准确，会引入一定的误差，难以满足高精度测量要求。有学者提出使用多点测量然后拟合的方法，这样可以绕开入射角和偏向角之间的函数曲线的变化率近零区域和极值测量不利的区域，选择可靠的系列入射角和偏向角的位置进行测量，然后实现入射角和偏向角的最小二乘法拟合，从而得到折射率，这样测量得到的色散特性的试验误差较小，满足高精度的测量要求。

1.4.3　光吸收测试方法

当光线通过材料时，会与材料中的粒子（原子、电子）发生作用，从而实现光的吸收。比如，半导体的本征吸收（竖直跃迁吸收和非竖直跃迁吸收）、离子晶体在红外光区的吸收、激子吸收、杂质吸收和自由载流子吸收等。材料对光的吸收能力可以通过吸收系数 α 表示，单位为 1/cm，$1/\alpha$ 可以表示光在介质中传播时强度衰减到 $1/e$ 时的距离。吸收光谱表示的是光的吸收系数和波长之间的函数关系，吸收光谱可以是线状谱，也可以是吸收带，不同材料的吸收光谱不同。从吸收光谱中可以得到与材料有关的物理性质。吸收光谱可以分为原子吸收光谱、分子吸收光谱、紫外吸收光谱和红外吸收光谱等。研究吸收光谱可了解原子、分子和其它许多物质的结构和运动状态，以及它们同电磁场或粒子相互作用的情况。

材料对光的吸收性能可以采用分光光度计进行测试，采用一个可以产生多个波长的光源，通过系列分光装置，从而产生特定波长的光线，光线透过测试的样品后，部分光线被吸收，从而计算样品的吸光值。

1.5 热性能测试方法概述

1.5.1 导热性测试方法

导热是指两个带有温差且相互接触的物体，或同一个物体内部温度分布不同的部位，在宏观上不发生相对位移的前提下的热量传递过程。物质可以在上述条件下进行传导热量的这个性质被称为物质的导热性。其中物质自身热导率的大小是用来评价物质导热能力的关键指标。所谓热导率，是指在发生稳定热量传递的条件下，两侧表面具备 1K 的表面温差和厚度为 1m 的材料，在一定时间内，在 $1m^2$ 面积区域传递过的热量大小，其单位为 W/(m·K)。同时，热阻指的是导热过程的阻力，其大小为在物体上有热量传输时，物体两端表面温差与热源功率之间的比值，单位为 K/W。

热导率的测试方法可归结为稳态法和非稳态法（瞬态法）两类方法。热导率测试方法的发展历程具体如下：

1753 年，Franklin 提出了不同物质具有不同传递能量能力的概念，这一概念是热导率最原始的表述。

1789 年，Ingen 和 Hausz 首次建成了稳态比较法的固体热导率测量装置组。

1931 年，Pyk 和 Stalhane 利用瞬态热线法测量了一些颗粒状和粉末状固体以及几种液体的热导率，成为了热线法测量物质热导率的先例。到现在，瞬态热线法已经达到了非常完善的地步，相比于之前，也可以进行液体、气体、纳米流体、熔融盐和其它固体的测量。

1961 年，Parker 所在团队研发了人类历史上第一台闪光法测量热导率的装置。该装置利用红外灯产生的热量对测试样品进行升温，将 GE FT524 型号的闪光灯作为加热光源，将铬、铝与镍复合材质的热电偶焊接至待测样品的后方，以利于对温度曲线进行反映，并将试样正面进行涂黑处理，以使试样实现受热均匀。

1967 年，Moser 及其所在团队研发出一种利于测量热扩散率的设备，并得出了温度处于 25～600℃ 条件下多种材料的热扩散率。该装置的加热装置选用红宝石激光器，用铬-铝合金热电偶测试材料的温度变化，数据经由差分放大器处理后，装置内部主动绘制出曲线并显示出来。这种方法的提出使得测试方法实现了从闪光法到激光脉冲法的技术转变。

1994 年，Cezairliyan 所在团队研制了一套测量高温热扩散率的新型装置。该装置首先对试验箱内的样品进行热屏蔽，采用了交错的两种隔热材料（共七层），以降低热辐射和热传导的出现，从而减小热量损失对测试结果产生的影响。

2006 年，Watanabe 所在团队设法增加高温时热扩散率的测试效率，设法使材料升至理想温度所花费的时间缩短，通过结合之前电流脉冲法和闪光法的优势，提出了利用背温信号数据得出热扩散率的新思路——光电混合脉冲加热法。该方法相比于其它方法的最大优势就是所测试样升温速度快、试验过程花费时间短。

对低热导率材料来说，使用稳态法可以很好地保证准确度和可重复性，并且测试原理简单，但其缺点就是所测试范围较小，测试花费的时间较长，且测试温度一般不能达到很高，对测试环境的要求较高；相比之下，非稳态法具有测试范围大、适用材料种类多、测试速度快、测试温度高、对环境要求较低的特点，但针对绝热材料的测试中，其准确度和重复性整体不如稳态法。

1.5.2 热容量测试方法

比热容一般用来衡量一个物质热容量的大小，是指在不发生物相变化和化学变化时，单位质量的物质升高（或下降）单位温度所对应吸收（或放出）的热量的多少，单位为 J/(kg·K)。所以，对于比热容越大的物质，相同质量条件下升温时，所需要的热能越多。

对于比热容的测试，国内目前对于参考标准没有统一的规范，一般利用比较法反映相对值，即利用比热容已知的标准试样与测量样品进行对比，然后根据存在的差值来反映所测量试样的比热容。对比的测试方法可以分为：连续测试法、阶梯测试法、滴落测试法三种类型。

连续测试法仅可用于使用焦耳效应进行校准的仪器，如 C80、HT1000、BT2.15、Alexsys、MicroDSC Ⅱ 以及 MicroDSC Ⅶ。这一测试法需要内部的样品池和参比池分别运行 2 次试验。第 1 次试验时使用 2 个空测试池进行空白基线试验，第 2 次试验时在样品池放入质量为 m 的待测样品进行测量。每次试验都使用程序控温模式，使得初始温度加热至终止温度的过程中，加热速率始终保持恒定。

阶梯测试法需要花费更长的试验时间，但也可以得到更加准确的试验数据。该测试法也可用于使用焦耳效应进行校准的仪器。这一测试方法需要样品池和参比池这 2 个测试池运行 2 次试验。第 1 次试验时使用 2 个空测试池进行空白基线试验，第 2 次测试时样品池放入质量为 m 的样品。每次试验以恒定加热速率连续升高固定的温度（ΔT），在每次升高 ΔT 之后，等待一段时间，使得到的信号稳定，每段曲线都表现出连续升温，并且可以利用软件自动积分。

滴落测试法仅可用于 Alexsys 和 multi-HTC，因为只有这两款仪器配备有特殊的样品导入装置。将质量为 m 的样品通过温度为 T_0 的样品导入器丢入温度为 T 的量热仪中，量热仪会记录下热流峰值数据并进行相应积分计算。

1.5.3 热转变测试方法

热转变指的是一种物质在过冷或者过热条件下所发生的一些物理或化学变化的现象。物理变化包括：熔化、沸腾、玻璃化转变、黏流转变等。化学变化包括：氧化、还原、裂解等。

测量热转变的主要原理就是在可自主调节温度差的条件下测量得出物质的性质与温度之间存在的关系。也就是说，当环境温度变化时，物质随之发生物理或化学变化而吸收或释放了热量，此时物质性质与温度的对应关系就需要利用热分析技术进行研究与分析。至今，常用的测试方法有：热重分析法、差热分析法、差示扫描量热法。

热重分析法是在确保可自主调节温度差的条件下，通过测量质量的改变得出物质性质和温度之间的关系。其主要是研究物质的熔化、蒸发、升华以及氧化、脱水、还原等物理化学现象。

差热分析法作为在可自主调节温度差的条件下，反映待测试样与标准试样之间存在的温差与发生对应变化时间关系的一种热分析方法，其待测试样与标准试样的温差及其随时间的变化可通过体系内外的温差来反映，最终可以得到两者之间的函数关系，通过曲线可以更深层次地反映物质的其它特性。这种热分析方法可以合理地反映物质氧化还原、熔化以及裂解等改变。

差示扫描量热法是在可自主调节温度差的前提下，测量待测物质与标准试样二者存在的能量差与发生对应变化时间之间的关系的方法。差示扫描量热法与差热分析法测量范围之间存在着许多相似之处，优点是差示扫描量热法可以更多地测试一些热力学甚至动力学参数。

热重分析法是三种方法中发现和应用最早的热分析方法。1780 年，Higgins 在研究石灰黏剂和生石灰的过程中使用天平称量样品时发现在加热的同时质量也发生改变。后来 Wedgwood 于 1786 年在做黏土研究时绘制出了首条热重曲线，且研究发现黏土在受热至"暗红"色时出现了明显的失重，这也是热重分析法的开端。

1887 年法国科学家 Le Chatelier 利用热电偶测温的方法首次研究了黏土在升、降温过程中热性能的变化，并绘制了最原始的差热曲线，因此学术界公认他为差热分析方法的创始人。英国科学家 Roberts Austen 于 1899 年改进了 Le Chatelier 提出的方法，改进后的方法应用到仪器后使得灵敏度和重复性都有很大的提升。

1915 年日本科学家本多光太郎制造了首台热天平，并利用这个热天平测量了 $MnSO_4$·$4H_2O$ 等无机化合物的热分解反应。1940 年代后期首台商用差热分析仪被美国人制造出来。1963 年出现差示扫描量热法后，1964 年就出现了第一台商用热重分析/同步差热分析（TGA/SDTA）联用仪，1968 年就出现了热重-质谱联用仪。1992 年出现温度调制式差式扫描量热仪（DSC），紧接着又出现超高灵敏度的 DSC、快速扫描 DSC 等。

随着电子技术水平的提高，仪器中的系统，如信号放大、自动记录、数据处理和程序温度控制等系统有了智能化的改进，使所制造的仪器具有了更优异的精确度、重现性、分辨力以及自动处理数据的能力。

1.5.4 热机械性能测试方法

热机械性能是指黏弹性材料的力学性能与时间、温度或频率的关系程度。对应于不同热机械性能有不同的测试方法，包括热膨胀法（DIL）、静态热机械分析法（TMA）和动态热机械分析法（DMA）三种，它们之间的差别最主要来自它们测量时负载力的不同。

热膨胀性是试样负载力为零，即仅有自身重力而无外力作用时，膨胀或收缩引起的体积或长度变化的性质；静态热机械性能是材料在静态负载力（非交变负荷）作用下，形变与温度的关系；动态热机械性能是材料在动态负载力（交变负荷）下动态模量和力学阻尼（或称力学内耗）与温度的关系。

人们对物质热膨胀系数测试方法的了解和研究可以追溯到十八世纪。1785 年，Ramsden 利用观察法，通过显微镜技术得出了材料的热膨胀系数。

1805 年，Laplace 巧妙利用了光学杠杆放大原理对 Muss-chenbrock 研究的设备进行了原理改进。

1900 年，Holborn 和 Day 利用 Ramsden 方法实现了进一步改进。

1902 年，Scheel 首次采用光干涉法对热膨胀进行了绝对测量，使得热膨胀系数的测量实现了更高的精度。

1927 年，Becker 成功把 X 射线技术应用到各向异性晶体材料热膨胀系数的测量，这种方法更加有利于研究高温下的物相变化。

1960 年，White 等人在低温下利用一种具有高灵敏度的电容传感器得出了电子对金属的热膨胀系数的影响。

1981 年，美国的 Roberts 和 Drotning 发明了利用激光的高灵敏的干涉膨胀仪和偏振干涉膨胀仪，使数据结果可以具有纳米级别的精度。

1997 年，M. Okaji 及其团队成员将 Roberts 和 Drotning 发明的两种干涉膨胀仪结合，设计了一种更加灵活、通用的偏振光干涉膨胀装置，并且可以在常温下测量，测得的热膨胀系数精度高达 0.4nm，温度精度高达 50mK。

2000 年，N. Yamada 和 M. Okaji 等人所在团队在 −50～250℃ 温度下利用顶杆膨胀仪对硅玻璃材料进行了测试，这种方法操作简单且适用于各种形状的试样。

2005 年，美国科学家 J. E. Sharp 和 E. G Wolff 利用激光式衍射膨胀装置来测量材料的热膨胀系数。

通过对材料热膨胀系数研究历史的观察，随着科学技术的不断进步，材料热膨胀系数的测量方式不断多样化，测量范围不断扩大，测量精确度不断提升，这也是今后需要进一步发展的方向。

1.6 电化学性能测试方法概述

1.6.1 循环伏安测试技术

循环伏安测试技术可以进行物质的电化学活性分析、测量物质的氧化还原电位、测定电化学反应的可逆性以及反应机理。进行循环伏安分析时，根据循环伏安（CV）图中的峰电流及峰电位，可以研究电极在其反应电位时的电化学反应。通过分析可以得知电化学的反应类型、步骤、机理。进一步分析反应的可逆性，并且同时分析电极表面的吸附、钝化层生成、沉积、扩散、耦合等一系列的化学反应。循环伏安测试技术的扫描速度对于测试结果有很大的影响，快速的扫描速度使得双电层充电电流与溶液欧姆电阻影响加大，很难分析电化学信息；但当扫描速度过慢，电流的降低使得测试的灵敏度也随着降低。当研究稳态电化学过程，需要选取足够低的扫描速度电流，使得测试体系一直保持稳定的状态。测试曲线中的氧化还原峰位有助于分析充放电平台。

1.6.2 交流阻抗法

电化学阻抗谱（electrochemical impedance spectroscopy，EIS），在电化学研究领域中也可被称为交流阻抗（AC impedance）。阻抗的测量是电化学中研究线性电路网络频率响应特性的一种简单高效的方法，因此可被用到研究电极的反应过程，可作为电化学研究中的一种测试方法。在测试的过程中，当电极系统受到一个正弦波形电压（电流）的交流信号的扰动时，随即会产生一个对应的电流（电压）响应信号，所得到的信号可以测得电极的阻抗或导纳数据。一系列频率的正弦波信号产生的阻抗频谱为电化学阻抗谱，可以进行电极反应过程的分析。

1.6.3　恒电流间歇滴定技术（GITT）

恒电流间歇滴定技术（GITT）可以进行"物质的扩散过程与电荷转移"的关系研究，用恒定的电流进行充放电测试。扩散，是物质转移的重要形式。以锂电池为例，锂离子在正负极材料中进行的嵌入脱出过程，就是一种扩散。此时，锂离子的化学扩散系数可以用 D 表示，代表了反应速度常数，在一定程度上决定了电池的倍率性能。恒电流间歇滴定技术的测试原理是电极上施加一定时间恒电流，记录且分析该电流下电位响应曲线。

1.7　催化性能测试方法概述

法拉第效率（Faradaic efficiency，FE）：实际生成物与理论生成物的百分比，它反映了一种催化剂对某种产物的选择性。

电流密度（current density）：该指标通常表示反应总电流除以工作电极的几何面积或活性表面积，单位为 A/cm^2。能够反映电催化反应的活性，电流密度越大，催化活性越高。

过电位（η）：一个电极反应偏离平衡时的电极电位与这个电极反应的平衡电位的差值。过电位越小，代表消耗的电能越少。

塔费尔斜率（Tafel slope）：表示过电位与电流密度的对数之间的关系，可以用于分析电化学反应机理和动力学。

电化学活性面积（ECSA）：工作电极上催化剂的几何面积和实际电化学活性面积并不等同，因此为了标准化，引入电化学活性面积这个概念。在电化学反应中，测定电化学活性面积，最为常用的两种方法是双电层电容法和欠电势沉积法。

稳定性（stability）：催化剂的稳定性是评价催化剂是否具备长时间活性的一个重要参数，一般通过循环伏安法和计时电流法来观察其电流 I 随着时间 t 的延长是否会发生明显降低来判断其稳定性。

思考题

参考答案

1.惠斯通电桥法适合测量哪一类电阻范围的材料？四探针法常用于哪种材料的电阻测量？

2.示波器法测磁滞回线时，用的是交流电还是直流电？

3.阻抗管法中哪种方法（驻波比法/传递函数法）测量时间更短？

4.阿贝折射仪的测试范围是什么？

5.差热分析法（DTA）可以检测材料的哪类变化？

参考文献

［1］　Wieder H H. Laboratory Notes on Electrical and Galvanomagnetic Measurements［M］. Amsterdam：

Elsevier，1979.

[2] Vorlnder M，Summers J E . Auralization：Fundamentals of Acoustics，Modelling，Simulation，Algorithms and Acoustic Virtual Reality[J]. The Journal of the Acoustical Society of America，2008，123 (6)：4028.

[3] Born M，Wolf E. Principles of Optics[M]. Cambridge：Cambridge University Press，1999.

[4] Hemminger W. Thermal Analysis：Fundamentals and Applications to Polymer Science[M]. New York：John Wiley & Sons，1999.

[5] Bard A J，Faulkner L R. Electrochemical Methods：Fundamentals and Applications[M]. New York：John Wiley & Sons，2001.

[6] Averill B A，Moulijn J A，Van Santen R A，et al. Catalysis：An Integrated Approach[M]. Amsterdam：Elsevier，2000.

第 2 章

电性能测试方法

2.1 导电性测试方法

2.1.1 材料导电性概述

材料导电是指在电场作用下，内部带电粒子发生定向移动的现象，而有电流必然有电荷输运过程。导电性表征的是物体传导电流的能力。电荷的载体称为载流子，载流子可以是电子、空穴，也可以是正离子、负离子。电子导体的载流子以电子为主，离子导体的载流子以离子为主，混合型导体的载流子包含了电子和离子。通常用电导率 σ 来量度材料的导电能力：

$$\sigma = nq\mu \tag{2-1}$$

式中　n——载流子浓度；

q——载流子的电荷；

μ——载流子迁移率。

若同时有数种载流子，则总电导率为：

$$\sigma = \sum_i \sigma_i = \sum_i n_i q_i \mu_i \tag{2-2}$$

式中，下角标 i 表示每种独立的载流子。

除电介质外，材料在电场中的行为服从欧姆定律：

$$U = RI \tag{2-3}$$

式中　U——试样两端的电势差；

I——沿试样流动的电流强度；

R——试样的电阻。

电阻 R 不仅取决于材料的导电性能，还与试样的几何尺寸有关（与试样的长度 L 成正比、与其截面积 S 成反比），即：

$$R = \rho \frac{L}{S} \tag{2-4}$$

式中　ρ——电阻率。

因电阻率只与材料本性有关，而与材料的几何尺寸无关，所以是评价材料导电性的基本参数，常用单位为 $\Omega \cdot m$，工程技术中也常用 $\Omega \cdot mm^2/m$。通过 U/I 测出导体的电阻，进一步结合试样的几何尺寸即可计算出材料的 ρ。

电导率的定义也可以通过欧姆定律给出：当施加的电场产生电流时，电流密度 J 正比

于电场强度 E，其比例常数 σ 即为电导率，即

$$J = \sigma E \tag{2-5}$$

因此电导率与电阻率有直接的关系，可表示为

$$\sigma = \frac{1}{\rho} \tag{2-6}$$

电导率 σ 的单位是 S/m。工程中也会用相对电导率（IACS%）表征导体材料的导电性能，即将国际标准退火铜（室温电阻率 $\rho = 0.01724\Omega \cdot mm^2/m$）的电导率设为 100%，其它导体材料的电导率与之相比的百分数作为该导体材料的相对电导率。

一般来说金属、半导体、电解质溶液或熔融态电解质和一些非金属都可以导电，如图 2-1 所示。固体材料导电性可以相差很大，如图 2-1 中导电性最佳的材料（如银）和导电性最差的材料（如聚四氟乙烯）之间电阻率的差别可达 24 个数量级。一般情况下，金属及合金被归为导体，显示出良好的导电性；半导体材料的导电性仅次于金属材料，变化范围较宽；高分子材料和陶瓷材料导电性比较差，通常为绝缘体。近年来，采用与导电材料复合的方式，可以获得具有良好导电性的高分子材料，如在绝缘高分子中掺入炭黑等导电材料获得良好的导电性，还有掺杂 AsF_5 的聚乙炔，可以通过高分子特殊键中的电子导电达到很高的导电性。陶瓷材料的导电性则极为复杂，有导体、半导体甚至绝缘体。另外一些常温下导电

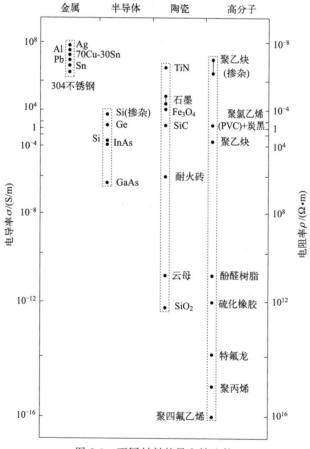

图 2-1　不同材料的导电性比较

性较差的陶瓷材料，在较低温度下还能够显示超导性，从而成为导电性极好的材料。

半导体材料的导电性能介于导体和绝缘体之间。重掺杂半导体材料的导电性与金属类似（可具有正的电阻温度系数）；纯净的半导体材料在较低温度下（低于其本征激发温度）是绝缘体。

绝缘体的能带由完全被充满的价带与完全空的导带构成，两带之间有一个较宽的禁带（一般为 4～7eV），在常温下几乎很少有电子可能被激发越过禁带，因此电导率很低。随着温度的升高，热激发的能量增加，越过禁带的电子数目增加，参与导电的电子和空穴对数目增多，因而绝缘体的电导率随温度的上升而增大，这一点与半导体的性质类似。

绝缘材料中通常只有微量的自由电子，参加导电的带电粒子主要是由热运动而离解出来的本征离子和杂质粒子。绝缘体的电学性质反映在电导、极化、损耗和击穿等过程中。当外加电场超过某个阈值（此阈值与材料的带隙宽度成正比），绝缘体将突然转变为导体，并可能带来灾难性的后果，这就是电击穿。在这个过程中，自由电子被强电场加速到足够高的速度，与束缚电子撞击，使之脱离原子的束缚（电离）。新的自由电子又能被加速并撞击其它原子，产生更多的自由电子，形成一个链式反应。很快绝缘体中将会充满可移动的载流子，因此其电阻将降至一个很低的水平。击穿可以发生在任何绝缘体上，甚至是固体和真空（与电极表面的电子发射有关）中。

绝缘体和导体不是绝对的，常温下绝缘的物体，当温度升高到一定程度，由于可自由移动的电荷数量的增加，会转化成导体。

描述绝缘材料的主要电性能指标如下。

① 体积电阻率 材料每单位体积对电流的阻抗，其值越高，材料用作电绝缘部件的效能就越高。通常所说的电阻率即为体积电阻率。图 2-2（a）是测定绝缘材料体积电阻率的装置示意图。把试样置于两个电极之间，在直流电压 U 的作用下，通过测定流过试样体积内的电流 I_V，可得到试样的体积电阻 R_V。

体积电阻率 ρ_V 为

$$\rho_V = R_V \frac{S}{d} \qquad (2\text{-}7)$$

式中 S——测量电极面积；

　　　d——试样厚度。

② 表面电阻率 平行于通过材料表面上电流方向的电位梯度与表面单位宽度上的电流之比，用欧姆表示。它是表示物体表面形成的电荷移动或电流流动难易程度的物理量。如果电流是稳定的，表面电阻率在数值上等于正方形材料两边的两个电极间的表面电阻，且与该正方形面积大小无关。

如果在试样的表面上放置两个电极，在电极之间施加直流电压 U，测定两个电极之间试样表面上流过的电流 I_S，则可求得试样的表面电阻 R_S，即

$$R_S = \frac{U}{I_S} \qquad (2\text{-}8)$$

对于如图 2-2（b）所示的平行电极，试样的表面电阻率 ρ_S 为

$$\rho_S = R_S \frac{L}{b} \qquad (2\text{-}9)$$

式中　L——平行电极的宽度；

　　　b——平行电极之间的距离。

对于如图 2-2（c）所示的环形电极，试样的表面电阻率为

$$\rho_S = R_S \frac{2\pi}{\ln \dfrac{D_2}{D_1}} \qquad (2\text{-}10)$$

式中　D_2——环电极的内径；

　　　D_1——芯电极的外径。

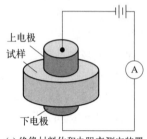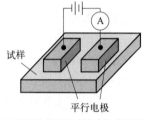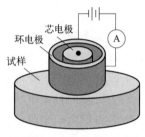

(a) 绝缘材料体积电阻率测定装置　　(b) 平行电极测定表面电阻率装置　　(c) 环电极测定表面电阻率装置

图 2-2　测定绝缘材料电阻率的装置示意

超导体是指在某一温度下，电阻为零的导体。在试验中，电阻测量值低于 $10^{-25}\,\Omega$ 时，可认定为零电阻。完全导电特性适用于直流电，在交变电流或交变磁场的情况下，超导体会出现交流损耗，且频率越高，损耗越大。交流损耗是超导体实际应用中需要解决的一个重要问题，因而也是表征超导材料性能的一个重要参数。交流损耗由超导材料内部产生的感应电场与感生电流密度不同引起，其微观本质是由量子化磁通线黏滞运动引起的，将交流损耗降低，可以节约超导装置的制造成本，提高运行稳定性。

超导体与普通导体的零电阻本质完全不同。普通导体的零电阻是指，当电子波在热力学零度（0K）下通过一个理想的完整晶体时，将不受散射而无阻碍传播，此时电阻率为零（量子力学证明）。超导体的零电阻是当温度下降到特定值时，电阻几乎急降至零（如图 2-3 所示），此时导体中的电子受到声子的散射同时又吸收同样能量的声子，它们相互抵消，不需要电场力做功来补充能量和动量，所以没有电阻。

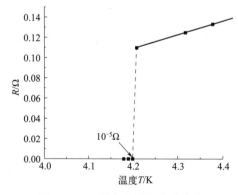

图 2-3　Hg 的电阻随温度的变化

2.1.2　导电性能测试

材料导电性的测量实际上归结为一定几何尺寸试样电阻的测量，因为根据几何尺寸和电阻值就可以计算出电阻率。在变温或变压装置中测量试样电阻变化，就可以建立电阻与温度或压力的关系，从而得到电阻温度系数或电阻压力系数。

2.1.2.1　指示仪表间接测量法

该法用电流表和电压表测量直流电阻。具体采用两种接线方法：如图 2-4（a）所示的线路，电压表的示值包括待测电阻 R_x 两端的电压以及电流表两端的电压之和；如图 2-4（b）所示的线路，电流表测出的是流过被测电阻的电流以及流过电压表的电流之和。因此，每种方法都不可避免地存在误差。

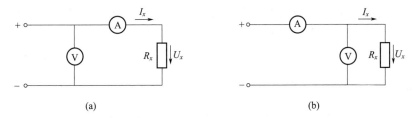

图 2-4　用指示仪表间接测量电阻

图 2-4（a）所示的线路，根据电压表和电流表的指示 U_V 和 I_A 计算的电阻为

$$R'_x = \frac{U_V}{I_A} \tag{2-11}$$

由于

$$U_V = U_x + I_A R_A \tag{2-12}$$

所以

$$R'_x = \frac{U_x}{I_A} + R_A \tag{2-13}$$

考虑到该线路中 $I_A = I_x$，因此

$$R'_x = \frac{U_x}{I_x} + R_A = R_x + R_A \tag{2-14}$$

因此，根据仪表示值计算出的电阻 R'_x 是待测电阻的实际值 R_x 与电流表内电阻 R_A 的和。因此，即使采用理想的仪表进行测量也将产生误差。此法误差为

$$\gamma_a = \frac{R'_x - R_x}{R_x} = \frac{R_A}{R_x} \tag{2-15}$$

同样，对于图 2-4（b）所示的线路有

$$R''_x = \frac{U_V}{I_A} = \frac{U_V}{I_x + I_V} \tag{2-16}$$

式中　I_V——电压表中的电流，$I_V=\dfrac{U_V}{R_V}$。

考虑到 $U_V=U_x$，因此

$$R_x^{''}=\frac{U_x}{I_x+\dfrac{U_x}{R_V}}=\frac{U_x}{I_x}\times\frac{1}{1+\dfrac{U_x}{I_xR_V}}=\frac{R_xR_V}{R_x+R_V} \tag{2-17}$$

因此，根据仪表示值计算出的电阻 $R_x^{''}$ 是 R_x 和 R_V 的并联总电阻。此法误差 γ_b 为

$$\gamma_b=\frac{R_x^{''}-R_x}{R_x}=\frac{1}{1+\dfrac{R_x}{R_V}}-1=\frac{-R_x}{R_x+R_V} \tag{2-18}$$

由以上误差分析可知，电流表电阻 R_A 比待测电阻 R_x 小得多的时候，应该采用第一种线路；而电压表电阻 R_V 比待测电阻 R_x 大得多的时候，应该采用第二种线路，通常图 2-4 （a）所示的线路适合于测量中、高电阻，而图 2-4 （b）所示的线路适用于测量低电阻（<1Ω）。

2.1.2.2　直流电桥测量法

直流电桥测量法是根据被测量与已知量在桥式电路上进行比较而获得测量结果的，该法比较简便，测量结果也受仪表误差限制。

（1）单电桥

单电桥又称惠斯通电桥，是桥式电路中最简单的一种，由连接成封闭环形的四个电阻组成。连接工作电源的 a，c 称为输入端，连接平衡用指零计的 b，d 称为输出端，如图 2-5 所示。

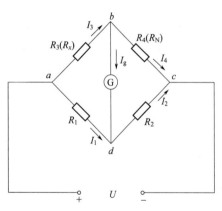

如果在单电桥线路中电阻 R_1，R_2 和 R_4 已知，则调节这些已知电阻达到某一数值时，可以使顶点 b 和 d 的电位相等，这时指零仪中电流 $I_g=0$，因此有

$$I_1R_1=I_3R_x \tag{2-19}$$
$$I_2R_2=I_4R_4 \tag{2-20}$$

根据等式两边的比值仍然相等，可得

$$\frac{I_1R_1}{I_2R_2}=\frac{I_3R_x}{I_4R_4} \tag{2-21}$$

因为电桥平衡（$I_g=0$）时，$I_1=I_2$，$I_3=I_4$，故上式简化为

图 2-5　单电桥法原理

$$R_x=R_4\frac{R_1}{R_2} \tag{2-22}$$

由式（2-22）可见，电桥平衡时只要电桥中三个电阻是已知的，待测电阻 R_x 便可求得，如果调换电源和指零仪的位置，则平衡方程式不变，电桥的这种性质称为对角线互换性。

用电桥测量电阻时的相对误差取决于各已知电阻的相对补偿，当 R_2 数值偏大时待测电

阻 R_x 的读数将偏小。通常在电阻测量时选择一个与待测电阻 R_x 有同一数量级的 R_1 作为标准电阻 R_N 以减小误差,提高测量精度。

当电桥四个电阻相等时,其线路灵敏度接近最大值。此外考虑到电桥的灵敏度正比于电源电压,故在各电阻允许的功率条件下,工作电源的电压 U 应尽可能大一些。

必须指出,式(2-22)获得的测量电阻是基于电桥各顶点 a、b、c、d 间的电势降落只发生在各电阻上,但是,实际上并非如此,在线路的接线上存在着导线和接头的附加电阻。倘若待测电阻 R_x 较小,数量级接近于附加电阻,将出现不允许的测量误差。可见,单电桥适合于测量较大的电阻($10^2 \sim 10^6 \Omega$)。对于小的电阻应采用能够克服和消除附加电阻影响的双电桥或电位差计来测量。

(2)双电桥

双电桥又称开尔文电桥,是测量低于 10Ω 电阻值的一种常用方法,它是在单电桥的基础上,对导线电阻和接触电阻的影响采取了较好的消除措施而发展起来的。如图 2-6 所示,待测电阻 R_x 和标准电阻 R_N 相互串联于恒直流源的回路中。由可调电阻 R_1,R_2,R_3,R_4 组成的电桥臂线路与 R_x,R_N 线段并联,并在其间的 B,D 点处连接检流计 G,测量时调节可变电阻 R_1,R_2,R_3,R_4 使电桥达到平衡,即此时检流计 G 指示为零($U_B = U_D$,B 与 D 点电位相等)。由此:

$$I_3 R_x + I_2 R_3 = I_1 R_1 \tag{2-23}$$

$$I_3 R_N + I_2 R_4 = I_1 R_2 \tag{2-24}$$

$$I_2(R_3 + R_4) = (I_3 - I_2)r \tag{2-25}$$

式中,r 指导线和接触电阻等产生的附加电阻。

解以上方程得

$$R_x = \frac{R_1}{R_2} R_N + \frac{R_4 r}{R_3 + R_4 + r}\left(\frac{R_1}{R_2} - \frac{R_3}{R_4}\right) \tag{2-26}$$

式中,第二项为附加项。为了使该项等于零或接近于零,必须满足的条件是可调电阻 $R_1 = R_3$,$R_2 = R_4$,于是

$$R_x = \frac{R_1 R_N}{R_2} = \frac{R_3 R_N}{R_4} \tag{2-27}$$

R_1,R_2,R_3,R_4 的电阻不应小于 10Ω,只有这样,双电桥线路中的导线和接触电阻等产生的附加电阻 r 才可忽略不计(为使 r 值尽量小,连接 R_x,R_N 的一段铜导线应尽量短而粗)。

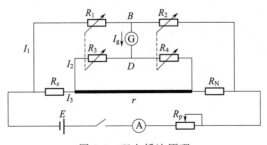

图 2-6 双电桥法原理

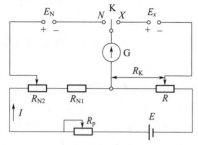

图 2-7　直流电位差计线路原理

2.1.2.3　直流电位差计法

直流电位差计是用比较法测量电动势（或电压）的一种仪器，基于被测量与已知量相互补偿的原理来实现。目前通用的参比已知量一般是标准电池的电动势。如图 2-7 所示，E 为电位差计工作电源的电动势，R_p 为调节工作电流的调节电阻；R_K 为测量电阻（或称为补偿电阻），是电位器 R 的输出部分，其数值是准确知道的；G 为指零仪，一般多采用电磁系检流计；E_x 为待测电动势；E_N 为标准电池的电动势；$R_N = R_{N1} + R_{N2}$ 为准确知道数值的电阻，称为工作电流调定电阻，其数值可以根据电位差计的工作电流来选定；K 为单刀双掷开关。

整个线路包括以下三部分。

工作电流回路由工作电源、调节电阻 R_p，以及全部调定电阻和测量电阻组成。

标准回路也称调定工作电流回路，由标准电池、换接开关、指零仪和调定电阻 R_N 组成。

测量回路也称补偿回路，由待测电动势 E_x（或待测电压 U_x）、指零仪、换接开关和测量电阻 R_K 组成。

首先需做电流标准化，即利用变阻器 R_p 调节好该电位差计所规定的工作电流，调节时，把开关 K 合向 N 位置，改变 R_p 的值直至检流计处于零位。这时标准电池的电动势 E_N 已经被调节电阻上的电压降 IR_N 所补偿，电位差计所需的工作电流即已调定，其大小为

$$I = \frac{E_N}{R_N} \tag{2-28}$$

工作电流调好后，把换接开关 K 合向 X 位置。然后移动测量电阻 R 的滑动触点，再次使检流计指零。假如这是在测量电阻 R 移动到某一数值 R_K 时达到的，则有

$$E_x = IR_K \tag{2-29}$$

由于工作电流已经标准化了，其值相同，合并上述两式，可得

$$E_x = \frac{R_K}{R_N} E_N \tag{2-30}$$

即可求出待测电动势 E_x（或电压 U_x）。

考虑到电位差计的工作电流（$I = \frac{E_N}{R_N}$）是一个固定值，可以在测量电阻上直接按电压的单位进行刻度，即待测电动势 E_x 的值可以从 R_K 上直接读出。

直流电位差计测量法有两个突出的优点：

① 两次平衡中检流计都指零，所以电位差计既不从标准电池中吸取能量，也不从待测电势中吸取能量。因此，无论是标准电池还是待测电势，其电源内和连接导线都没有电阻压降。标准电池的电动势 E_N 在测量中仅作为电动势的参考标准，而且待测对象的状态也不因测量时的连线而改变，从而高度保持了原有数值，当用作电阻测量时也就消除了导线和接触电阻的影响，避免了方法的误差，这一点是很可贵的。

② 被测电动势 E_x 由 E_N 和 R_K/R_N 所决定，标准电池的 E_N 十分准确且高度稳定，电

阻元件的制造也可以实现很高的精度，因而 E_x 也可以达到很高的测量精度。

比较双电桥法和电位差计法可知，当测量金属电阻随温度变化时，用电位差计法比双电桥法精度高，这是因为双电桥法测量不同温度电阻时，较长的引线和接触电阻难以消除，而电位差计的优点在于导线电阻不影响其电势 U_x 和 U_N 的测量。

2.1.2.4 用冲击检流计法测量绝缘体电阻

对于电阻率很高的绝缘体可以采用冲击检流计法测量，如图 2-8 所示，待测电阻 R_x 与电容器 C 串联，电容器极板上的电量通过冲击检流计测量。如果换接开关 K 合向 1 位置起按动秒表，经过 t 时间电容器极板上的电压 U_C 将按下式变化

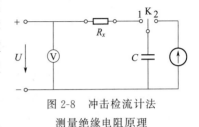

图 2-8　冲击检流计法
测量绝缘电阻原理

$$U_C = U_0(1 + e^{-\frac{1}{R_x C}t})　\tag{2-31}$$

而电容器在时间 t 内所获得的电量 Q 为

$$Q = UC(1 - e^{-\frac{1}{R_x C}t})　\tag{2-32}$$

将所得 Q 的表达式按级数展开，取第一项则有

$$Q = \frac{Ut}{R_x}　\tag{2-33}$$

即

$$R_x = \frac{Ut}{Q}　\tag{2-34}$$

上式中所包含的电量可以用冲击检流计测出，为此，图 2-8 中的换接开关应该合向 2 位置。对于冲击检流计有

$$Q = \alpha_m C_b　\tag{2-35}$$

式中　α_m ——检流计的最大偏移量；
　　　C_b ——检流计冲击常数。

2.1.2.5 直流四探针法

直流四探针法也称四电极法，主要用于半导体材料和超导体等的低电阻率测试。如图 2-9（a）所示，测试时四根间距约 1mm 的金属探针与样品表面接触，在 1、4 号探针上输入小电流（恒流源）使样品内部产生压降，同时用高阻的静电计、电子毫伏计或数字电压表测出 2、3 探针间的电压 U_{23}（V），并以下式计算样品的电阻率

$$\rho = C\frac{U_{23}}{I}　\tag{2-36}$$

式中　I ——探针引入的电流，A；
　　　C ——该测量法的探针系数，cm。
测量时，四根探针可以不等距地排成一直线（外侧两根为通电流探针，内侧两根为测电

压探针），也可以排成正方形或矩形。下面简单说明其测量原理。

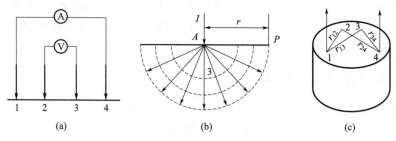

图 2-9　四探针法测试原理示意

取均匀的一块半导体样品，其电阻率为 ρ，几何尺寸相对于探针间距来说可以是半无限大。当探针引入的点电流源的电流为 I 时，均匀导体内恒定电场的等位面为球面，如图 2-9（b）所示，则在半径为 r 处等位面的面积为 $2\pi r^2$，因此，电流密度为

$$J = \frac{I}{2\pi r^2} \tag{2-37}$$

由电导率 σ 与电流密度的关系可得

$$E = \frac{J}{\sigma} = \frac{I}{2\pi r^2 \sigma} = \frac{I\rho}{2\pi r^2} \tag{2-38}$$

则距点电荷 r 处的电势为

$$U = \frac{I\rho}{2\pi r} \tag{2-39}$$

显然，半导体内各点的电势应为分别在该点形成电势的代数和。通过数学推导可得到四探针法测量电阻率的公式为

$$\rho = \frac{U_{23}}{I} C = \frac{U_{23}}{I} 2\pi \left(\frac{1}{r_{12}} - \frac{1}{r_{24}} - \frac{1}{r_{13}} + \frac{1}{r_{34}} \right)^{-1} \tag{2-40}$$

式中，$C = 2\pi \left(\frac{1}{r_{12}} - \frac{1}{r_{24}} - \frac{1}{r_{13}} + \frac{1}{r_{34}} \right)^{-1}$ 为探针系数；r_{12}，r_{24}，r_{13}，r_{34} 分别为相应探针间距 [图 2-9（c）]。

如果四探针处于同一平面的一条直线上，间距分别为 S_1、S_2、S_3，则式（2-40）可写成

$$\rho = \frac{U_{23}}{I} 2\pi \left(\frac{1}{S_1} - \frac{1}{S_1 + S_2} - \frac{1}{S_2 + S_3} + \frac{1}{S_3} \right)^{-1} \tag{2-41}$$

当 $S_1 = S_2 = S_3$ 时，可简化为

$$\rho = \frac{U_{23}}{I} 2\pi S \tag{2-42}$$

这就是常见的直流等间距四探针法测电阻率的公式，只要测出探针间距 S，即可确定探针系数 C，并直接按式（2-42）计算样品的电阻率，若令 $I = C$，即通过探针 1、4 的电流数

值上等于探针系数，则 $\rho=U_{23}$。换言之，从探针 2、3 上测得的电势差在数值上等于样品的电阻率。例如，探针间距 $S=1\mathrm{mm}$，则 $C=2\pi s=6.28\mathrm{mm}$，若调节恒流源使得 $I=6.28\mathrm{mA}$，则由探针 2 和 3 直接读出的电势差即为样品的电阻率。

为了减小测量区域以观察半导体材料的均匀性，四探针并不一定要排成线，可以排成四方形或矩形，只是计算电阻率公式中的探针系数 C 改变。表 2-1 列出了这两种排列的计算公式。

表 2-1　非线性四探针法的计算公式

探针布置形状	正方形四探针	矩形四探针
电阻率计算公式	$\rho=\dfrac{2\pi s}{2-\sqrt{2}}=10.07S\dfrac{V}{I}$	$\rho=\dfrac{2\pi S}{2-\left(\dfrac{2}{\sqrt{1-n^2}}\right)}\dfrac{V}{I}$

注：n 是一个与探针接触区域形状和尺寸相关的修正因子。

四探针法的优点是探针与半导体样品之间不要求制备合金结电极，给测量带来了方便。四探针法可以测量样品沿径向分布的断面电阻率，从而可以观察电阻率分布是否均匀。由于这种方法可迅速、方便、无破坏地测量任意形状的样品且精度较高，故适合于大批生产中使用。但由于该方法受针距限制，很难发现小于 0.5mm 两点电阻的变化。

2.1.2.6　双电测组合四探针法

传统四探针方法的原理局限于 $I_{14}V_{23}$ 单一状态，被测物较小或探针在边界附近时，需做几何测量继而进行边界修正，造成不便，且有时难以保证准确度。双电测是指让电流先后通过不同的探针对，测量相应另外两针间电压，进行组合，按相关的公式求出电阻值。这时几何影响消失，针距和边界的负面效应将不存在，四探针将实现"自我修正"，误差减小。

双电测法共有三种组合模式——模式1、模式2、模式3，见图 2-10。

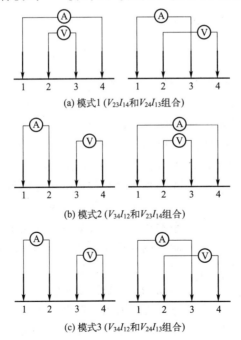

(a) 模式1 ($V_{23}I_{14}$和$V_{24}I_{13}$组合)

(b) 模式2 ($V_{34}I_{12}$和$V_{23}I_{14}$组合)

(c) 模式3 ($V_{34}I_{12}$和$V_{24}I_{13}$组合)

图 2-10　双电测组合四探针法的三种组合模式

以模式 1 为例，将直线四探针垂直压在被测样品表面上分别进行 $I_{14}V_{23}$ 和 $I_{13}V_{24}$ 组合测量，测量过程如下。

① 进行 $I_{14}V_{23}$ 组合测量：电流 I 从 1 针→4 针，从 2、3 针测得电压 V_{23+}；电流换向，I 从 4 针→1 针，从 2、3 针测得电压 V_{23-}；计算正反向测量平均值：$V_{23} = (V_{23+} + V_{23-})/2$。

② 进行 $I_{13}V_{24}$ 组合测量：电流 I 从 1 针→3 针，从 2、4 针测得电压 V_{24+}；电流换向，I 从 3 针→1 针，从 2、4 针测得电压 V_{24-}；计算正反向测量平均值：$V_{24} = (V_{24+} + V_{24-})/2$。

③ 计算 (V_{23}/V_{24}) （V_{23}、V_{24} 均以 mV 为单位）。

④ 按以下两式计算几何修正因子 K：

若 $1.18 < (V_{23}/V_{24}) \leqslant 1.38$ 时：

$$K = -14.696 + 25.173(V_{23}/V_{24}) - 7.872(V_{23}/V_{24})^2 \tag{2-43}$$

若 $1.10 < (V_{23}/V_{24}) \leqslant 1.18$ 时：

$$K = -15.85 + 26.15(V_{23}/V_{24}) - 7.872(V_{23}/V_{24})^2 \tag{2-44}$$

⑤ 计算方块电阻 R_W

$$R_W = K(V_{23}/I) \tag{2-45}$$

式中　I——测试电流，mA。

⑥ 若已知样品厚度 W，可按下式计算样品体积电阻率 ρ_V：

$$\rho_V = R_W W F(W/S)/10 \tag{2-46}$$

式中　W——样品厚度，mm（$W \leqslant 4$mm）；

　　　S——探针平均间距，mm；

$F(W/S)$——厚度修正系数；

　　　ρ_V——体积电阻率，$\Omega \cdot$ cm。

2.1.2.7　涡流法

涡流法是基于电磁感应原理的一种无损检测方法，它适用于导电材料。如果把一块导体置于交变磁场中，导体内会有感应电流存在，即产生涡流。导体自身各种因素（如电导率、磁导率、形状、尺寸和缺陷等）的变化，会导致感应电流发生变化，利用这种现象可以判知导体的性质和状态。很多导电材料（如端环）因形状特殊或尺寸小，且不允许做破坏性试验而无法使用传统的电压/电流法取样测试工件的电导率，而利用涡流检测法，无需取试样、无需加工就可快速准确地测得非磁性金属材料的电导率。

涡流法测量电导率的原理如图 2-11 所示。当一个扁平的线圈置于金属导体附近且通过正弦交变电流时，线圈周围就产生交变磁场 H_1，置于此磁场中的金属导体表面和近表面即感应产生电涡流，而此电涡流也会产生磁场 H_2，两个磁场方向相反。由于磁场 H_2 的反作用使电线圈的有效电阻产生变化，这种线圈阻抗的变化完整而且唯一地反映了待测物体的涡流效应，它与金属导体的电导率 σ、磁导率 μ、线圈的形状、几何参数 x、激励

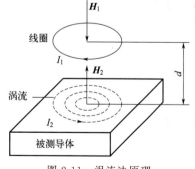

图 2-11　涡流法原理

电流强度 I、激励电流频率 f 及线圈与被测物体的距离 d 等参数有关。假定金属导体材质是均匀的，其性能是线性的，则线圈的阻抗可用如下函数表示：

$$Z = F(\sigma, \mu, x, I, f, d) \tag{2-47}$$

对于非磁性金属材料的 μ 恒定不变，若保持 x、I、f、d 因素恒定不变时，阻抗 Z 就成为电导率 σ 的单值函数。利用这个原理，将阻抗的变化转换成电压或电流，通过以电导率单位标定的仪器可直接测出导电体的电导率。

2.1.2.8 直流两探针法

在电阻率均匀、横截面积为 A 的长条状或棒状的样品两端通以直流电流，并在样品的电流回路上串联一个标准电阻，利用高输入阻抗的电压表测试标准电阻上的电势差，从而得到流经样品的电流 I，使 A、B 两根探针垂直压在样品侧面，测试 A、B 两根探针间的电势差 U、探针间距 S，如图 2-12 所示。电阻率 ρ 是平行于电流的电位梯度与电流密度之比，则样品的电阻率可用式（2-48）计算：

$$\rho = \frac{A}{S} \times \frac{U}{I} \tag{2-48}$$

式中　ρ——电阻率，$\Omega \cdot cm$；
　　　A——样品的截面积，cm^2；
　　　S——两探针的间距，cm；
　　　U——两探针间的电势差，V；
　　　I——通过样品的直流电流，A。

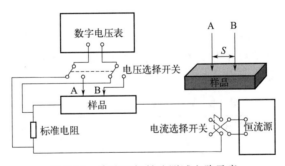

图 2-12　直流两探针法测试电路示意

2.2 介电性测试方法

2.2.1 材料介电性概述

电工中将电阻率大于 $10^{10} \Omega \cdot cm$ 的物质归为电介质，但广义上，在电场作用下能产生极化，并能在其内部长期存在电场的一切物质，均被称为电介质，所以还存在一些电阻率并不是很高的电介质，如压电、热释电、光电、铁电等材料，甚至一些半导体。

电介质中带电粒子被原子、分子的内力或分子间力紧密束缚，因此都为束缚电荷。通常情形下电介质中的正、负电荷互相抵消，宏观上不显电性；在外加电场作用下，这些束缚电荷只能产生微观移动，产生宏观上矢量和不等于零的电偶极矩，即极化，所以电介质在电场中以感应而非传导的方式呈现其电学性能，这是电介质区别于导体的主要特性之一。另外，静电场中电介质内部能够存在电场，而静电平衡态导体内部的电场是等于零的（应用高斯定理可以证明），这是电介质区别于导体的另一主要特性。

（1）直流电场中的介电性

真空电容器中插入电介质后，在外电场作用下，电介质在紧靠带电体的一端会出现与带电体电荷异号的过剩电荷（感应电荷，也称极化电荷），另一端则出现同号的过剩电荷，这种现象称为电介质的极化。

由于电介质的极化，会使电容器的电容量比以真空为介质时的电容量增加若干倍，物质的这一性质称为介电性。电容量增加的倍数即为该物质的介电常数，用以表示物体介电性的大小，以字母 ε 表示，单位为 F/m。将高介电常数材料放入电场中，场强会在电介质内有可观的下降。

法拉第发现，在真空平行板电容器的两极板间插入电介质，电容会增加，增大后的电容 C 应为

$$C = \varepsilon_r C_0 \tag{2-49}$$

式中 C_0——未插入电介质时真空平行板电容器的电容；

$$\varepsilon_r = \varepsilon / \varepsilon_0$$

其中，ε_r 为相对介电常数；ε 为电介质的介电常数；ε_0 则表示真空介电常数，等于 8.85×10^{-12} F/m。

相对介电常数 ε_r 是综合反映电介质内部电极化行为的一个主要宏观物理量，表 2-2 列出了一些常见介质的室温相对介电常数。值得注意的是，一些电介质的介电常数受外电场频率影响很大，特别是陶瓷类电介质。

表 2-2　常见介质的室温相对介电常数

材料	频率范围/Hz	相对介电常数/(F/m)	材料	频率范围/Hz	相对介电常数/(F/m)
二氧化硅玻璃	$10^2 \sim 10^{10}$	3.78	聚氯乙烯	直流	4.55
金刚石	直流	6.6	刚玉	$60(10^6)$	$9(6.5)$
α-SiC	直流	9.70	NaCl	直流	6.12
多晶 ZnS	直流	8.7	钛酸钡	10^6	3000
云母	$<10^3$	$3 \sim 6$	氮化硅	10^6	$7 \sim 8$
混凝土	$<10^3$	4.5	甘油（丙三醇）	$<10^3$	42.5
氯丁橡胶	$<10^3$	6.7	二氧化钛	$<10^3$	$86 \sim 173$
硅	$<10^3$	11.68	甲醇	$<10^3$	30

（2）交流电场中的介电性

静电场作用下，极化有足够的时间达到稳定，因此不需考虑建立过程，以恒稳状态进行处理，相应的介电常数 ε、极化率 χ、电位移 D、极化强度 P 等都是静态的，与时间无关。在变化电场作用下的极化响应大致可能有以下三种情况：

① 电场变化很慢，极化完全来得及响应，因此无须考虑响应过程，按照与静电场类似的方法进行处理；

② 电场变化极快，极化完全来不及响应，即无极化发生；

③ 电场变化与极化建立的时间相当，则极化对电场的响应强烈地受极化建立过程的影响，产生比较复杂的介电现象，这时极化的时间函数与电场的时间函数不一致。

由于电介质极化的建立与消失都需要时间，极化时间函数 $P(t)$ 不但滞后于电场的时间函数 $E(t)$，而且函数形式也有变化。

相对于电介质极化明显滞后的响应，真空的响应却是即时的，其极化由 $\varepsilon_0 E(t)$ 和介质的滞后 $P(t)$ 两个分量组成，可表示为

$$D(t) = \varepsilon_0 E(t) + P(t) \tag{2-50}$$

电子弹性位移极化的响应时间极快，可与光频相比拟，因此在远低于光频条件下，如无线电频率范围内，电子位移极化和离子弹性极化近似即时的。因此这两种极化也称为瞬时极化，其极化强度以 P_∞ 表示；偶极子取向极化等弛豫极化对外场的响应时间较慢，称为缓慢极化，其极化强度以 P_r 表示。极化响应 $P(t)$ 就是二者的叠加，即

$$P(t) = P_\infty(t) + P_r(t) \tag{2-51}$$

其中瞬时极化强度 P_∞ 可表示为

$$P_\infty = \varepsilon_0 \chi_\infty E(t) = \varepsilon_0 (\varepsilon_\infty - 1) E(t) \tag{2-52}$$

式中　χ_∞——瞬时极化率，$\chi_\infty = \varepsilon_\infty - 1$ 或 $\varepsilon_\infty = \chi_\infty + 1$。

这时电位移矢量 $D(t)$ 就可表示为

$$D(t) = \varepsilon_0 E(t) + P_\infty(t) + P_r(t) = \varepsilon_0 \varepsilon_\infty E(t) + P_r(t) \tag{2-53}$$

其中，$\varepsilon_0 \varepsilon_\infty E(t)$ 可以看成是瞬时响应部分，对 $D(t)$ 求导可得位移电流密度 $J_D(t)$ 为

$$J_D(t) = \varepsilon_0 \frac{dE}{dt} + \frac{dP}{dt} = \varepsilon_0 \frac{dE}{dt} + \frac{dP_\infty}{dt} + \frac{dP_r}{dt} = \varepsilon_0 \varepsilon_\infty \frac{dE}{dt} + \frac{dP_r}{dt} = J_\infty(t) + J_r(t) \tag{2-54}$$

其中

$$J_\infty(t) = \varepsilon_0 \frac{dE}{dt} + \frac{dP_\infty}{dt} = \varepsilon_0 \varepsilon_\infty \frac{dE}{dt} \tag{2-55}$$

$$J_r(t) = \frac{dP_r}{dt} \tag{2-56}$$

式中，$J_\infty(t)$ 可以看成是瞬时响应部分的电流密度；$J_r(t)$ 则是弛豫极化过程中产生的电流密度。应该指出，式（2-54）中真空的位移电流密度 $\varepsilon_0 \frac{dE}{dt}$ 不是电荷的定向运动，而极化强度的变化率 $\frac{dP}{dt}$ 实质上才是电荷的定向运动造成的。当然这里所指的电荷是束缚电荷而不是自由电荷。显然束缚电荷电流密度不可能保持恒稳不变，它总是要随时间或快或慢地衰减，最后趋于零。

下面采用平板电容器模型讨论一下交变电场下电介质的相对复介电系数和介电损耗。若对该电容器施加频率为 ω 的交变电场 $E = E_0 \mathrm{e}^{\mathrm{i}\omega t}$，假设两电极间是真空，则电容器的电容量为

$$C_0 = \frac{\varepsilon_0 A}{d} \tag{2-57}$$

式中　A——极板面积；

　　　d——两极间的距离。

根据麦克斯韦方程，电位移矢量的散度等于自由空间面电荷密度，在平行极板电容器中，上下极板的电荷均匀分布，数值上就是电位移矢量的大小，则极板上自由电荷面密度 σ_0 等于电位移矢量 D_0：

$$\sigma_0 = D_0 = \frac{Q}{A} = \frac{C_0 V}{A} = \frac{C_0 E d}{A} = \varepsilon_0 E = \varepsilon_0 E_0 \mathrm{e}^{\mathrm{i}\omega t} \tag{2-58}$$

其位移电流密度 $\boldsymbol{J}_0$ 为

$$\boldsymbol{J}_0 = \frac{\mathrm{d}\boldsymbol{D}_0}{\mathrm{d}t} = \mathrm{i}\omega\varepsilon_0 \boldsymbol{E}_0 \mathrm{e}^{\mathrm{i}\omega t} \tag{2-59}$$

电容位移电流密度 $\boldsymbol{J}_0$ 超前电场 $\boldsymbol{E}$ 的相位差为 $\pi/2$，因此是一种非损耗性的无功的纯位移电流密度。

如果在两电极间填充一理想电介质，如完全不导电的绝缘体，它与真空的区别是相对介电常数为 ε_r，因此有关的物理量都是真空的 ε_r 倍，且相位差仍为 $\pi/2$，此时电流也是一种非损耗性的无功的纯位移电流密度。当电介质是非极性的且绝缘性能优良时，接近于上述情况。

如果在两电极间填充一实际电介质，在交变电场作用下，实际电介质内部有能量的损耗，会产生热量。因此，在电介质中存在着一个与电场同相位的有功的电流分量 γE，其中 γ 为电介质的等效电导率。有功电流分量很小，γ 也很小。参与这一能量损耗的电荷包含自由电荷和束缚电荷。实际电介质并不是理想的绝缘体，其内部或多或少地存在着少量自由电荷。自由电荷在电场作用下定向迁移，形成纯电导电流，或称漏导电流，这种漏导电流与电场频率无关。至于束缚电荷则是非即时响应，当束缚电荷移动时，可能发生摩擦或非弹性碰撞，从而损耗能量，形成等效的有功电流分量，这一分量与频率有关。在以上情况下，实际电介质中总电流密度为

$$\boldsymbol{J} = (\gamma + \mathrm{i}\omega\varepsilon_0\varepsilon_r)\boldsymbol{E} \tag{2-60}$$

式中，$\mathrm{i}\omega\varepsilon_0\varepsilon_r\boldsymbol{E}$ 是纯位移电流密度，或无功电流密度；$\gamma\boldsymbol{E}$ 则为有功电流密度。

式（2-60）也可表示为

$$\boldsymbol{J} = \gamma^* \boldsymbol{E} \tag{2-61}$$

由此定义的复电导率为

$$\gamma^* = \gamma + \mathrm{i}\omega\varepsilon_0\varepsilon_r \tag{2-62}$$

从另一方面来看，实际电介质中电位移 $\boldsymbol{D}$ 和电场 $\boldsymbol{E}$ 的关系可表示为

$$D = \varepsilon_0 \varepsilon_r^* E \tag{2-63}$$

实际电介质的位移电流密度则为

$$J = \frac{\mathrm{d}D}{\mathrm{d}t} = \mathrm{i}\omega\varepsilon_0\varepsilon_r^* E \tag{2-64}$$

式中，ε_r^* 为相对复介电常数。

式（2-64）与式（2-61）是同一物理事实的两种表达方式，对比这两个关系式，复介电常数为

$$\varepsilon_r^* = \varepsilon_r - \mathrm{i}\frac{\gamma}{\omega\varepsilon_0} \tag{2-65}$$

由式（2-65）可见 ε_r^* 是个复数，因此称复介电常数，其中右端第一项 ε_r 与前述介电常数的意义相同，它代表了电容充放电过程，没有能量损失，即相对介电常数，是复介电常数的实部；而第二项 $\frac{\gamma}{\omega\varepsilon_0}$ 则表示电流与电压同相位的能量损耗部分，是复介电常数的虚部，如令

$$\begin{cases} \varepsilon_r' = \varepsilon_r \\ \varepsilon_r'' = \dfrac{\gamma}{\omega\varepsilon_0} \end{cases} \tag{2-66}$$

式中，ε_r'' 称损耗因子或损耗指数，是一个表示电介质损耗的特性参数。这样，式（2-65）可表示为

$$\varepsilon_r^* = \varepsilon_r' - \mathrm{i}\varepsilon_r'' \tag{2-67}$$

对于电介质来说，通常习惯使用相对复介电常数 ε_r^*，而很少使用复电导率 γ^*，这是由于电介质的电导损耗项很小的缘故。以上讨论表明，D 与 E 是不同相位，若 D 与 E 的相位差以 δ 表示（图 2-13），则可得

$$\varepsilon_r^* = \frac{D}{\varepsilon_0 E} = \frac{D_0 \mathrm{e}^{-\mathrm{i}\delta}}{\varepsilon_0 E_0} = \frac{D_0}{\varepsilon_0 E_0} \mathrm{e}^{-\mathrm{i}\delta} = \frac{D_0}{E_0}(\cos\delta - \mathrm{i}\sin\delta) \tag{2-68}$$

将式（2-67）与式（2-68）比较可得

$$\begin{cases} \varepsilon_r' = \dfrac{D_0}{E_0}\cos\delta \\ \varepsilon_r'' = \dfrac{D_0}{E_0}\sin\delta \end{cases} \tag{2-69}$$

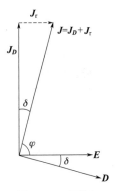

图 2-13　实际电介质电流密度图

由图 2-13 可见，有损耗时的电流密度 J 与电场 E 的相位差不是 $\pi/2$，而是 $(\pi/2 - \delta)$，即与纯位移电流密度 J_D 的相位差为 δ 角。这个相位角是由电介质中的有功电流密度分量引起的，即由能量损耗引起的，因此称损耗角。图 2-13 表明，介电损耗角正切 $\tan\delta$ 可定义为有功电流密度 γE 与无功电流密度 $\omega\varepsilon_0\varepsilon_r E$ 之比，即

$$\tan\delta = \frac{\gamma E}{\omega\varepsilon_0\varepsilon_r E} = \frac{\gamma}{\omega\varepsilon_0\varepsilon_r} \tag{2-70}$$

显然上式也可表示为

$$\tan\delta = \frac{\gamma}{\omega\varepsilon_0\varepsilon_r} = \frac{\varepsilon_r''}{\varepsilon_r'} \tag{2-71}$$

即 $\tan\delta$ 也是损耗项 γ 与电容项 $\omega\varepsilon_0\varepsilon_r$ 之比，即相对复介电常数虚部 ε_r'' 与实部 ε_r' 之比，它表示了为获得给定存储电荷所要消耗能量的大小。相对复介电常数虚部 ε_r'' 有时称为总损失因子，它是电介质作为绝缘材料使用评价的参数。介电损耗角正切的倒数 $Q = \tan^{-1}\delta$ 在高频应用条件下称为电介质的品质因数，它的值越高越好。

（3）电介质的电导与电击穿

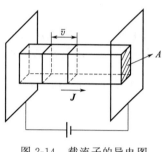

图 2-14 载流子的导电图

理想的电介质在外电场作用下应该是没有传导电流的，但任何实际的电介质都具有一定数量的弱约束带电质点。在电场作用下弱约束带电质点（载流子）作定向漂移会构成传导电流的过程，称为电介质的电导。假设单位体积电介质内导电载流子的数目为 N，每个载流子所带电荷为 q，载流子沿电场方向漂移的平均速度为 $\bar{v}$，则单位时间内通过垂直于电场方向、面积为 A（见图 2-14）的平面电荷量，即电流强度为

$$I = Nq\bar{v}A \tag{2-72}$$

电流密度 J，即单位时间内通过单位面积（$1m^2$）的电荷为

$$J = \frac{I}{A} = Nq\bar{v} \tag{2-73}$$

当电场不是很强时，电流密度 J 与电场强度 E 成正比，电介质的电导服从欧姆定律，即

$$J = \gamma E \tag{2-74}$$

式中　γ——电介质的体积电导率。

对于电介质材料来说，通常是用体积电阻率 ρ（体积电导率的倒数）来表征材料绝缘性能的好坏：

$$\rho = \frac{1}{\gamma} \tag{2-75}$$

其单位为 $\Omega\cdot m$。对于理想的绝缘体，$\rho = \infty$，而实际上一般认为 $\rho > 10^{10}\Omega\cdot m$ 以上的电介质就是绝缘体。

单位电场作用下的载流子沿电场方向的平均漂移速度称为载流子的迁移率 μ，即

$$\mu = \frac{\bar{v}}{E} \tag{2-76}$$

因为 $J = Nq\bar{v} = \gamma E$

所以

$$\gamma = Nq\frac{\bar{v}}{E} \tag{2-77}$$

进一步可得电介质电导率的普遍表述式为

$$\gamma = Nq\mu \tag{2-78}$$

由式（2-78）可看出，提高电介质的绝缘性能可以从两方面考虑：一是减少电介质单位体积的载流子数；二是降低迁移率。对固体电介质，要尽量减少杂质、热缺陷数目；对于液体电介质，除了要减少杂质含量以外，还可以通过提高液体的黏度以降低迁移率。

根据导电载流子种类的不同，电介质的电导可以分为以下几种形式。

离子电导：以正、负离子（或离子空位）为载流子，这是固体电介质中最主要的导电形式。

电子电导：以电子（或电子空穴）为载流子，由于电介质内电子数极少，所以这种形式的电导表现得比较微弱，只在某些特定的条件下才明显。

电泳电导：以带电的分子团为载流子，分子团可以是老化的粒子、悬浮的水珠或者杂质胶粒，在电场作用下进行漂移，形成电泳电导。工程上液体电介质主要是这种形式的电导。

随着外加电场增加到比较强时，电介质的电导会变得不服从欧姆定律、突然剧增，电介质会丧失其固有的绝缘性能，变成导体，这种现象称为电介质的击穿，主要有三类。

热击穿：电场作用下电介质内部有能量的损耗，会产生热量。若这部分热量全部由电介质向周围媒质散入，当外加电场逐渐增加时，通过电介质的电流也会增加，相应地电介质的发热量会增大，增加到某一临界值时，如果发热量大于电介质向外界散发的热量，则电介质的温度不断上升，温度的上升又导致电导率增加，电流进一步增加，损耗加大，如此循环，直至电介质发生热破坏，使电介质丧失其原有的绝缘性能，这就产生了热击穿。由于电介质的热击穿在很大程度上取决于周围媒质的温度、散热条件等，因此，热击穿电压并不是电介质的一个固定不变的参数。

电击穿：在电场增强到一定程度，电介质中除了离子电导还将出现电子电导，导致电介质中的传导电流剧增，使电介质丧失了原有的绝缘性能。这种在电场直接作用下发生的电介质被破坏的现象称为电介质的电击穿。

电化学击穿：电介质在长期的使用过程中受电、光、热以及周围媒质的影响产生化学变化，电性能发生不可逆的破坏，最后被击穿。这一类的击穿在工程上称为老化，亦称为电化学击穿。这种形式的击穿在有机电介质中表现得更加明显，如有机电介质变黏、变硬等都是化学变化的宏观表现。

电介质发生击穿时的临界电压称为击穿电压，电场强度称为击穿电场强度（又称绝缘强度、介电强度、耐电强度和抗电强度），分别用 V_m 和 E_m 来表示。二者之间的关系为

$$E_m = \frac{V_m}{d_t} \tag{2-79}$$

式中 d_t ——击穿处电介质的厚度。

2.2.2 介电性能测试

2.2.2.1 介电常数和介电损耗的测量

介电常数和介电损耗的测试通常是通过测量试样与电极组成的电容、试样厚度和电极尺

寸求得，但测量时需要考虑如何减小环境因素对测试结果的影响。以下简要介绍国标 GB/T 1409—2006 中指定的固体绝缘材料在工频、音频、高频下介电常数和介电损耗的测试方法。需要指出的是，这里讨论的是仅限于弱电场下的测量。

（1）影响介电常数和介电损耗测量的因素

① 测试电场频率：由于极化机制不同，介电常数随测量电场频率的不同而改变，所以电介质材料必须在其使用频率下测量介电常数。不同的测试方法所适用的测量范围也不同，选择仪器测量时需引起注意。图 2-15 为介电常数的测量方法及其频率范围。

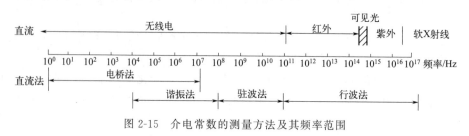

图 2-15　介电常数的测量方法及其频率范围

② 温度：目前能够进行介电常数测量的温度范围为 0～1923K。电介质的介电损耗角正切在某一频率下可以出现最大值，这个频率值与介质材料的温度有关。

③ 湿度：极化的程度随水分的吸收量或绝缘材料表面水膜的形成而增加，进而使相对介电常数、介电损耗角正切和直流电导率增大。

④ 电场强度：当介质内存在界面极化时，自由离子的数目随电场强度的增加而增加，其损耗指数最大值的大小和位置也随电场强度变化。但在较高的频率下，若没有局部放电现象，电场强度不会影响相对介电常数和介电损耗因数。

⑤ 试样形状、尺寸：试样的大小应适合所采用的测量系统。样品形状的选择应考虑到能够方便地计算出它的真空电容，通常是两面平行的圆片或方片，也可以采用管状试样。当测量介电常数要求精度较高时，最大误差来自试样尺寸的误差，尤其是厚度的误差。测定 $\tan\delta$ 时，导线的串联电阻与试样电容的乘积应尽可能地小，同时，又要求试样电容在总电容中的比值尽可能地大。

⑥ 测试电极：样品与测试仪器电极之间存在空气间隙，这相当于将一个空气电容器串联在试样上，它降低了被测试样的电容值以及测出的介电损耗。这个误差反比于样品的厚度，对于薄膜样品来说，可达到很大的值。所以为了准确测量薄膜样品的介电参数，在把样品放到测量电极系统中之前，必须在它的表面镀上某些类型的薄金属电极。另外，电极材料需要在试验条件下不起变化，而且不影响被测介质的性能，更不能与介质起化学作用；电极材料还应具有良好的导电性；电极本身制作容易、安全方便。常见的电极材料有金属箔、导电涂料、沉积金属和水银等。表 2-3 为常见电极材料的制作要求和适用范围。

表 2-3　常见电极材料的制作要求和适用范围

电极材料	制作要求	适用范围
锡箔、铅箔、铝箔和金箔	锡箔和铝箔需退火，厚度为 0.01～0.1mm，用低损耗胶状油如凡士林、变压器油、硅油等作为黏结剂无气隙地粘贴在样品表面	不适用于高介电常数的材料和薄膜样品
导电银膏	在空气中干燥或低温烘干	适用于较低频率测量

电极材料	制作要求	适用范围
银浆、铂浆、金浆	通过"烧电极"处理，金属浆料中的金属沉积在测试样品的表面，烧银的温度取决于银浆的配方，铂浆适用于极高温度下测量的样品，金浆比较稳定，在烧电极过程中不向样品内部迁移	陶瓷、玻璃、云母等耐高温材料
真空镀膜	在真空中将银或铝或其它金属喷镀到试样表面形成的电极，在制作电极时，真空和喷镀温度对材料性能应不产生永久性的损害	特别适用于潮湿条件下的测试

（2）介电常数及介电损耗的测量方法

① 直流法：低频段内采用加保护电极的平行板电容法，分别测量平行板电容器在有、无介质存在时通过一个标准电阻放电的时间常数，可求出复介电常数的实部 ε_r'，虚部 ε_r'' 用介质的电阻率（或电导率）来表示。

② 电桥法：测量 ε_r' 和 $\tan\delta$ 最常用的方法，由于可以采用三电极系统来消除表面电导和边缘效应所带来的测量误差，因此其优点在于测量范围广、精度高、频带宽。具体测量频率范围为 $0.01\sim150\mathrm{Hz}$，分为超低频电桥（$0.01\sim200\mathrm{Hz}$）、音频电桥（$20\mathrm{Hz}\sim3\mathrm{MHz}$）和双 T 电桥（$>1\mathrm{MHz}$）等。音频电桥中最典型的电路是西林电桥，可同时读出电容量 C 和 $\tan\delta$，进而计算出 ε_r' 和 ε_r''。现在已有完善的数字化低频阻抗分析仪，测量的参数可达 10 余个，使用十分方便。

电桥法的测量原理：在充电的真空平行板电容器中，电场为 E，金属极板上自由电荷密度为 $\sigma_0=\varepsilon_0 E$，极板面积为 S，两极板内表面间距离为 d，则电容器内部所产生的电场为均匀电场，电容器的电容量 C_0 为

$$C_0=\frac{\varepsilon_0 S}{d} \tag{2-80}$$

当电容器中充满了均匀电介质（极化率为 χ_e）时，束缚电荷（面密度为 $\pm s$）产生与原电场方向相反的附加电场，故合成电场强度较初始电场强度小。由于极板上电量不变，两极板的电位差下降，则电容量增大为

$$C=\varepsilon_r C_0 \tag{2-81}$$

若分别测量电容器在填充介质前、后的电容量，即可根据式（2-81）推算该介质的相对介电常数 ε_r（无量纲）。

图 2-16 为电极在空气及介质中测量电容的示意图。设电极在空气中时，电容量为 C_1，放入介质中时，电容量为 C_2，考虑到边界效应和分布电容的影响，则有

$$C_1=C_0+C_{边1}+C_{分1} \tag{2-82}$$
$$C_2=C_{串}+C_{边2}+C_{分2} \tag{2-83}$$

式中，$C_0=\dfrac{\varepsilon_0 S}{D}$ 是电极间以空气为介质，考虑空气的相对介电常数近似为 1 时计算出来的电容量。

电介质样品放入极板间时，样品面积比极板面积小，$C_边$ 为样品面积以外电极间的电容量和边界电容之和，$C_分$ 为测量引线及测量系统等所引起的分布电容之和。样品厚度 t 比极

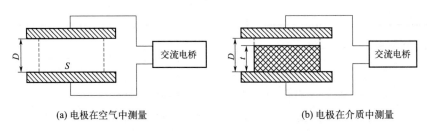

| (a)电极在空气中测量 | (b)电极在介质中测量 |

图 2-16　电极电容测量示意

板的间距 D 小，因此电极间的电容是由样品面积内介质层和空气层组成的串联电容 $C_{串}$，根据电容串联的计算公式，有

$$C_{串}=\frac{\dfrac{\varepsilon_0 S}{D-t}\dfrac{\varepsilon_r\varepsilon_0 S}{t}}{\dfrac{\varepsilon_0 S}{D-t}+\dfrac{\varepsilon_r\varepsilon_0 S}{t}}=\frac{\varepsilon_r\varepsilon_0 S}{t+\varepsilon_r(D-t)} \tag{2-84}$$

当两测量电极间距 D 为一定值时，系统状态保持不变，则可以近似认为 $C_{边1}=C_{边2}$，$C_{分1}=C_{分2}$，结合式（2-82）和式（2-83）可以发现

$$C_{串}=C_2-C_1+C_0 \tag{2-85}$$

所以固体电介质的介电常数为

$$\varepsilon_r=\frac{C_{串}\,t}{\varepsilon_0 S-C_{串}(D-t)} \tag{2-86}$$

因此，通过交流电桥测出 C_1 和 C_2，用测微器测出 D 和 t，用游标卡尺测出电极板的直径 D，即可求出介质的相对介电系数。该结果中不再包含分布电容和边缘电容，也就是说运用该方法消除了由分布电容和边缘效应引入的系统误差。

③ 频率法：一种测量液体电介质的介电常数常用方法，如图 2-17 所示，所用电极是两个容量不相等并组合在一起的空气电容，电极在空气中的电容量分别为 C_{01} 和 C_{02}，通过一个开关与测试仪相连，可分别接入电路中。测试仪中的电感 L 与电极电容和分布电容等构成 LC 振荡回路。

图 2-17　频率法测试液体电介质的原理

振荡频率 f 为

$$f=\frac{1}{2\pi\sqrt{LC}} \tag{2-87}$$

或者

$$C = \frac{1}{4\pi^2 L f^2} = \frac{k^2}{f^2} \tag{2-88}$$

式中，$C = C_0 + C_分$。

测试仪中电感 L 一定，即式（2-88）中 k 为常数，则频率 f 仅随电容 C 的变化而变化。当电极在空气中时接入电容 C_{01}，相应的振荡频率为 f_{01}，得

$$C_{01} + C_分 = \frac{k^2}{f_{01}^2} \tag{2-89}$$

接入电容 C_{02}，相应的振荡频率为 f_{02}，得

$$C_{02} + C_分 = \frac{k^2}{f_{02}^2} \tag{2-90}$$

试验中保证 $C_分$ 不变，则有

$$C_{02} - C_{01} = \frac{k^2}{f_{02}^2} - \frac{k^2}{f_{01}^2} \tag{2-91}$$

当电极在液体中时，相应地有

$$\varepsilon_r (C_{02} - C_{01}) = \frac{k^2}{f_2^2} - \frac{k^2}{f_1^2} \tag{2-92}$$

由此可得液体电介质的相对介电常数为

$$\varepsilon_r = \frac{\dfrac{1}{f_2^2} - \dfrac{1}{f_1^2}}{\dfrac{1}{f_{02}^2} - \dfrac{1}{f_{01}^2}} \tag{2-93}$$

此结果不再和分布电容有关，因此该试验方法同样消除了由分布电容引入的系统误差。

④ 谐振电路法：当频率范围为 $10 \sim 100\,\mathrm{MHz}$ 时，杂散电容效应增加，显著影响测量的精确性，普通电桥法不能胜任，因此在高频测量中往往使用谐振电路法，Q 表测量便是一种广泛应用的典型方法。现在较好的高频数字化阻抗分析仪的频率范围已高达 $10\,\mathrm{GHz}$。

Q 表的测量原理：采用一个简单的 R-L-C 回路，如图 2-18 所示。当回路两端加上电压 U 后，电容器 C 的两端电压为 U_e，电容器 C 使回路谐振，回路的品质因数 Q 就可以表示为

$$Q = \frac{U_e}{U} = \frac{\omega L}{R} \tag{2-94}$$

式中　L——回路电感；

　　　R——回路电阻；

　　　ω——交流电频率。

由式（2-94）可知，输入电压 U 不变时，Q 与 U_e 成正比。因此在一定输入电压下，通过 U_e 值可直接计算 Q 值。

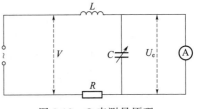

图 2-18　Q 表测量原理

以 STD-A 陶瓷介电损耗角正切及介电常数测试仪为例，该测试仪由稳压电源、高频信号发生器、定位电压表 CB_1、Q 值电压表 CB_2、宽频低阻分压器以及标准可调电容器等组成（图 2-19）。工作原理如下：高频信号发生器输出信号，然后低阻抗耦合线圈将信号馈送至宽频低阻分压器。输出信号幅度的调节是通过控制振荡器的帘栅极电压来实现的。调节定位电压表 CB_1 指向定位线，R_1 两端得到约 10mV 的电压 U_1，确定 U_1 数值后，即可通过测量 U_e 的电压表 CB_2 计算或直接读出 Q 值。必须指出的是，如果直接测量 U_1，必须增加大量电子组件才能测量出高频低电压信号，成本较高，而采用宽频低阻分压器则可直接使用普通电压表测量。

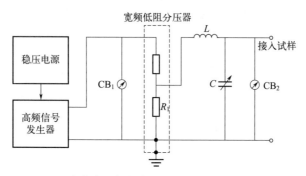

图 2-19　STD-A 陶瓷介电损耗角正切及介电常数测试仪测量电路图

此法介电常数为：

$$\varepsilon = \frac{(C_1 - C_2)d}{\phi_2} \tag{2-95}$$

式中　C_1——标准状态下的电容量；

　　　C_2——样品测试的电容量；

　　　d——试样的厚度；

　　　ϕ_2——试样的直径。

介电损耗角正切为：

$$\tan\delta = \frac{C_1}{C_1 - C_2} \times \frac{Q_1 - Q_2}{Q_1 Q_2} \tag{2-96}$$

式中　Q_1——标准状态下的 Q 值；

　　　Q_2——样品测试的 Q 值。

　　Q 值：

$$Q = \frac{1}{\tan\delta} = \frac{Q_1 Q_2}{Q_1 - Q_2} \times \frac{C_1 - C_2}{C_1} \tag{2-97}$$

⑤ 传输线法（测量线法）：超高频范围（100～1000MHz）以上，由于辐射效应和趋肤效应，谐振电路技术已经不能应用，需要使用分布电路，通常采用传输（同轴）线、波导以及带状线（微带）等。同轴线测量能覆盖 100～6000MHz 的宽广频段，其中最适宜的测量区域 300～3000MHz 频段只需用一条测量线。根据电磁波与物质相互作用的原理，传输线可分为驻波法、反射波法和透射波法三种，后两种属于行波法。波导测量宜在高频率（微

波），否则尺寸太大，而且每一种波导只能在平均波长两侧的 20%～25% 内传输电磁波，不能覆盖整个频段。

⑥ 微波法：微波频段的介电常数测量可使用波导（超过 100MHz）或谐振腔技术。波导传播的电磁波可以是高阶型的。若测量固体电介质，具体的测量方法取决于被测材料的性质和数量。如果有足够大尺寸的材料，就可用波导法；如果材料的尺寸很小，可用谐振腔法。

2.2.2.2　介电强度的测量

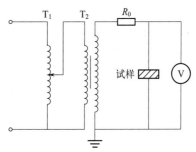

介电强度又称为击穿电场强度，工频下击穿电场强度测量线路如图 2-20 所示。通过调压器使 R_0 两端的电压从零开始以一定速率上升，至试样被击穿，这时施加于试样两端的电压为击穿电压，通过击穿电压即可求出样品的击穿电场强度。

击穿电压可用静电电压表、电压互感器、放电球隙等仪器并联于试样两端直接测出，击穿电压很高时，需采用电容分压器。由于材料介电强度的测量数值受多种因素的影响，为便于比较，必须在特定条件下进行。

图 2-20　工频下击穿电场强度测量线路
T_1—调压器；T_2—试验变压器；
R_0—保护电阻；V—电压测量装置

国标 GB/T 1408.1—2016 规定了固体电工材料工作频率下击穿电压、击穿电场强度的试验方法，对试样的尺寸、电极形状以及加压方式等都做出了具体的规定。

2.3　压电性测试方法

2.3.1　材料压电性概述

在晶体的某个方向上施加力的作用，电介质会产生极化；同时，介质的两个端面上出现符号相反的束缚电荷，其面密度与外力成正比。这种由于机械力的作用而激起表面电荷的效应称为压电效应。其产生机理如下：图 2-21（a）表示晶体不受外力时在某方向上的投影，此时正电荷与负电荷的中心相重合，整个晶体的总电矩为零，晶体表面的电荷亦为零。这里进行了简化假设，实际上会有电偶极矩存在。图 2-21（b）和（c）分别为受压缩和拉伸情况，此时晶体就会形变导致正负电荷中心分离，亦即晶体的总电矩发生变化，同时导致表面出现电荷现象，这两种受力情况下晶体表面带电的符号相反。

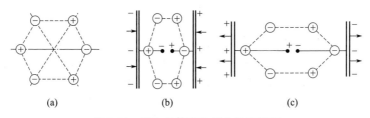

(a)　　　　　　　(b)　　　　　　　(c)

图 2-21　压电晶体产生压电效应机理

晶体受机械力作用使表面电荷密度大小与所加应力的大小成线性关系，这种由机械能转换成电能的过程，称为正压电效应。反之，在外电场激励下，晶体的某些方向上产生形变（或谐振），且应变的大小与所加电场在一定范围内成线性关系，这种由电能转变为机械能的过程称为逆压电效应。正压电效应很早就已经用于测量力的传感器中。逆压电效应可用于制备电声和超声工程中的变送器。

压电材料首先具有一般介质材料的介电性，其次是弹性性能，而且极化处理之后会产生各向异性。因此，不但其每项性能参数在不同方向上数值不同，而且性能参数比一般各向同性的介质更多。除了描述电介质的一般参量，如介电常数、介电损耗角正切（电学品质因素 Q_C）、介质击穿强度、介电系数外，对于压电材料，还需要描述弹性常数、弹性谐振时力学性能的机械品质因数 Q_m 以及描述谐振时机械能与电能相互转换的机电耦合系数 K。

① 弹性常数（s、c）　压电陶瓷是一种弹性体，它服从胡克定律。在弹性限度范围内，应力与应变成正比。假设在截面积为 A 的压电陶瓷片上加载应力 σ，其所产生的应变为 ε。根据胡克定律，应力 σ 与应变 ε 之间有如下关系

$$\varepsilon = s\sigma \tag{2-98}$$

$$\sigma = c\varepsilon \tag{2-99}$$

式中　s——弹性顺度常数，m^2/N；

$\qquad c$——弹性劲度常数，N/m^2。

任何材料都是三维的，沿着材料长度方向施加应力时，不仅会在该方向产生应变，宽度与厚度方向上也相应地产生应变。设有如图 2-22 所示的薄长片，其长度沿 1 方向，宽度沿 2 方向。沿 1 方向施加应力 σ_1，使薄片在 1 方向产生应变 ε_1；而在 2 方向上产生应变 ε_2，由式（2-98）不难得出：

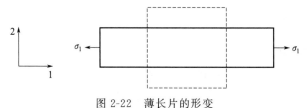

图 2-22　薄长片的形变

$$\varepsilon_1 = s_{11}\sigma_1 \tag{2-100}$$

$$\varepsilon_2 = s_{12}\sigma_1 \tag{2-101}$$

上面两式弹性顺度常数 s_{12} 和 s_{11} 之比，称为泊松比 ν，即

$$\nu = -\frac{s_{12}}{s_{11}} \tag{2-102}$$

它表示横向相对收缩与纵向相对伸长之比。

同理，可以得到 s_{21}、s_{22}；其中，$s_{22} = s_{11}$，$s_{12} = s_{21}$。针对极化过的压电陶瓷，考虑其三维及对角线方向，其独立的弹性顺度常数只有 5 个，即 s_{11}、s_{12}、s_{13}、s_{33} 和 s_{44}。独立的弹性劲度常数也只有 5 个，即 c_{11}、c_{12}、c_{13}、c_{33} 和 c_{44}。

由于压电陶瓷存在压电效应，因此在不同的电学条件下有不同的弹性顺度常数。在外电路的电阻很小相当于短路，或电场强度 $E=0$ 的条件下测得的值称为短路弹性顺度常数，记

作 s^E。在外电路的电阻很大相当于开路，或电位移 $D=0$ 的条件下测得的值称为开路弹性顺度常数，记作 s^D。由于压电陶瓷为各向异性体，因此共有下列 10 个弹性顺度常数：

$$s_{11}^E, s_{12}^E, s_{13}^E, s_{33}^E, s_{44}^E, s_{11}^D, s_{12}^D, s_{13}^D, s_{33}^D, s_{44}^D$$

同理，弹性劲度常数也有 10 个：

$$c_{11}^E, c_{12}^E, c_{13}^E, c_{33}^E, c_{44}^E, c_{11}^D, c_{12}^D, c_{13}^D, c_{33}^D, c_{44}^D$$

② 机械品质因数（Q_m） 它是衡量压电陶瓷的一个重要参数，表示在振动转换时材料内部能量消耗的程度。机械品质因数 Q_m 越大，能量的损耗越小。损耗的大小与内摩擦的大小成正比。根据等效电路可以计算机械品质因数 Q_m，公式为：

$$Q_m = \frac{1}{2\pi f_x R_L C_T \dfrac{f_r^2 - f_s^2}{f_r^2}} \tag{2-103}$$

式中，R_L 表示振子谐振时的等效电阻（串联谐振电阻）；C_T 表示测试频率 f_x 远低于谐振频率 f_r 时压电振子实测的自由电容；f_s 为衰减频率，表示压电陶瓷振子在振动衰减过程中的频率；$C_T = C_0 + C_1$（C_0 为振子的静态电容；C_1 为振子的动态电容）。在一级近似条件下，R_L 可用厚度串联谐振频率处的最小阻抗值 Z_{min} 代替；C_T 可取 1kHz 以下的电容代替。

不同的压电陶瓷元器件对压电陶瓷的 Q_m 值有不同的要求，多数陶瓷滤波器要求压电陶瓷的 Q_m 要高，而音响元器件及接收型换能器则要求 Q_m 要低。

③ 压电常数（d、g、e、h） 它是压电陶瓷最重要的物理参数，取决于不同的力学和电学边界约束条件。对压电陶瓷施加的应力 σ（单位面积所受的力）与产生的额外电荷 D（单位面积的电荷）成正比：

$$D = \frac{Q}{A} = d\sigma \tag{2-104}$$

式中，d 为压电应变常数，C/N。

对于逆压电效应，施加电场 E 时成比例地产生应变 ε，其所产生的应变为膨胀或为收缩取决于样品的极化方向。

$$\varepsilon = dE \tag{2-105}$$

式中，d 为压电应变常数，m/V。

对于正压电和逆压电效应来讲，d 在数值上是相同的，即存在关系：

$$d_{ij} = \frac{D_i}{\sigma_j} = \frac{\varepsilon_j}{E_i} \tag{2-106}$$

式中，d 角标的第一个数字 i 表示压电材料的极化方向，第二位数字 j 表示机械振动方向。

对于需要用来产生运动或振动（例如，声呐和超声换能器）的材料来说，希望具有大的压电应变常数 d。

压电应变常数是力学的二阶对称量与电学一阶张量联系在一起的物理量，因此是一个三阶张量，共 3^3（$=27$）个分量。但是由于力学张量的对称性，其中只有 18 个是独立的，因此可以用矩阵方程式表示。考虑到压电陶瓷的对称性，18 个压电常数分量中只有 5 个非零分量，其中只有 3 个是独立分量，即 $d_{31}=d_{32}$、$d_{33}=d_{24}$ 和 $d_{15}=d_{24}$，矩阵方程式可表示为：

$$\begin{bmatrix} 0 & 0 & d_{31} \\ 0 & 0 & d_{32} \\ 0 & 0 & d_{33} \\ 0 & d_{24} & 0 \\ d_{15} & 0 & 0 \\ 0 & 0 & 0 \end{bmatrix}$$

压电应变常数除与材料本身的性质有关外，通常还与压电陶瓷进行极化处理的条件有关。

另一个常用的压电常数是压电电压常数 g，它表示内应力所产生的电场，或应变所产生的电位移。对于由机械应力而产生电压（例如留声机、拾音器）的材料来说，希望具有高的压电电压常数 g，通常可通过压电应变计算得到：

$$\overline{g_{33}}=\frac{\overline{d_{33}}}{\varepsilon^{\mathrm{T}}\varepsilon_0} \tag{2-107}$$

式中，ε^{T} 表示自由介电常数。此外，还有不常用的压电应力常数 e 和压电劲度常数 h；e 把应力 σ 和电场 E 联系起来，而 h 把应变 ε 和电场 E 联系起来，即

$$\sigma=-eE \tag{2-108}$$
$$E=-h\varepsilon \tag{2-109}$$

④ 机电耦合系数（K） 它是综合性能参数，反映压电材料机械能与电能之间的耦合效应（相互转换能力）。具体指压电效应相联系的弹性和介电性相互作用能密度 $U_互$ 与弹性能密度 $U_弹$ 和介电能密度 $U_介$ 的几何平均值之比，即：

$$K=\frac{U_互}{\sqrt{U_弹\,U_介}} \tag{2-110}$$

由于压电元器件的机械能与它的形状和振动模式有关，因此，不同形状和不同振动模式对应的机电耦合系数也不相同。通常用到的机电耦合系数如表 2-4 所示。

另外还有两个反映薄圆片机电耦合效应的参数：沿径向振动用平面机电耦合系数 K_p 表示，沿厚度方向伸缩振动用厚度机电耦合系数 K_t 表示。

表 2-4　常用机电耦合系数

K	振子形状和电极	不为零的应力应变分量
K_{31}	沿 1 方向长片，3 面电极	σ_2，ε_1，ε_2，ε_3
K_{33}	沿 3 方向长圆棒，3 面电极	σ_3，$\varepsilon_1=\varepsilon_2$，$\varepsilon_3$
K_p	垂直于 3 方向的圆片的径向振动，3 面电极	$\sigma_1=\sigma_2$，$\varepsilon_1=\varepsilon_2$，$\varepsilon_3$
K_t	平行于 3 方向的圆片的厚度振动，3 面电极	$\sigma_1=\sigma_2$，σ_3，ε_2
K_{15}	垂直于 2 方向的圆片的切变振动，1 面电极	σ_4，ε_4

⑤ 频率常数（N^E、N^D） 压电材料的压电振子谐振频率与振子振动方向线度尺寸的乘积是一常数，称为频率常数。外加电场垂直于振动方向，谐振频率为串联谐振频率；电场平行于振动方向，则谐振频率为并联谐振频率。因此，对于 31 和 15 模式的谐振以及平面或径向模式的谐振，其对应的频率常数为 N_1^E、N_5^E 和 N_p^E，而 33 模式的谐振频率常数为 N_3^D。

对于一个纵向极化的长棒，纵向振动的频率常数通常以 N_3^D 表示；对于一个厚度方向极化的任意大小的薄圆片，厚度伸缩振动的频率常数通常以 N_t^D 表示，径向伸缩振动的频率常数通常以 N_p^D 表示，圆片的 N_t^D 和 N_p^D 都是重要参数。

除了频率常数 N_p^D 外，其它的频率常数等于陶瓷体中主声速的一半，即

$$N^D = (s_{pm}^D)^{-1/2}/2 \text{ 和 } N^E = (s_{pm}^E)^{-1/2}/2$$

式中，s^D 和 s^E 分别表示材料的应力常数在纵向和横向的分量；下角标 pm 表示材料在常规模式（principal mode）下。

2.3.2 压电性能测试

压电性测量方法有电测法、声测法、力测法和光测法，其中主要方法为电测法。电测法中按样品的状态分为动态法、静态法和准静态法。动态法是用交流信号激发样品，使之处于特定的振动模式，然后测定谐振及反谐振特征频率，并采用适当的计算便可获得压电参量的数值。

（1）平面机电耦合系数 K_p 的测量

采用传输线路法测量样品的 K_p，要求样品为圆片试样，且直径 ϕ 与厚度 t 之比要大于 10。主电极面为上、下两个平行平面，极化方向与外加电场方向平行。传输法测试原理如图 2-23 所示。

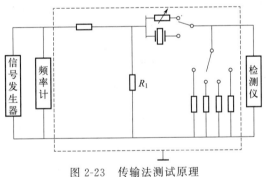

图 2-23 传输法测试原理

利用检测仪测定样品的谐振频率 f_r 和反谐振频率 f_a，并按下式计算 K_p。

$$\frac{1}{K_p^2} = \frac{a}{\dfrac{f_a - f_r}{f_r}} + b \tag{2-111}$$

式中，a 和 b 为与样品振动模式相关的系数。对于圆片径向振动，$a = 0.395$，$b = 0.574$。

（2）压电应变常量 d_{33} 和 d_{31} 的测量

d_{33} 测试可采用准静态法。样品规格与测定 K_p 的样品相同。以中国科学院声学研究所研制的 ZJ-2 型准静态 d_{33} 测试仪为例，测试误差≤2%。压电常量 d_{31} 无法通过仪器直接测

量，但可以根据公式计算。

用于动态法测试的样品为条状，要求样品长度和宽度之比大于 5，长度和厚度之比大于 10。极化方向与电场方向相互平行，电极面为上、下两平行平面。具体步骤如下：

① 用排水法测出样品的体积密度 ρ；

② 用传输线路法测出样品的谐振频率 f_r 和反谐振频率 f_a；

③ 算出样品在恒电场下（短路）的弹性柔顺系数为

$$s_{11}^E = \frac{1}{4l^2 \rho f_r^2} \tag{2-112}$$

式中　l——样品长度；

　　　ρ——样品密度；

　　　f_r——样品谐振频率。

④ 按下式算出样品的机电耦合系数 K_{31}；

$$\frac{1}{K_{31}} = 0.404 \frac{f_r}{f_a - f_r + 0.595} \tag{2-113}$$

⑤ 测出样品的自由电容 C^T，并计算出自由介电常数 ε_{33}^T；

⑥ 算出 K_{31}、ε_{33}^T 和 s_{11}^E 后，按下式算出 d_{31}；

$$d_{31} = K_{31} \sqrt{\varepsilon_{33}^T s_{11}^E} \, (C/N) \tag{2-114}$$

（3）激光干涉法测试电场应变特性

静态应变特性测试有激光干涉法、电感法和电容法等方法，其中激光干涉法为仲裁测试方法。

激光干涉法是利用光干涉原理，使样品在外加直流电场作用下产生形变（位移），通过对物光进行调制，使干涉条纹变化，从而得到被测物体形变量，原理图见图 2-24。

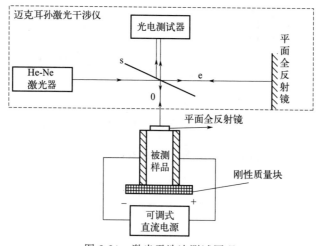

图 2-24　激光干涉法测试原理

s—分光镜；0—物光；e—参考光

激光干涉法按下列步骤进行测量：

① 按图 2-24 所示，将样品一端垂直地粘紧在刚性质量块上，然后将一块直径不大于

10mm、厚度约 1mm 的平面全反射镜粘贴于另一端面中心处，样品接入可调式直流电源。

② 调整迈克耳孙激光干涉仪处于正常工作状态。

③ 开启可调式直流电源。

④ 依照条纹整数变化规律，按升高、下降、反向升高、下降的顺序缓慢调节电压，观察干涉条纹的移动，并记录电压和对应的移动条纹数。需要注意的是，在电压回到零时，可能存在剩余条纹（即剩余形变）。

根据条纹数的变化，按式（2-115）和式（2-116）计算相应的形变量和应变量。

$$\Delta l = \frac{n\lambda}{2} \tag{2-115}$$

$$S = \frac{\Delta l}{l} \tag{2-116}$$

式中　Δl——一定电压作用下，样品产生的形变量，mm；

n——一定电压下读得的移动条纹数，为正整数；

λ——激光波长，mm；

S——一定电压作用下，样品产生形变量 Δl 时对应的应变量；

l——样品被测方向上的长度，mm。

2.4　热释电性测量方法

2.4.1　热释电效应概述

在均匀加热电气石$(Na,Ca)(Mg,Fe)_3B_3Al_6Si_6(O,OH,F)_{31}$的同时，让一束硫黄粉和铅丹粉经过筛孔喷向这个晶体。结果显示晶体的一端出现黄色，另一端变为红色（图 2-25）。这就是孔特法显示的天然矿物晶体电气石的热释电性试验。如果电气石不是在加热过程中，喷粉试验不会出现两种颜色。

电气石是三方晶系 3m 点群，结构上只有唯一的三次旋转轴，具有自发极化的性质。没有加热时，自发极化电偶极矩完全被吸附在空气中的电荷屏蔽；而加热时，温度变化使自发极化改变，屏蔽电荷失去平衡。因此，晶体一端的正电荷吸引硫黄粉呈黄色，另一端吸引铅丹粉呈红色。这种由于温度变化而使极化改变的现象称为热释电效应，其性质称为热释电性。

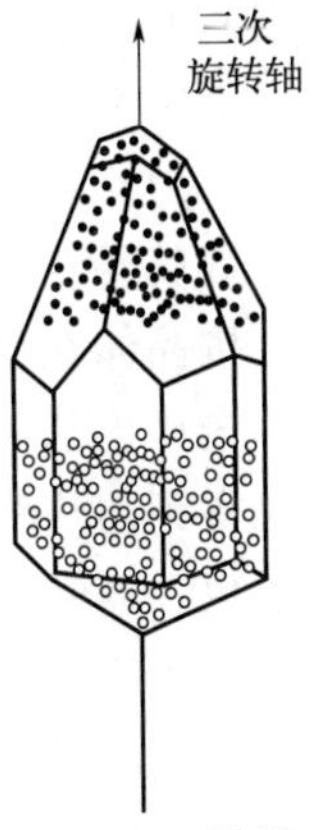

热释电性是由于晶体中存在着自发极化所引起的，自发极化与感应极化不同，它不是由外电场作用所引起的，而是由于物质本身的结构在某个方向上正负电荷中心不重合而固有的。自发极化矢量方向由负电荷中心指向正电荷中心，当温度变化时，引起晶体结构上正负电荷中心发生相对位移，从而使晶体的自发极化改变。一般情况下，晶体自发极化所产生的表面束缚电荷被来自大气中而附着在晶体外表面上的自由电荷所屏蔽，晶体的电偶极矩显现不出来。只有当温度变化时，所引起的电偶极矩改变不能被补偿的情况下，晶体两端才表现出荷电现象。

图 2-25　孔特法显示电气石的热释电性

具有热释电效应的晶体一定是具有自发极化（固有极化）的晶体，在结构上应具有极轴（正负方向不对称的轴线）。具有对称中心的晶体是不可能存在热释电性的，这一点与压电体的结构要求是一致的，但具有压电性的晶体不一定有热释电性，因为二者产生的条件不同：压电效应是机械应力使正、负电荷的中心产生相对位移，不同方向上位移大小不相等，因而出现净电偶极矩。当温度变化时，晶体受热膨胀是在各个方向同时发生，在对称方向上必定有相等的膨胀系数，因而引起的正、负电荷中心的相对位移也是相等的，并不改变正、负电荷中心重合的现状，所以没有热释电现象。只有在正负方向不对称的极轴上，才会引起总电偶极矩的变化。

热释电效应的强弱可用热释电系数来描述。假如整个热释电晶体的温度均匀地改变 $\Delta\Theta$，且 $\Delta\Theta$ 较小时，晶体的自发极化矢量的改变 $\Delta\boldsymbol{P}_s$，由下式给出：

$$\Delta\boldsymbol{P}_s = p\,\Delta\Theta \tag{2-117}$$

式中　p——热释电系数，是一个矢量，一般有三个分量 $p_m = \partial\boldsymbol{P}_{sm}/\partial\Theta$（$m$ 表示方向，$m=1,2,3$），$C/(m^2 \cdot K)$。

由压电材料的压电方程可知，晶体的电位移矢量 $\boldsymbol{D}$ 表示为：

$$\boldsymbol{D} = \boldsymbol{P}_s + \varepsilon\boldsymbol{E} + d\boldsymbol{\sigma} \tag{2-118}$$

式中　E——电场强度；

　　　ε——介电常数；

　　　d——压电常数；

　　　$\boldsymbol{\sigma}$——应力。

若温度改变，令 E、σ 为常数，对温度 Θ 进行微分，则

$$\Delta D = p\,\Delta\Theta \tag{2-119}$$

$$p = \left(\frac{\partial D}{\partial\Theta}\right)_{E,T} \tag{2-120}$$

通常，热释电系数的符号由晶体压电轴的符号决定。IEEE（Institute of Electrical and Electronics Engineers，电气电子工程师学会）相关标准规定，晶体沿某晶轴扩张（受到张应力）时产生正电荷的一端为晶轴的正端。若晶体被加热时，压电轴正端的一侧产生了正电荷，就定义该晶体的热释电系数为正。大多数晶体，温度升高，极化减小，因而热释电系数为负。但这不意味着所有晶体在任何温度下热释电系数均为负。如硫酸锂在 110K 时，热释电系数就要改变符号。

按晶体在受热过程中弹性边界条件和加热晶体的方式不同，可将热释电效应分为三类。

先讨论晶体均匀受热的情况。晶体在受热过程中受到夹持，即体积和外形均保持不变时所观察到的热释电效应称为第一热释电效应，相应的热释电系数称为第一（或恒应变）热释电系数。通常，晶体在受热过程中并未受到机械夹持，因而应力自由。晶体因热膨胀要产生应变，由于压电效应（热释电晶体总是压电晶体），该应变将产生电极化叠加到第一热释电效应上。未受夹持晶体在均匀受热时所反映出来的这一附加热释电效应称为第二（或外观）热释电效应，相应的热释电系数称为第二热释电系数。应力自由热释电效应就是第一与第二热释电效应之和。应用热力学理论可导出第二热释电系数的表达式及应力自由热释电系数与第一、第二热释电系数的关系。除上述两种弹性边界条件外，晶体在均匀受热时还可能有部

分夹持边界条件，相应的热释电系数称为部分夹持热释电系数。

若非均匀地加热晶体，晶体中还要产生附加的应力梯度，该应力梯度通过压电效应对热释电性亦有贡献。这种因非均匀加热引入的附加热释电效应称为第三热释电效应。与第一和第二热释电效应相比，第三热释电效应通常很小，往往忽略。显然这种效应是所有压电晶体都可能具有的。

凯迪（Cady）指出，上面讨论的三类热释电效应以及电生热效应（逆热释电效应）统称为矢量热释电效应。数学上，它反映了一个标量（温度）同一个矢量（极化强度）间的联系；物理上，它代表一定点群的晶体中正负极化电荷的位置随温度的变化。此外，还有所谓张量热释电效应，它指的是产生四极或更高极矩。试验上还未确认张量热释电效应的存在，即使有，也是极微弱的。

2.4.2 热释电性能测试

对大多数热释电测量来说，晶体都可以自由膨胀。若温度均匀、缓慢地变化，则材料厚度的变化 $\Delta T_i = 0$，由式

$$\mathrm{d}D_n = \left(\frac{\partial D_n}{\partial T_j}\right)_{\Theta, E} \mathrm{d}T_i + \left(\frac{\partial D_n}{\partial E_m}\right)_{\Theta, T} \mathrm{d}E_m + \left(\frac{\partial D_n}{\partial \Theta}\right)_{T, E} \mathrm{d}\Theta \tag{2-121}$$

得：

$$\Delta D_m = \varepsilon_{m,n}^{\Theta, T} \Delta E_n + p_m^{E, T} \Delta \Theta \tag{2-122}$$

式中，$\varepsilon_{m,n}^{\Theta, T}$ 和 $p_m^{E, T}$ 表示在相应的 Θ、T、E 下的介电常数和热释电系数，下角标 m 和 n 为矢量方向。若温度迅速改变，上式中 $\varepsilon_{m,n}^{\Theta, T}$ 和 $p_m^{E, T}$ 须用相应方向的受夹持值代替。当有外电场时，晶体中的电流密度（设以标量表示）为

$$J = \sigma E + \frac{\partial D}{\partial t} \tag{2-123}$$

式中　σ——晶体电导率。

若晶体的极性表面与外电路连接［如图 2-26（a）所示］，回路中的电流需满足方程

$$AJ + aC_L \frac{\partial E}{\partial t} + a\frac{E}{R_L} = 0 \tag{2-124}$$

式中　C_L——负载电容；

　　　R_L——负载电阻；

　　　A——晶体电极面积；

　　　a——电极间距。

将式（2-122）和式（2-123）代入式（2-124），得

$$(C_T + C_L)\frac{\partial V}{\partial t} + \left(\frac{1}{R_T} + \frac{1}{R_L}\right)V = -Ap\frac{\partial \Theta}{\partial t} \tag{2-125}$$

式中　V——外部电压，$V = Ea$；

　　　C_T——晶体电容，$C_T = \varepsilon A/a$；

　　　R_T——晶体电阻，$R_T = a/(\sigma A)$。

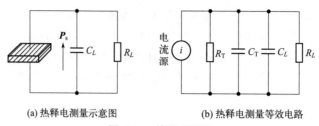

| (a) 热释电测量示意图 | (b) 热释电测量等效电路 |

图 2-26　热释电测量

式（2-125）可以用图 2-26（b）所示的等效电路表示。图中，晶体作为电流源驱动晶体——负载阻抗。通常，可由测定晶体温度变化时产生的热释电电压、热释电电荷或热释电电流来确定热释电系数，每种方法都涉及式（2-125）的特解。

（1）热释电电压的测量

解常微分方程式（2-125），得出热释电电压为

$$\Delta V = -\frac{Ap}{C} e^{-\frac{t}{RC}} \int_0^t e^{\frac{t'}{RC}} \frac{\mathrm{d}\Theta}{\mathrm{d}t'} \mathrm{d}t' \tag{2-126}$$

式中，RC 是晶体的负载参数，$C = (C_T + C_L)$，$R = \left(\dfrac{1}{R_T} + \dfrac{1}{R_L}\right)^{-1}$。若晶体的温度变化速率比 RC 的时间常数快，式（2-126）变为

$$\Delta V = -\frac{Ap\Delta\Theta}{C} e^{-\frac{t}{RC}} \tag{2-127}$$

早年，阿克曼按这种方法用静电电压表测定了高电阻率晶体的热释电系数。他令 $R_L = 0$，$C_L \gg C_T$，以保证 RC 的时间常数足够大。若温度变化的速率比 RC 时间常数慢，由式（2-126）得出

$$\Delta V = -ApR \frac{\mathrm{d}\Theta}{\mathrm{d}t} \left[1 - e^{\left(1-\frac{t}{RC}\right)}\right] \tag{2-128}$$

测量热释电电压时，温度可按正弦变化，也可连续变化。但应当注意，在任何测量中，均须保持 ΔV 足够小，以使 p 的非线性不大。

（2）热释电电荷的测量

① 电荷积分法。式（2-127）和式（2-128）不仅可用来测量热释电电压和热释电系数，也可以用来测量晶体的阻抗，只需要在各温度点上改变 R_L 和 C_L 的值即可。但在热释电测量中，使测量结果与晶体阻抗无关常常是容易的，特别是在高温和接近相变温度时（这时阻抗随温度迅速变化）。在短路（即零场条件）下测量热释电电荷或电流就是达成此目的的最好方法。这种测量热释电电荷的方法常称为电荷积分法。

格拉斯在测量回路中采用运算放大器（如图 2-27 所示），很容易满足零场条件。测量热释电电荷 Q 时：

$$Q = \int_0^t AJ \, \mathrm{d}t \tag{2-129}$$

经校准的电容 C_f，接在反馈电路中，温度变化时晶体两面上产生的热释电电荷及时送到反馈电容中以维持运算放大器输入端的零场条件。输出电压：

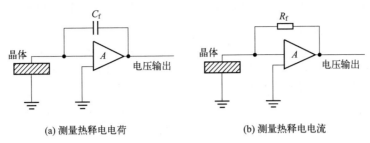

(a) 测量热释电电荷　　　　　　　　　(b) 测量热释电电流

图 2-27　利用运算放大器进行热释电测量

$$V = \frac{Q}{C_f} \tag{2-130}$$

因此可以得出热释电电荷 Q 的直接测量结果。因晶体两端的电场为零，故晶体中的传导电流为零，因而测量不受晶体阻抗的影响。把式（2-122）代入式（2-123），并考虑到 $E=0$，再由式（2-130），即可得出

$$V = \frac{Ap\Delta\Theta}{C_f} = \frac{A\Delta P_s}{C_f} \tag{2-131}$$

由此可见，电荷积分法直接测量自发极化改变量 ΔP_s 与温度 Θ 的关系。热释电系数可由 ΔP_s-Θ 微分曲线求出，或式（2-131）求得

$$p = \frac{C_f V}{A\Delta\Theta} = \frac{1}{A\Delta\Theta}\int i\,\mathrm{d}t \tag{2-132}$$

式中　i——热释电电流。

实际测量中，微弱的放大器输入失调电压以及输入回路中其它的弱电动势 E'（如热电动势）总是产生传导电流。为了保证测量精确度，晶体的电导率应当满足

$$\sigma E' < \frac{\partial D}{\partial t} \tag{2-133}$$

在电荷积分法中，温度的改变量 $\Delta\Theta$ 通常只有几摄氏度，因此该方法的温度分辨率较差。该方法还不适宜在居里点附近测量，因为靠近居里点时，p 随温度的变化率较大。

在图 2-27（b）中，经校准的电阻器 R_f 接在反馈电路中。此时，输出电压由

$$V = R_f i = R_f A p\,\frac{\partial\Theta}{\partial t} \tag{2-134}$$

得出。

② 热动态法。测量热释电电流最常用的方法是热动态法。该方法记录晶体对所吸收的红外辐射的电流响应，给出总热释电系数 p 与晶体的热容量 C 之比与温度的关系。其依据为热释电电流公式

$$i = A\,\frac{\mathrm{d}P_s}{\mathrm{d}t} = A\,\frac{\mathrm{d}P_s}{\mathrm{d}\Theta}\frac{\mathrm{d}\Theta}{\mathrm{d}t} = Ap\,\frac{\mathrm{d}\Theta}{\mathrm{d}t} \tag{2-135}$$

式中　A——垂直于热释电轴的电极面积。

当 $\Delta\Theta$ 较小时，$p = \mathrm{d}P_s/\mathrm{d}t$ 可用温度为 Θ 时的值来代替，因而热释电电流仅仅依赖于温度变化率。只要 $\mathrm{d}\Theta/\mathrm{d}t$ 足够大，就可测出电流 i。

热动态法的具体做法是：利用调制光束加热晶体，使晶体的温度按正弦变化。光能或由晶体吸收，或由与晶体密切贴合的吸收层吸收。选择合适的光波波长使之不致激发自由载流子（否则将引起光生伏打或光电导效应）。若入射波的方波调制频率又远大于晶体热弛豫频率（热弛豫时间的倒数）时，晶体的温度变化和短路热释电电流响应如图 2-28 所示。对形式为 $W = W_0 \mathrm{e}^{iwt}$ 的入射功率，由式（2-135）可知，电流响应 i 为

$$i = \frac{AepW}{C} \tag{2-136}$$

$$i \propto \frac{p}{C} \tag{2-137}$$

式中　e——晶体的吸收系数；

C——晶体的热容量。

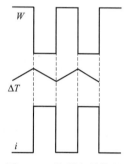

图 2-28　热释电晶体的温度变化和热释电电流与调制为方波的入射功率的关系（设调制频率远大于热弛豫频率）

由图 2-28 可知，电流将重现入射波形。因而，测出热释电电流 i，便可确定 p/C 随温度的变化。对比式（2-129）和式（2-135），若 C 随温度的变化可以忽略，热动态法测出的结果正好是电荷积分法的导数。

通常，晶体的吸收系数 e 可视为与温度 Θ 无关，但想要精确地测定吸收系数从而定出 p 的绝对值大小是很困难的。因此，热动态法更适合于相对测量，一般用它来研究 P_s 随温度和时间的变化。而其它方法（例如电荷积分法）常常用作 P_s 的绝对校正。还需注意，热容量在很宽的温度范围内也会有些变化（尤其在接近相变温度时），因而也必须对它进行校正。

如选择适当的调制频率，热动态法可用来测量受夹和未受夹热释电系数。但在低频测量时，必须保证因晶体非均匀受热而引入的第三热释电效应对测量结果没有明显的影响。

用相灵敏探测法可以测量极微弱的热释电电流。对大多数热释电晶体，哪怕温度改变 10^{-6}℃，其热释电响应也易于测量。热动态法的温度分辨率很高（远小于 0.1℃），灵敏度很好，因而它特别适合于小晶体以及弱热释电性晶体的研究。用此法测量低温下自发极化的相对变化比用静态法测量精确得多。此外，热动态法也可用来研究电导率高的晶体的热释电性，因为传导电流随温度变化的相位超前于热释电电流的相位，可用相灵敏探测法把这两个电流分开。假如极化变化比调制频率慢，热动态法也可以用于极化反转的动态研究。

③ 其它测量方法简介。测量电流响应 i 以确定热释电系数 p 还可以采用拜尔（Byer）和朗第（Roundy）发明的等速加速法。由式（2-135）知，热释电系数 p 为

$$p(\Theta) = \frac{i}{A\,\mathrm{d}\Theta/\mathrm{d}t} \tag{2-138}$$

所以只要在很宽的温度范围内使 $\mathrm{d}\Theta/\mathrm{d}t$ 保持常数，测量电流响应 i 就可以直接给出在给定温度范围内的 $p(\Theta)$ 图形。等速加速法中，温度的变化是用特别设计的炉子来控制的，由此引入的误差是限制测量精确度的主要因素。该方法简单，直接用图形记录仪可直接记录

p-Θ 曲线，但因样品的平均温度在测量过程中稳定地变化而不能维持在定值，故同电荷积分法一样，其温度分辨率较差。

哈特莱（Hartley）等人发明了一种测量介电体热释电系数的新方法，并对硫酸三甘肽（TGS）和 Li_2SO_4 的热释电系数进行了测量。这种方法是让样品温度依正弦变化，变化频率为 $0.01\sim1Hz$，温度变化的幅值可精确地测定，其变化情况和热释电信号同时记录在笔录仪上。适当选择测试条件，热释电压与测试样品的其它任何参数无关。只要必要的条件得到满足，无须对测试系统进行校正。该方法的优点是：a.不必精确地知道样品的电阻和电容就能测出 p 的绝对值，误差在 $\pm5\%$ 以内；b.精细操作，温度分辨率约能达到 $0.1K$；c.测量结果很容易从记录曲线中迅速得到。主要缺点是：a.测量只能在分立的温度点上进行；b.温度限制在 $250\sim350K$ 范围内。

2.5 铁电性测试方法

2.5.1 铁电性概述

具有压电性、热释电性的电介质，其典型特征是极化强度随着电场增强成线性变化，因而被称为线性电介质。如果电介质的极化强度随外加电场增强成非线性变化，则称为非线性电介质，如 $BaTiO_3$ 等。

1920 年，法国人 Valasek 发现罗谢尔盐（又名酒石酸钾钠，分子式为 $NaKC_4H_4O_6 \cdot 4H_2O$）具有如图 2-29 所示的特异的介电性，这种极化强度随外加电场变化而变化的曲线称为电滞回线，有这种性质的晶体称为铁电体。这样命名完全是由于电滞回线与铁磁体的磁滞回线相似，故称之为铁电体。

加热罗谢尔盐至 24℃时，电滞回线会消失，这一特征温度称为居里温度 T_c，显然，铁电性存在具有一定条件，包括外界压力变化等。图 2-29 标记了电滞回线中的几个重要参量：饱和极化强度 P_s，剩余极化强度 P_r，矫顽电场 E_c。电滞回线反映了铁电体具有自发极化，且自发极化的电偶极矩在外电场作用下可以改变其取向，甚至反转。在同一外电场作用下，极化强度可以有双值，表现为电场 E 的双值函数。

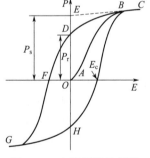

图 2-29　电滞回线示意图

反铁电性是指某些晶体在转变温度以下，邻近的晶胞彼此沿反平行方向自发极化的性质，如锆酸铅（$PbZrO_3$）。具有反铁电性的材料统称为反铁电体。反铁电体一般宏观上无剩余极化强度，但在很强的外电场作用下，可以诱导成铁电相，其 P-E 呈双电滞回线。$PbZrO_3$ 在 E 较小时，无电滞回线，当 E 很大时，出现了双电滞回线。反铁电体也具有临界温度——反铁电居里温度。在居里温度附近，也具有介电反常特性。

2.5.2 电滞回线测试方法

电滞回线给出了铁电材料的矫顽电场、饱和极化强度、剩余极化强度和电滞损耗的信息，对于研究铁电材料的动态应用至关重要。测量电滞回线的方法主要是借助 Sawyer-

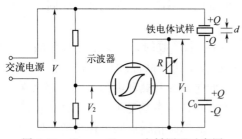

图 2-30　Sawyer-Tower 电桥原理示意图

Tower 电路，其线路原理如图 2-30 所示。具体原理如下。

在较强的交变电场作用下，铁电材料的极化强度 P 随外电场 E 成非线性变化，而且在一定的温度范围内，极化强度 P 表现为电场强度 E 的双值函数，呈现出滞后现象，形成了极化强度 P 与电场强度 E 的关系曲线，即电滞回线。根据测得的电滞回线，利用式（2-139）～式（2-141）分别计算矫顽电场强度 E_c、剩余极化强度 P_r 和自发极化强度 P_s。值得一提的是，矫顽电场强度 E_c、剩余极化强度 P_r 和自发极化强度 P_s 均与测试温度有关，在给出它们的数值时，应同时给出测试温度。

$$E_c = \frac{V_x}{t} = \frac{S_x r_x d}{t} \tag{2-139}$$

$$P_r = \frac{Q_1}{A} = \frac{C_0 V_{1y}}{A} = \frac{C_0 S_y r_{1y}}{A} \tag{2-140}$$

$$P_s = \frac{Q_2}{A} = \frac{C_0 V_{2y}}{A} = \frac{C_0 S_y r_{2y}}{A} \tag{2-141}$$

式中　V_x——$P=0$ 端电压；

　　　t——厚度；

　　　S_x——函数记录仪的 X 灵敏度；

　　　r_x——从原点到 $P=0$ 处的 X 轴读数；

　　　d——高压源的输出分压比；

　　　Q_1——电压等于零时试样上的总电荷；

　　　A——试样的电极面积；

　　　C_0——标准电容器的电容量；

　　　V_{1y}——从原点到 $E=0$ 处 Y 轴的电压；

　　　S_y——函数记录仪的 Y 轴灵敏度；

　　　r_{1y}——从原点到 $E=0$ 处的 Y 轴读数；

　　　Q_2——电滞回线饱和后 $P\text{-}E$ 直线延长线与 Y 轴的交点对应试样上模拟总电荷；

　　　V_{2y}——从原点到 $P\text{-}E$ 直线延长线与 Y 轴的交点处的 Y 轴电压；

　　　r_{2y}——从原点到 $P\text{-}E$ 直线延长线与 Y 轴的交点处的 Y 轴读数。

国标 GB/T 6426—1999 给出了铁电陶瓷材料电滞回线准静态测试方法的具体方案，测试条件如下。

① 环境条件：测量电滞回线时试样必须浸入硅油中，根据不同的材料和要求可在不同温度下测量。当需要升温时，试样应在该温度下保温，时间不少于 1h。

② 试样尺寸及要求：试样为未极化的薄片，厚度不大于 1mm，两主平面全部覆上金属层作为电极。试样应保持清洁、干燥。

③ 测试信号要求：采用频率不高于 0.1Hz 的正弦波。

2.6 测试及分析实例

2.6.1 材料导电性测试及分析实例

2.6.1.1 研究材料的高温稳定性

研究材料高温稳定性能，可以通过材料电阻率随温度的变化情况进行判断。以 $(NbMoTaW)_{100-x}V_x$ 高熵薄膜为例，通过 TRT-1000 型变温电阻仪（类直流两探针法测电阻）对薄膜进行检测，其电阻率随温度的变化关系如图 2-31 所示。

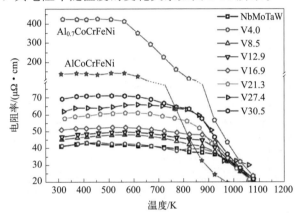

图 2-31 $(NbMoTaW)_{100-x}V_x(x=0\sim30.5)$ 薄膜电阻率-温度行为，
参比 AlCoCrFeNi 薄膜电阻率-温度曲线

可以发现，电阻率-温度曲线由两阶段组成：第一阶段是从室温开始的"平台期"，随温度升高薄膜电阻率基本不变，可在室温至近 873K 保持稳定，显出优异的高温稳定性，随 V 含量增加，高熵薄膜的稳定平台略微缩短，说明 V 会降低 $(NbMoTaW)_{100-x}V_x$ 薄膜的高温稳定性；第二阶段是在 873K 之后，电阻率随温度升高而下降，在 1073K 时，均降到 $50\mu\Omega \cdot cm$ 以下。此时由高熵薄膜原子混乱占位的无序状态向元素偏聚的有序状态发生转变，说明电阻率与原子占位有很大关系，可以较为灵敏地反映材料内部的微弱变化，进而对材料的高温稳定性进行表征。

2.6.1.2 研究材料结构转变

当材料结构发生变化时，电阻率会发生显著变化，因此可以依据电阻率变化确定合金的结构转变点。以 Mg-Zn-Gd 非晶合金为例，通过直流四电极法（类直流四探针法）测定其退火电阻率曲线，如图 2-32 所示。

可以发现，非晶晶化过程的升温曲线存在负的电阻率温度系数，而降温曲线具有正的电阻率温度系数。通过 $d\rho/dT$ 分析，可以清晰地确定其玻璃化转变温度 T_g 及晶化温度 T_{x1}、T_{x2}、T_{x3}。此种方法得出的玻璃化转变温度 T_g 与通过 DSC 法测定的结果保持一致。多个晶化温度也表明 Mg-Zn-Gd 系非晶合金的晶化过程不是直接由无序态的原子结构有序排列形成晶体相，而是经历亚稳准晶相的形成。

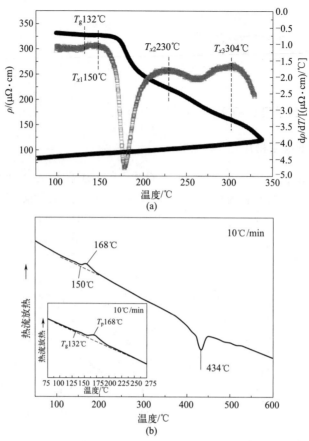

图 2-32　Mg-Zn-Gd 非晶合金退火过程电阻率变化（a）及 DSC 的测定结果（b）

2.6.1.3　绘制材料相图

由上节所述，当材料结构发生变化时，电阻率会发生显著变化，那么可以据此绘制材料相图，以单晶 $NaFe_{1-x}Co_xAs$ 合金为例，通过 PPMS-9T 设备（类指示仪表间接测量法）测定其退火电阻率曲线，如图 2-33 所示。

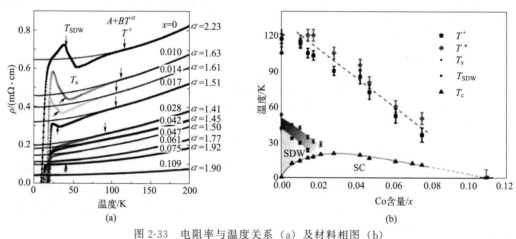

图 2-33　电阻率与温度关系（a）及材料相图（b）
A，B—拟合常数；α—温度系数；SDW—自旋密度波；SC—超导

通过 $d\rho/dT$ 分析，可以清晰地确定其结构转变温度 T_s。接下来通过改变合金的成分，再次测量退火电阻率曲线，就可以得到各种成分下的转变温度 T_s，接下来，通过不同成分下的 T_s，就可以绘制出此材料成分与温度的相图。

此外应用电阻分析还可以研究合金的时效过程、测定固溶体的溶解度曲线、研究材料的疲劳过程、分析马氏体的相变过程等，感兴趣的读者可以查阅相关书籍及文献。

2.6.2 材料介电性测试及分析实例

2.6.2.1 研究材料的相变点

介电常数的变化可以反映介质材料的相变点。以 TlH_2AsO_4 （TDA）为例，通过 LCZ 阻抗分析仪（类电桥法测量介电常数）对其实部及虚部介电常数进行分析，介电常数随温度的变化关系如图 2-34 所示。

可以清晰地发现，随着温度的降低，ε' 逐渐减小，在 249.8K 时出现急剧变化，说明材料此时发生了一级相变，这说明介电常数与晶体结构有很大的关系。

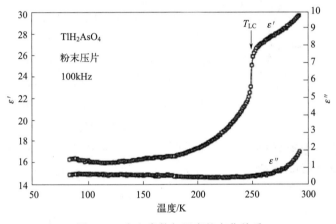

图 2-34　介电常数与温度的变化关系

2.6.2.2 晶体结构对相对介电常数的影响

为了阻止金属向半导体迁移的扩散，互连隔离材料必须具有较低的相对介电常数。据此研究人员设计出了非晶氮化硼（a-BN），与结晶态氮化硼（h-BN）相比，非晶态氮化硼具有更低的相对介电常数。使用 Tektronix K4200A-SCS 参数分析仪系统（类电桥法测量介电常数）测量电容-频率（C-f）特性，并通过公式计算相对介电常数与频率的关系，结果如图 2-35 所示。

通过对 Co/a-BN/Si 界面的横截面 TEM 图像的观察，可以发现 Co 没有通过 a-BN 扩散到 Si 中，显示出极好的防扩散能力。

2.6.3 材料压电性测试及分析实例

2.6.3.1 LAS 掺杂 BT 的晶格畸变对压电常数的影响

材料内部的晶格畸变会影响压电性能的变化。将 $LiAlSiO_4$ （LAS）掺杂入 $BaTiO_3$

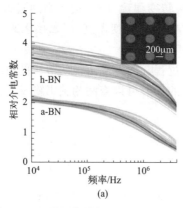
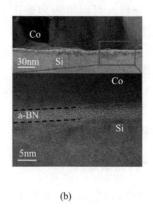

图 2-35　不同晶体结构的相对介电常数比较（a）及横截面防扩散能力（b）

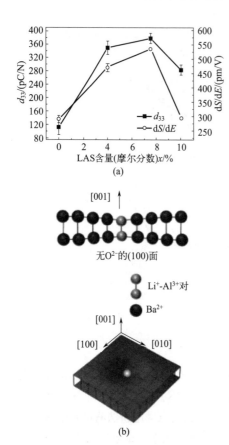

图 2-36　LAS 掺杂量与压电常数 d_{33} 的
关系（a）及晶格畸变的示意图（b）

（BT）中，利用压电常数测试仪（类准静态法）测量压电常数 d_{33}，得到如图 2-36 所示的掺杂量对压电常数 d_{33} 的影响。

可以发现，在 BT 中加入 LAS 后，压电常数 d_{33} 均会有很大的提升。这是因为 Li^+ 和 Al^{3+} 取代了 Ba^{2+} 位点，位于四个相邻的 BO_6^{2-} 八面体形成的间隙上。用小半径的 Li^+ 和 Al^{3+} 取代大半径的 Ba^{2+} 将导致在 Li^+ 和 Al^{3+} 对附近可以产生较大的晶格畸变，导致对称性降低，这些低对称单元将导致高的压电响应，最终导致压电常数 d_{33} 的提升。

2.6.3.2　$NaNbO_3$ 薄膜中结构畸变对压电常数的影响

结构畸变对压电性能同样存在影响。利用原子尺度纳米柱区和规则的钙钛矿基体之间的异相边界在无铅、少钠的 $NaNbO_3$ 薄膜（NPR-NNO）中诱导了局部结构和极性异质性，并产生了巨大的压电响应。纳米柱区周围的结构畸变降低了晶体的对称性，从四方结构变为单斜结构，促进了电场下的极化旋转和域壁运动，大幅提升了压电性能。

利用激光扫描测振仪（类激光干涉法测试）测量了宏观尺度上的位移，进一步得到了压电系数 d_{33}，如图 2-37 所示。图中分别显示了 $NaNbO_3$ 及 NPR-NNO 薄膜在不同的电场和振动频率条件下有效压电系数 d_{33} 的变化情况。有效压电系数是在室温下通过激光扫描测振仪测量大尺度位移获得的。激光扫描测振仪是通过功率放大器连接的函数发生器产生的交流电压激发，并由示波器监测。在没有电极的情况下，同时测量覆盖电极和周围衬底区域的位移，并监测基体弯曲效应。获得薄膜和基体的有效应变 δ_{film} 和 δ_{sub}，通过下式计算 d_{33}：

$$d_{33} = (\delta_{\text{film}} - \delta_{\text{sub}})/V \qquad (2\text{-}142)$$

式中，V 为加载的电压值。可以看出施加 125kV/cm 的电场条件下，1kHz 时，NPR-NNO 薄膜产生超高有效压电系数 d_{33}，约为 1098pm/V，是最好的锆钛酸铅（PZT）基薄膜的两倍多，是最佳的铌酸钾钠（KNN）基薄膜的四倍。

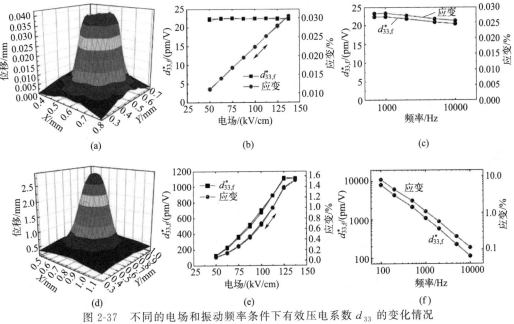

(a)　(b)　(c)

(d)　(e)　(f)

图 2-37　不同的电场和振动频率条件下有效压电系数 d_{33} 的变化情况

(a)～(c)为 NaNbO$_3$ 的试验结果；(d)～(f)为 NPR-NNO 的试验结果

2.6.4　材料热释电测试及分析实例

材料的热释电性能与晶体取向有很大的关系。对于 0.14% Mn（原子分数）掺杂的 $94.6\text{Na}_{0.5}\text{Bi}_{0.5}\text{TiO}_3\text{-}5.4\text{BaTiO}_3$（Mn:94.6NBT-5.4BT）单晶材料，具有不同的晶体取向。采用动态技术在 45mHz 下用 0.25℃ 振幅的正弦温度变化对其不同晶体取向的热释电常量 P 进行测量，如图 2-38 所示。与<001>和<110>取向相比，<111>具有最高的 P 值。随着温度的升高，热释电系数几乎成线性增加。从 20℃ 到 85℃，三种取向的热释电系数分别增加了 31.8%、18.9% 和 24.9%。这表明 Mn:94.6NBT-5.4BT 具有广泛的工作温度区间。

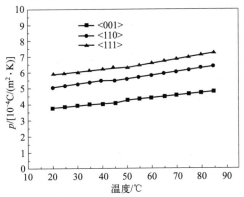

图 2-38　Mn:94.6NBT-5.4BT 晶体不同取向热释电常量的温度依赖性

思考题

参考答案

1. 写出电阻率、电导率的定义及相互关系。
2. 双电桥和单电桥法测试电阻的适用范围是多少?
3. 什么是超导体? 超导体与 0K 下电阻率为零的材料有什么区别?
4. 什么是电介质极化? 电介质的电导分为哪几类?
5. 解释压电效应、分类及其产生的原因。
6. 解释热释电效应及其产生原因。

参考文献

[1] 高智勇, 隋解和, 孟祥龙. 材料物理性能及其分析测试方法[M]. 哈尔滨: 哈尔滨工业大学出版社, 2015.
[2] 陆栋, 蒋平, 徐至中. 固体物理学[M]. 2 版. 上海: 上海科学技术出版社, 2010.
[3] 吴雪梅, 诸葛兰剑, 吴兆丰, 等. 材料物理性能与检测[M]. 北京: 科学出版社, 2012.
[4] 陈文, 吴建青, 许启明. 材料物理性能[M]. 武汉: 武汉理工大学出版社, 2010.
[5] 中国船舶工业集团公司. GB/T 16304—2008 压电陶瓷材料性能测试方法 电场应变特性的测试[S]. 北京: 中国标准出版社, 2009.
[6] 张帆, 郭益平, 周伟敏. 材料性能学[M]. 3 版. 上海: 上海交通大学出版社, 2021.
[7] 国家质量技术监督局. GB/T 6426—1999 铁电陶瓷材料电滞回线的准静态测试方法[S]. 北京: 中国标准出版社, 2004.
[8] Wang C, Li X, Li Z, et al. The Resistivity-Temperature Behavior of $Al_x CoCrFeNi$ High-Entropy Alloy Films[J]. Thin Solid Films, 2020, 700: 137895.
[9] Zhang J, Teng X, Xu S, et al. Temperature Dependence of Resistivity and Crystallization Behaviors of Amorphous Melt-spun Ribbon of $Mg_{66} Zn_{30} Gd_4$ alloy[J]. Materials Letters, 2017, 189: 17-20.
[10] Wang A F, Luo X G, Yan Y J, et al. Phase Diagram and Calorimetric Properties of $NaFe_{1-x} Co_x As$ [J]. Physical Review B, 2012, 85(22): 224521.
[11] Lee K S, Kim K L. Dielectric Properties of the Phase Transition in$TlH_2 AsO_4$[J]. Journal of the Physical Society of Japan, 1991, 60(10): 3207-3210.
[12] Hong S, Lee C S, Lee M H, et al. Ultralow-dielectric-constant Amorphous Boron Nitride[J]. Nature, 2020, 582(7813): 511-514.
[13] Xu D, Li W L, Wang L D, et al. Large Piezoelectric Properties Induced by Doping Ionic Pairs in $BaTiO_3$ Ceramics[J]. Acta materialia, 2014, 79: 84-92.
[14] Liu H, Wu H, Ong K P, et al. Giant Piezoelectricity in Oxide Thin Films with Nanopillar Structure [J]. Science, 2020, 369(6501): 292-297.
[15] Sun R, Wang J, Wang F, et al. Pyroelectric Properties of Mn-doped $94.6Na_{0.5} Bi_{0.5} TiO_3$-$5.4BaTiO_3$ Lead-free Single Crystals[J]. Journal of Applied Physics, 2014, 115(7): 074101.

第 3 章

磁性能测试方法

3.1 基本磁性能测试方法

3.1.1 基本磁性能概述

3.1.1.1 磁化强度

磁化强度是描述宏观磁体磁性强弱的物理量，其定义为单位体积内磁偶极子具有的磁矩矢量和，通常用符号 M 表示，用于描述磁体磁化的方向和强度。在磁体内取一个体积元 ΔV，则这个体积元可以看成是由 n 个磁偶极子构成，各个磁偶极子具有的磁矩表示为 $\boldsymbol{\mu}_{m1}$，$\boldsymbol{\mu}_{m2}$，…，$\boldsymbol{\mu}_{mi}$，…，$\boldsymbol{\mu}_{mn}$，则磁体的磁化强度 M 可以表示为：

$$M = \frac{\sum_{i=1}^{n} \boldsymbol{\mu}_{mi}}{\Delta V} \tag{3-1}$$

式中　M——磁化强度。国际单位（SI）制中其单位为 A/m，高斯（CGS）单位制中其单位为高斯（Gs），$1Gs = 10^3 A/m$。

假设单位体积内有 N 个磁偶极子，若这些磁偶极子所具有的磁矩的大小相等，并沿相同方向平行排列，如图 3-1（a）所示，则磁化强度可以简化为：

$$M = N\boldsymbol{\mu}_m \tag{3-2}$$

带电粒子的运动产生电流，电流为 i 的回路电流所产生的磁矩 $\boldsymbol{\mu}_m$ 可以表示为：

$$\boldsymbol{\mu}_m = i\boldsymbol{S} \tag{3-3}$$

式中　$\boldsymbol{\mu}_m$——环电流所产生的磁矩，其方向符合右手定则，$A \cdot m^2$。

$\boldsymbol{S}$——环电流所包围的回路面积，m^2。

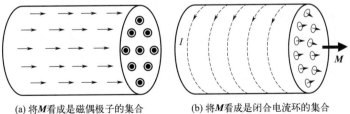

(a) 将M看成是磁偶极子的集合　　　　(b) 将M看成是闭合电流环的集合

图 3-1　从磁矩和微小电流回路两个角度理解磁化强度

磁体内部的磁偶极子又可以表示为许多微小电流回路的集合，如图 3-1（b）所示，由于相邻电流因方向相反而互相抵消，只留下表面一层的电流未被抵消，因此磁化强度在数值上等于磁化面电流密度。

除磁化强度外，磁极化强度也可以用来描述磁体磁化的方向和强度，其定义为单位体积磁体内磁偶极矩矢量和，用 $\boldsymbol{J}_m$ 表示：

$$\boldsymbol{J}_m = \frac{\sum_{i=1}^{n} j_{mi}}{\Delta V} \tag{3-4}$$

式中　$\boldsymbol{J}_m$——磁极化强度。SI 单位制中其单位为 $\mathrm{Wb/m^2}$，CGS 单位制中其单位为 Gs，$1\mathrm{Gs} = 4\pi \times 10^{-4}\mathrm{T}$。

磁极化强度与磁化强度的关系为：

$$\boldsymbol{J}_m = \mu_0 \boldsymbol{M} \tag{3-5}$$

式中　μ_0——真空磁导率，其值为 $4\pi \times 10^{-7}\mathrm{H/m}$，CGS 单位制中，$\mu_0 = 1$。

3.1.1.2　磁场强度和磁感应强度

导体中的电流或永磁体在周围空间形成磁场，电流周围空间或磁极周围空间任意一点磁场的作用大小可以用磁场强度 $\boldsymbol{H}$ 来描述。相距为 r 的两个磁极 m_1、m_2 产生的磁场大小分别为：

$$H_{m_1} = \frac{m_2}{4\pi\mu_0 r^2}, H_{m_2} = \frac{m_1}{4\pi\mu_0 r^2} \tag{3-6}$$

形状不同的导体在周围空间产生的磁场不同，通电直导线 I 在空间中距离为 r 处产生的磁场 $\boldsymbol{H}$ 可以用式（3-7）表示，在 SI 单位制中，用强度为 1A 的电流通过直导线，在距导线为 $r = 1/2\pi\mathrm{m}$ 处得到的磁场强度规定为磁场强度单位，即 A/m。CGS 单位制中，$\boldsymbol{H}$ 的单位是奥斯特（Oe），$1\mathrm{Oe} = 10^3/4\pi\mathrm{A/m} \approx 79.577\mathrm{A/m}$，大小为

$$H = \frac{I}{2\pi r} \tag{3-7}$$

当导体为圆环形时，环形线圈轴线上的任意一点 p 处的磁场 $\boldsymbol{H}$ 的大小表示为：

$$H = \frac{R^2 I}{2(R^2 + r^2)^{3/2}} \tag{3-8}$$

式中　R——环形线圈的半径，m；

　　　r——点 p 距环形线圈中心的距离，m。

在一些场合，常用磁感应强度 $\boldsymbol{B}$ 表示磁场的效应，其定义为单位电荷（或载流导体）以单位速度在垂直于磁场方向运动时所受到的力。磁感应强度也称为磁通密度，表示单位面积内通过的磁力线数，SI 单位制中其单位为特斯拉（T）或 $\mathrm{Wb/m^2}$。磁感应强度 $\boldsymbol{B}$ 与磁场强度、磁化强度、磁极化强度 $\boldsymbol{J}_m$ 的关系为：

$$\boldsymbol{B} = \mu_0(\boldsymbol{H} + \boldsymbol{M}) = \mu_0 \boldsymbol{H} + \boldsymbol{J}_m \tag{3-9}$$

3.1.1.3 磁化率和磁导率

物质被磁化的难易程度用磁化率 χ 表示，其是指单位磁场强度在单位磁体中所感生出的磁化强度的大小，用式（3-10）表示：

$$\chi = \frac{M}{H} \qquad (3\text{-}10)$$

根据磁化率的大小与符号的不同，将宏观物质的磁性分为 5 类，分别为抗磁性、顺磁性、反铁磁性、铁磁性和亚铁磁性。

① 抗磁性材料的磁化率 $\chi < 0$，其大小在 10^{-5} 数量级。抗磁性材料的原子无固有磁矩，惰性气体、有机化合物是典型的抗磁性物质，此外，金属 Bi、Zn、Ag、Mg 以及非金属 Si、P、S 等也具有抗磁性。

② 顺磁性材料的磁化率 $\chi > 0$，其大小在 $10^{-6} \sim 10^{-3}$ 量级，顺磁性和抗磁性材料磁化响应对磁场的依赖关系如图 3-2 所示，随磁场强度的增加，顺磁性材料的磁化强度线性增强，因此顺磁性材料的磁化率即为 M-H 图的斜率。顺磁性材料的特征是原子具有固有磁矩，如图 3-3（a）所示，在无外磁场时，原子磁矩无固定方向，总磁矩为零，在外磁场的作用下，磁矩变为与磁场方向取向一

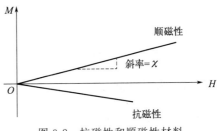

图 3-2 抗磁性和顺磁性材料磁化响应对磁场的依赖关系

致。典型的顺磁性物质有稀土金属和铁族元素的盐类等，大多数顺磁性物质的磁化率与温度密切相关，并符合居里定律，即 $\chi = C/T$（C 为居里常数），有一些顺磁性物质的磁化率与温度 T 的关系符合居里-外斯定律：

$$\chi = \frac{C}{T - T_p} \qquad (3\text{-}11)$$

式中　T_p——顺磁性居里点，K。

③ 反铁磁材料内部原子自发磁化呈反平行排列，如图 3-3（b）所示。反铁磁材料存在铁磁性与顺磁性转变的临界温度，称为奈尔温度 T_N，在奈尔温度处反铁磁材料的磁化率最大。图 3-4 为反铁磁物质的磁化率与温度的关系，低于奈尔温度时，物质呈铁磁性，高于奈尔温度时，物质呈顺磁性，此时磁化率符合居里-外斯定律 $\chi = C/(T + T_p)$，其中 $T_p < 0$。

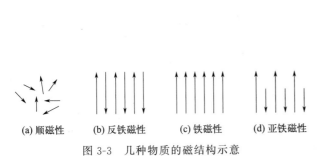

(a) 顺磁性　　(b) 反铁磁性　　(c) 铁磁性　　(d) 亚铁磁性

图 3-3　几种物质的磁结构示意

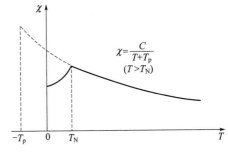

图 3-4　反铁磁物质的磁化率与温度的关系

④ 铁磁性材料的磁化率 $\chi \gg 0$，其值在 $10^1 \sim 10^6$ 量级。铁磁性材料的原子具有固有磁矩，如图 3-3（c）所示，原子磁矩按区域呈平行排列，在居里点以下，很小的外磁场就可以使其磁化到饱和，当温度高于居里温度时，物质呈顺磁性，并符合居里-外斯定律。居里温度在 0℃ 以上的铁磁性元素有 Fe、Co、Ni、Gd，此外 Tb、Dy、Ho、Er、Tm、Pr、Nd 等元素是居里温度在 0℃ 以下的铁磁性元素。

⑤ 亚铁磁性材料的磁化率在 $10^1 \sim 10^3$ 量级，其宏观磁性与铁磁性物质相同，其自发磁化呈反平行排列，但两个反平行的磁矩大小不相等，所以矢量和不为零。如图 3-3（d）所示，铁氧体材料是典型的亚铁磁性材料。

磁导率是指单位磁场强度在物质中感生出的磁感应强度大小的物理量，是表征磁体的磁性、导磁性及磁化难易程度的一个磁学量，用物理量 μ 表示，其表达式为：

$$\mu = \frac{\boldsymbol{B}}{\boldsymbol{H}} = \frac{\mu_0(\boldsymbol{H}+\boldsymbol{M})}{\boldsymbol{H}} = \mu_0(1+\chi) \tag{3-12}$$

定义 $1+\chi$ 为相对磁导率 $\mu_{相对}$，$\mu_0(1+\chi)$ 为绝对磁导率 $\mu_{绝对}$，则 $\mu_{绝对} = \mu_0 \mu_{相对}$，一般所说的磁导率均指相对磁导率。

3.1.1.4　磁化曲线

磁化曲线是表示磁化强度 M 或磁感应强度 B 与磁场强度 H 之间的关系的曲线。图 3-5（a）描绘了顺磁性和铁磁性材料的典型的 M-H 关系曲线，可以看出对于顺磁性材料，M 随着 H 的增加而线性增大，其斜率即为磁化率。对于铁磁性材料，M 随 H 的增加先急剧增大后趋于稳定，此时的磁化强度称为饱和磁化强度，用 M_S 表示。

图 3-5（b）描绘了顺磁性和铁磁性材料的典型的 B-H 关系曲线。可以看出对于顺磁性材料，B 随着 H 的增加而线性增大，其斜率即为磁导率 μ。对于铁磁性材料，B 随 H 的增加先急剧增大，当 H 增大到一定值后，B 却并不趋近于某一定值，而是以一定的斜率上升，从式（3-9）可以看出，即使材料磁化到饱和，由于 H 的增加，B 仍会不断增大。根据式（3-12），磁导率是磁介质中磁感应强度与磁场强度的比值。图 3-5（b）描绘了铁磁性材料磁导率与磁场的关系曲线，μ_i 为起始磁导率，是指磁化曲线上当 $H \rightarrow 0$ 时的磁导率，μ_m 为最大磁导率。

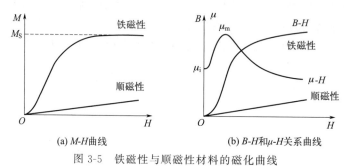

(a) M-H曲线　　　　　(b) B-H和μ-H关系曲线

图 3-5　铁磁性与顺磁性材料的磁化曲线

3.1.1.5　磁滞回线

将铁磁或亚铁磁材料置于外磁场中磁化，使 M 或 B 达到一定值后，再逐渐减小外磁场，M 或 B 并不沿着初始磁化曲线降低，而是落后于磁场强度的变化，这种现象称为磁滞。

常用磁滞回线表征磁性材料 M 或 B 随磁场强度 H 的变化，图 3-6 为磁性材料的磁滞回线（$B\text{-}H$ 曲线）及测试路径，测试磁滞回线时，首先将磁性材料磁化到饱和（图 3-6$O{\rightarrow}a$），然后逐渐减小外磁场，B 也逐渐降低，但是当 H 降为零时，B 仍保留一定值，称此时的磁感应强度为剩余磁感应强度，记为 B_r。继续施加反向磁场，当 B 为零时，称此时的磁场强度为矫顽力，记为 H_C。进一步增大反向磁场，B 方向将发生反转，并随反向磁场的增强逐渐达到饱和。重复上述步骤，使外磁场 H 从负向最大到正向最大（图 3-6$b{\rightarrow}a$），B 将从负向饱和增加至正向饱和，形成了一条闭合曲线，称为磁滞回线。根据式（3-9）可以实现 $M\text{-}H$ 曲线与 $B\text{-}H$ 曲线的转换。

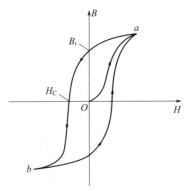

图 3-6 磁性材料的磁滞回线
（$B\text{-}H$ 曲线）及测试路径

根据磁滞回线可以得出磁性材料许多磁学特性，包括饱和磁感应强度 B_S（饱和磁化强度 M_S）、剩磁 B_r（M_r）、矫顽力 H_C、最大磁能积（BH）$_{max}$ 等。饱和磁感应强度 B_S（饱和磁化强度 M_S）是磁性材料在外加磁场中被磁化时所能够达到的最大磁感应强度（磁化强度），其值取决于磁性材料的磁性原子数、原子磁矩和温度等参数。剩磁 B_r（M_r）和矫顽力 H_C 是表示材料被磁化后保持其磁化状态的能力，H_C 是区分软磁和永磁材料的主要依据。磁滞回线在第二象限的部分称为退磁曲线，定义退磁曲线上 B 和 H 的乘积（BH）为磁能积，其是表征永磁材料能量大小的重要物理量。

3.1.2 磁滞回线测试方法

磁滞回线可以反映磁性材料的许多磁性参数，如：饱和磁化强度、矫顽力、剩磁、矩形比等。测试磁滞回线的设备主要有：振动样品磁强计（vibrating sample magnetometer，VSM）、材料物性综合测量系统（physics property measurement system，PPMS）、材料磁性能综合测量系统（magnetic property measurement system，MPMS）、软磁直流测量装置、永磁特性自动测量仪等。以下将对上述设备和方法进行逐一介绍。

3.1.2.1 振动样品磁强计（VSM）

（1）工作原理

VSM 是一种高灵敏度的测量材料磁性的重要设备，广泛应用于各种铁磁、亚铁磁、反铁磁、顺磁和抗磁材料的磁特性研究中，其可以测量各种类型的磁性材料，如磁性粉末、块体磁性材料、磁性薄膜、形状各向异性的磁性材料、磁性液体等。VSM 可实现磁滞回线、磁化曲线、退磁曲线、磁场-温度特性曲线等的测试，具有测量简单、快速、灵敏度高等特点，根据所测试的磁滞回线的特征可判断出被测样品的磁属性。

VSM 是基于电磁感应原理制成的，将一半径为 r_0 的样品固定在振动头上，并置于匀强磁场 $\boldsymbol{H}$ 中，样品沿垂直磁场方向以频率 ω 做切割磁感线的运动，在距离样品 $\boldsymbol{r}_n$ 处放置一检测线圈 L（$r_n{\gg}r_0$），线圈 L 与样品振动方向平行，匝数为 N，如图 3-7 所示，在第 n 匝内取面积元 $\mathrm{d}\boldsymbol{S}_n$，则该面积元内的磁场强度可表示为偶极场形式：

$$\boldsymbol{H}(\boldsymbol{r}_n)=\frac{V}{4\pi}\left[\frac{\boldsymbol{M}}{r_n^3}+\frac{3(\boldsymbol{M}\cdot\boldsymbol{r}_n)\boldsymbol{r}_n}{r_n^5}\right]\tag{3-13}$$

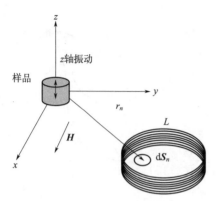

图 3-7　VSM 测量原理示意图

式中　M——样品的磁化强度；

　　　V——样品的体积；

　　　r_n——线圈的矢径。

线圈 L 的总磁通量 Φ 为：

$$\Phi = \sum_n \Phi_n = \sum_n \int d\Phi_n = \sum_n \int \mu_0 H_Z dS_n$$
$$= \sum_n \int \frac{3\mu_0 V M x_n z_n}{4\pi r_n^5} dS_n \tag{3-14}$$

式中　x_n、z_n——r_n 在 x 轴、z 轴的分量。

当样品沿 z 轴以 $z(t) = a\cos\omega t$ 作微小振动时，线圈内产生的感生电动势 $\varepsilon(t)$ 为：

$$\varepsilon(t) = -\frac{d\Phi}{dt} = \left[-\frac{3\mu_0}{4\pi} Va\omega \sum_n \int \frac{x_n(r_n^2 - 5z_n^2)}{r_n^7} dS_n \right] \cdot M\cos\omega t \tag{3-15}$$

从式（3-15）可以看出，线圈内产生的感生电动势 ε 仅随 $M\cos\omega t$ 的变化而变化，因此式（3-15）可以表示为：

$$\varepsilon(t) = kM\cos\omega t \tag{3-16}$$

式中　k——常数。

当样品以固定的角频率 ω 振动时，线圈 L 中产生的感生电动势 ε 正比于样品的磁化强度 M，因此试验中通过比较法确定比例系数 k 后，利用锁相放大器测试实时电压，即可得到样品的磁化强度 M。

（2）VSM 仪器结构

VSM 的原理示意图以及美国 MicroSense 公司的 EZ9 型 VSM 实物图分别如图 3-8、图 3-9 所示，其主要由电磁铁、振动系统、测量磁场用的霍尔磁强计、探测线圈和锁相放大器组成。测试时将样品夹持于振动头上，并将其置于电磁铁提供的匀强磁场中，霍尔磁强计用于测量电磁铁产生的磁场强度，探测线圈和锁相放大器测量样品的磁矩。

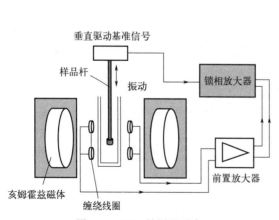

图 3-8　VSM 的原理示意

图 3-9　MicroSense 公司的 EZ9 型 VSM 实物照片

为实现计算机的控制，需要利用霍尔元件将被测磁场量转换成电信号。将霍尔元件放置于与磁场方向垂直的位置，假设霍尔元件的厚度为 d，磁场强度为 H，通过霍尔元件的电流为 I，则霍尔电压 V_H 可以表示为：

$$V_H = \frac{R_H I H}{d} = S_H I H \tag{3-17}$$

式中　R_H——霍尔系数，它由构成霍尔元件的材料的物理性质决定；

　　　S_H——灵敏度系数，与构成霍尔元件的材料的物理性质和几何尺寸有关。

由上式可见在霍尔元件和通入电流 I 一定的情况下，霍尔电动势和磁场强度为线性关系，由此将被测磁场强度转换为电压信号。

探测线圈通常由两对串联反接线圈构成，线圈相对于样品对称放置，这样可以保证样品所在位置处于"鞍区"，免于磁场噪声的影响，噪声的来源主要有两部分：①样品沿 z 轴振动时在 x 和 y 方向产生的微振动；②外界磁场变化的干扰。锁相放大器能够在干扰较大的环境中将从探测线圈接收到的具有特定载波频率的信号进行分离放大，实现磁矩的测量。

（3）VSM 样品制备

VSM 是一种开路测量装置，其优势是对块体样品的形状无严格要求，此外，还可测量粉末、液体等样品。磁性材料的磁化强度与样品的质量、体积、溶液浓度相关，因此，测试块体、粉末样品前应先对试样进行称重；测试薄膜样品前，应先对其体积进行计算；测试液体样品前，应先测试其浓度，量取固定体积的溶液，比较单位质量或体积样品的磁化强度。

块材样品：虽然 VSM 对测试样品形状无严格要求，但是样品尺寸应与测试样品杆的尺寸相配合，以 MicroSense 公司的 EZ9 型 VSM 为例，对于放样区直径 3mm 的石英样品杆，如图 3-10（a），样品的尺寸可采用 3mm×3mm×1mm 的薄片。在切割或拿取试样时要注意避免接触强磁性材料，防止样品受到污染。

粉料：测试粉末试样时应先对其称重，将粉末样品装入非磁性的塑料小胶囊中，如图 3-10（b），也可以将其分散成溶液滴在硅片、石英片等非磁性的基底上，然后将粉末与胶囊或基底整体粘在样品杆上进行测试，如图 3-10（c）。

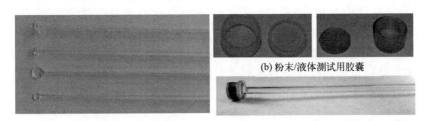

(a) VSM石英样品杆　　(b) 粉末/液体测试用胶囊　　(c) 安装在8mm石英横杆上的粉末/液体胶囊

图 3-10　MicroSense 公司的 EZ9 型 VSM 的样品杆

薄膜材料：薄膜材料的基底应选择磁化率较小的材料如硅片、石英等，以免对测试结果造成干扰，测试前需测量薄膜的厚度，裁取一定尺寸的样品，计算薄膜的体积，测试单位体积的磁化曲线、磁滞回线等磁性参数。

液体材料：测试磁性液体时，需要用移液枪量取一定浓度的溶液，将其注入胶囊中进行密封测试。磁性溶质的质量可根据溶液浓度、量取液体的体积、磁性样品的摩尔质量进行计算。

3.1.2.2　材料磁性能综合测量系统（MPMS）

材料磁性能综合测量系统（magnetic property measurement system，MPMS）是由美国 Quantum Design 公司开发的基于超导量子干涉器件（superconducting quantum interference device，SQUID）探测技术的高精度磁学测量仪器。该装置可以测试金属、合金材料、陶瓷、半导体、超导体、有机材料、高分子材料等磁性材料的初始磁化曲线（高低温）、磁滞回线（高低温）、磁电阻（高低温）、场冷-零场冷曲线、退磁曲线、磁矩随温度变化曲线、电阻随温度的变化曲线等，材料的形式可以是块材、薄膜、粉末等材料。

图 3-11　美国 Quantum Design 公司开发的全新一代磁学测量系统 MPMS3

传统的 VSM 利用电磁铁产生的磁场强度一般小于 3T，测试灵敏度最高达到 10^{-7}emu（$1emu = 10^{-3}A \cdot m^2$），低温测试利用液氮作为制冷剂，因此所能测试的最低温度为 77K。MPMS 有三种可选择的磁体，分别为 1T、5T 和 7T，测试灵敏度可以达到 10^{-8}emu。MPMS 相比于传统的 VSM，测试的磁场范围更大、灵敏度更高，能够实现超低温的测量，并且降温过程迅速，例如全新一代磁学测量系统 MPMS3（图 3-11）采用快速温控技术，系统从室温降至 10K 仅需 15min，从 10K 稳定到 1.8K 也仅需 5min。

MPMS 由一个基系统和各种选件组成，基系统由内置超导磁体、低温杜瓦、磁场控制系统、温度控制系统、软件操作系统等构成。SQUID 是 MPMS 高灵敏度的根源，它可以看作极高精度的电流-电压转换器，样品在超导探测线圈里的振动，引起线圈中感生电流变化，感生电流与探测线圈里的磁通量成正比，SQUID 与探测线圈的电流感应耦合，将测试电压输出，其输出电压正比于样品磁矩。磁场改变到目标场后随时间的微小变化被视为磁场漂移，采用高度平衡的二阶梯度线圈可以保证均匀磁场在其内几乎不产生信号，使得 SQUID 对磁场漂移相对不敏感。

MPMS 采用液氦作为制冷剂，能够实现极低温度的测量。液氦的沸点为 4.2K，在 4.2K 以上，由气体加热丝把氦气加热到目标温度，保持小的氦气流量使温度稳定；4.2K 以下的温度控制，是通过降低液氦表面压强从而降低其沸点而实现的。基系统温度测量范围为 1.9～400K，使用拓展选件可使最低测试温度达到 0.48K，配合磁学高温炉选件，可使最高测试温度达到 1000K。

3.1.2.3　软磁直流测量装置

软磁直流测量装置可测量工业纯铁、坡莫合金、铁氧体、金属磁粉芯、非晶态合金、纳米晶等软磁材料的起始磁导率 μ_i、最大磁导率 μ_m、剩磁 B_r、饱和磁通密度 B_S、矫顽力 H_C 等静态磁特性参数。

传统软磁直流测量是采用冲击法进行的，冲击法是根据法拉第电磁感应定律对磁学量进行测量的一种经典方法，可测量磁感应强度、互感系数、磁通量等参数。图 3-12 是利用冲击法测试磁化曲线的原理图，在环形磁性材料样品上缠绕上初级线圈 N_1 和次级线圈 N_2，N_1 的两端接上直流电源，N_2 的两端接上电子磁通计。当初级线圈通上电流后，产生沿磁环轴向的磁场，磁性样品就会被磁化。假设磁化强度为 M，那么样品产生的磁感应强度 $B = \mu_0(M + H)$。随着初级线圈上电流的不断增大，电子磁通计便会检出相应的磁通大小，从而得到样品的 $B\text{-}H$ 关系曲线。随着微机控制技术的发展，目前软磁直流测量装置通常利用电子积分器取代传统冲击检流计，实现微机控制下的模拟冲击法测量。

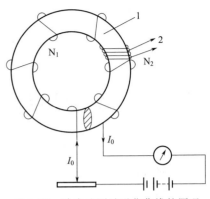

图 3-12　冲击法测试磁化曲线的原理
1—试件；2—电子磁通计

3.1.2.4　永磁特性自动测量仪

对于 Al-Ni-Co、Nd-Fe-B、SmCo 等永磁材料主要考察材料的磁感矫顽力 $_BH_C$、内禀矫顽力 $_MH_c$、膝点 H_k、磁能积 $(BH)_{max}$、剩磁 B_r 等磁性参数，因此需要对样品的磁滞回线、退磁曲线进行测试，永磁特性自动测量仪是专门针对永磁材料磁性测量开发的设备，图 3-13 是永磁测量装置 AMT-4A 的原理图。测量系统采用严格闭合磁路下的准静态扫描磁化场，以消除样品自身退磁场及涡流对测量精度的影响，磁场 H 信号和磁感应强度 B（或磁极化强度 J）信号分别利用磁场强度测试探头和高精度电子积分器进行探测，两者在电磁铁中的位置如图 3-14 所示，经由模拟和数字计算得到 $M\text{-}H$、$B\text{-}H$（或 $J\text{-}H$）曲线。

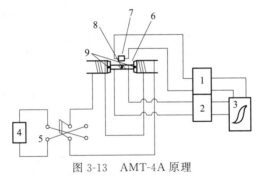

图 3-13　AMT-4A 原理

1—磁场强度测量装置；2—磁感应强度或磁极化强度测量装置；3—反馈控制系统；
4—磁化电源；5—转换开关；6—磁感应强度（或磁极化强度）测试线圈；
7—磁场强度测试探头；8—试样；9—电磁铁极头

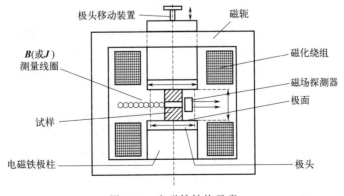

图 3-14　电磁铁结构示意

永磁特性测量仪可以测量直径 3～260mm 的柱体，测试粉末样品前需要将其压制成柱体或立方体，制样时应尽量使样品平整、光滑、无裂痕、表面无锈蚀，样品的易磁化方向应与柱体长度方向一致。

3.2 磁光效应测试方法

3.2.1 磁光效应概述

光实际上也是一种电磁波，是一种横波，具有电场矢量和磁场矢量，光波中电场矢量和磁场矢量均与传播方向垂直，电场矢量影响光与物质的相互作用，因此常以电场矢量作为光波中振动矢量的代表。振动方向对于传播方向的不对称性称为偏振，在与光传播方向垂直的二维空间中，根据电场矢量振动状态的不同，可将光波分为自然光、线偏振光、部分偏振光、圆偏振光和椭圆偏振光。

自然界的光为非偏振光，如图 3-15（a）所示，电场矢量在各个方向上是均匀对称分布的，彼此之间没有固定的位相关联。线偏光的电场矢量始终在一个确定的方向上振动，如图 3-15（b）所示，电场矢量的振动方向与传播方向构成的平面称为振动面，线偏振光也称平面偏振光。图 3-15（c）表示与光传播方向垂直的平面内，各方向均有电场振动矢量，但是振幅不同，这种类型的偏振光称为部分偏振光。迎着光传播方向观察，电场矢量的轨迹描绘为圆形，电场矢量在传播过程中大小保持不变，这种偏振光为圆偏振光，若电场矢量按照顺时针方向旋转，则称为右旋圆偏振光，如图 3-15（d）所示，若电场矢量按逆时针方向旋转，则称为左旋圆偏振光。迎着光传播方向观察，电场矢量的轨迹描绘为椭圆，则称为椭圆偏振光，同样地，若电场矢量按照顺时针方向旋转，则称为右旋椭圆偏振光，如图 3-15（e）所示。

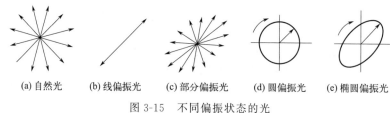

(a) 自然光　　(b) 线偏振光　　(c) 部分偏振光　　(d) 圆偏振光　　(e) 椭圆偏振光

图 3-15　不同偏振状态的光

磁性物质在外磁场作用下或其磁状态发生变化时，对在该物质中传输或发射（吸收）的光特性产生影响的现象，称为磁光效应。根据光对磁光材料作用方式的不同以及光与磁光材料相互作用所产生的光学各向异性的不同，磁光效应可以分为法拉第效应、克尔效应、塞曼效应、科顿-穆顿效应等。

1845 年，法拉第（Faraday）发现一束线偏振光穿过外加磁场的硼酸铅玻璃后偏振面旋转了一定的角度，这是人们首次在试验中将光和磁联系起来，这种现象被称为法拉第效应，磁光法拉第效应是线偏振光平行透过透明材料时其偏振态发生变化的现象。1875 年苏格兰物理学家克尔（Kerr）发现线偏振光经过外磁场下的铁块表面反射后，反射光的偏振面和椭偏率均发生变化，人们称这种现象为克尔效应。1896 年，荷兰物理学家塞曼（Zeeman）发现原子光谱在足够强的外磁场影响下由一条谱线分裂为多条谱线，后来被洛伦兹（Lorentz）利用经典电磁波理论所解释，被命名为塞曼效应。1907 年，科顿（Cotton）和穆顿（Mouton）发现物质在横向电磁场中折射率会发生变化，在液体中最为明显，称该现象为科顿-穆顿效应。目前磁光效应有着较广泛的应用，例如观察、研究磁性材料的磁畴结构，用于磁光信息存储，制备磁光开关、磁光隔离器等。

3.2.2 磁光效应分类及测试原理

3.2.2.1 法拉第效应及测试原理

线偏振光沿外磁场方向或物质磁化方向通过磁性介质时，如果磁性介质在沿着光的传输方向被磁化而存在磁化强度或它的分量，那么入射光的偏振面将发生旋转，其大小决定于介质的磁化强度的值，方向由磁化强度的取向决定，这种现象称为磁光法拉第效应，如图 3-16 所示。法拉第效应又称磁旋光效应，旋转的角度称为法拉第旋转角 θ，当线偏振光通过顺磁性或抗磁性材料后，旋转角 θ 可以表示为：

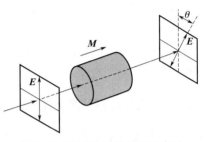

图 3-16 磁光法拉第效应示意图

$$\theta = FHl \tag{3-18}$$

式中　F——韦尔代常数；

　　　H——磁场强度；

　　　l——沿光传播方向的长度。

当线偏振光通过铁磁或反铁磁材料后，旋转角 θ 可以表示为：

$$\theta = KMl \tag{3-19}$$

式中　K——孔特常数；

　　　M——磁化强度。

磁光旋转效应可以利用消光法进行测量，其测量装置如图 3-17 所示。白光源 L 发出的光，首先通过单色仪 M 转变为单色光，然后通过起偏器 P_1 转变为单色线偏振光，待测磁光材料置于电磁铁中心，单色线偏振光沿磁场方向穿过待测样品，不施加磁场时，调节检偏器 P_2 与起偏器 P_1 的偏振方向正交，此时发生消光现象，光电检测器 D 接收不到光信号。施加磁场后，由于磁光旋转，一部分光将透过检偏器 P_2 进入光电检测器 D，再次调节检偏器的方向直至消光，此时，测得检偏器转过的角度 θ 即为待测样品的磁光旋转角。

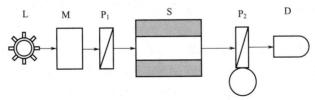

图 3-17 磁光旋转测量示意

L—白光源；M—单色仪；P_1—起偏器；S—待测样品；P_2—带有测角仪的检偏器；D—光电检测器

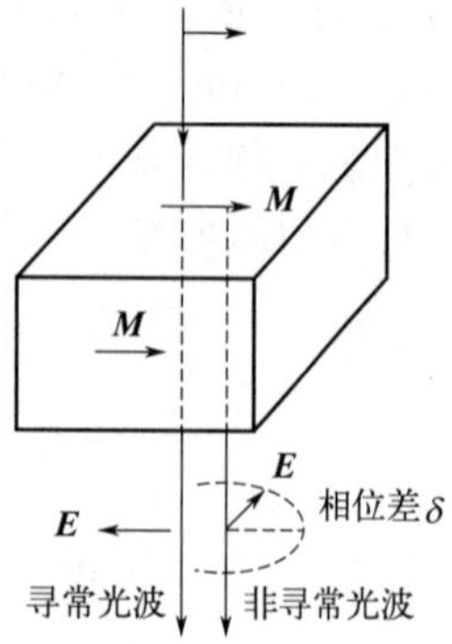

图 3-18 科顿-穆顿
效应示意图

3.2.2.2 科顿-穆顿效应及测试原理

科顿-穆顿效应的示意图如图 3-18 所示，当线偏振光垂直于物体的磁化强度方向透射时，光波的电矢量将分为两束，一束与物体的磁化强度方向平行，称为寻常光波，另一束与物体的磁化强度方向垂直，称非寻常光波。两束光波之间存在相位差 δ，这两束光以不同的速度在介质中传播，因折射率不同而有双折射现象，因此也称此效应为磁致双折射。

科顿-穆顿效应的测量原理和仪器结构与法拉第效应的测量相似，如图 3-17，区别在于，测量科顿-穆顿效应时，样品上的外加磁场方向分别与起偏器 P_1 和检偏器 P_2 成 45°，同时在待测样品后放置一个补偿器，使补偿器产生足够的双折射去抵消样品的双折射，以此获得较好的测量效果。

3.2.2.3 克尔效应及测试原理

当一束线偏振光被磁化了的介质表面反射时，反射束是椭圆偏振光，其偏振面相对于入射光发生了旋转，即椭圆长轴相对于原来偏振面旋转一定的角度，旋转方向与磁化方向有关，这种现象称为克尔效应。线偏振光被非磁性物体表面反射后，其反射束是椭圆偏振光，若线偏振光的偏振面是垂直或平行于入射平面时，反射光仍是平面偏振光。但是，对于磁性体反射面无论何种入射角度反射束均是椭圆偏振光，这是因为磁场的存在引起入射的线偏振光电场矢量振动方向发生了改变，产生了垂直于入射光振动方向的分量。因此，克尔效应也可以理解为入射平面偏振光的偏振面经过磁体表面反射后会发生转动。

根据磁化强度 M 相对于入射偏振面取向的差异，将克尔效应分为三种类型：极向克尔效应、横向克尔效应和纵向克尔效应。如图 3-19 所示。

① 极向克尔效应　磁化强度 M 与介质表面垂直时的克尔效应称为极向克尔效应，如图 3-19（a）所示。通常情况下极向克尔效应的强度随入射角的减小而增大，在垂直入射时达到最大，且克尔旋转角最大最明显。

② 横向克尔效应　磁化强度 M 与介质表面平行，且垂直于光的入射面时的克尔效应称为横向克尔效应，如图 3-19（b）所示。其反射光的偏振状态没有变化，因为这种配置下光电场与磁化强度矢量积的方向永远没有与光传播方向垂直的分量。只有 p 偏振光入射时才有一个很小的反射率的变化。

③ 纵向克尔效应　磁化强度 M 与介质表面平行，且平行于光的入射面时的克尔效应称为纵向克尔效应，如图 3-19（c）所示。克尔信号的强度随入射角的减小而减小，垂直入射时为 0。

克尔效应的基本测量装置结构图如图 3-20 所示，测量极向克尔效应时，激光光源 L 发出的单色光经起偏器 P 起偏后，由反射镜 M 照射到待测样品 S 上，样品 S 反射的光经 M 再次反射后进入偏振分析器 A，将相应的偏振分量分别分解到光探测器 D_1 和 D_2，从而测量相应的椭圆偏振光的偏振状态。测量横向或纵向克尔效应时，则不必使用反射镜 M，将单色偏振光直接入射到样品 S 上即可。

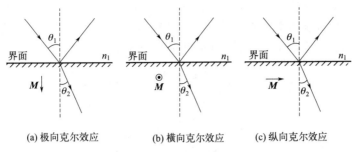

(a) 极向克尔效应   (b) 横向克尔效应   (c) 纵向克尔效应

图 3-19　克尔效应示意

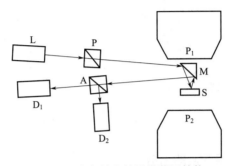

图 3-20　克尔效应的测量装置结构

L—激光光源；P—起偏器；M—反射镜；S—待测样品；A—偏振分析器；D_1、D_2—光探测器

3.2.2.4　塞曼效应及测试原理

入射单色光源经过处于强磁场中的某些磁性介质后，光谱线会受到磁场的影响而分裂成若干条谱线，分裂的各谱线间隔大小与磁场强度成正比，这一磁光现象称为塞曼效应。图 3-21 是在磁场作用前后锌、钠的塞曼效应。

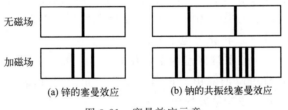

无磁场

加磁场

(a) 锌的塞曼效应   (b) 钠的共振线塞曼效应

图 3-21　塞曼效应示意

3.2.3　磁光效应测试

3.2.3.1　磁光椭偏技术

磁光椭偏技术是椭偏技术与克尔效应的结合，通过探测光与磁场下的磁性材料相互作用后引起的反射光的偏振态的变化得到磁光材料的磁光参数，可表征磁光材料的磁光耦合系数和光学参数。磁光椭偏系统的结构如图 3-22 所示，该装置由光路系统、磁场系统以及信号采集处理系统三部分组成。光路系统主要包括光源、起偏器、光阑、样品台、检偏器和硅光探测器。两个亥姆霍兹线圈对称放置形成均匀的电磁场，样品置于电磁铁中间，样品台上设

置能够测量入射角度的装置。入射光依次经过起偏器、光阑、样品台、检偏器到达斩波器，斩波器将直流光信号调制为交流光信号，提高系统信噪比，并为锁相放大器提供参考信号，锁相放大器与计算机相连，将采集到的电压信号进行调节并记录。

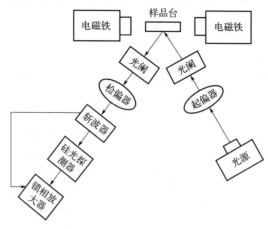

图 3-22　磁光椭偏系统结构示意图

3.2.3.2　克尔效应和法拉第效应的测量

　　磁光克尔和法拉第光谱仪的系统结构是能够同时测试克尔效应和法拉第效应的装置，其结构图如图 3-23 所示，该装置采用波长扫描结合傅里叶变换的磁光谱测量方法，可以测量克尔旋转角、法拉第旋转角和椭偏率，系统稳定性好、测量光谱区宽。整个光学系统紧固在防震平台上，以免检偏器转动时各部件发生振动。由弧光放电氙灯提供连续光源，出射的单色光能量范围为 1.5～6eV，起偏器和检偏器采用 MgF_2 晶体材料，设计为"洛匈"式偏振器，光源经过"洛匈"式偏振器变为两束偏振面互相垂直的光，一束与光路偏离约 2°，该束光需被截止，另一束与光路同轴用作探测光，该束光由反射镜反射后，以近似垂直的角度入射到样品表面（样品置于匀强磁场中），经样品反射后变为椭圆偏振光，最后被检测器检测并由光电倍增管（P. M. T）转化为电信号。

　　为消除一些与磁场无关的系统误差因素，在测量时，可分别测量正负磁场下的克尔函数 O_k，并取其平均值，这样可以消除由检偏器方位角、光路稍有偏离、电子检测线路的相位滞后等引进的误差。在测量法拉第效应时，也采用同样的步骤。

3.3　磁致伸缩性能测试方法

3.3.1　磁致伸缩效应概述

　　材料在外磁场的作用下长度或体积发生变化，去掉磁场后又恢复到原来形状的现象称为磁致伸缩效应。该现象是焦耳（Joule）于 1842 年发现的，故也称焦耳效应。随后，维拉里（Villari）又发现了磁致伸缩的逆效应，即铁磁体发生变形或受到应力的作用也会引起材料的磁化状态发生变化的现象，磁致伸缩的逆效应也称为铁磁体的压磁性现象，表明铁磁体的

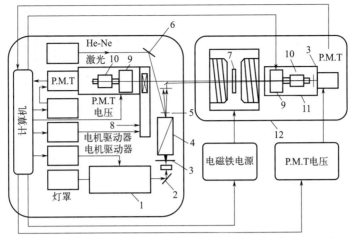

图 3-23　磁光克尔和法拉第光谱仪的系统配置

1—光栅单色器；2—前反射镜；3—光学孔径；4—偏振器；5、6—用于激光束和样品对准的前反射镜；

7—样品；8—四分之一波长延迟器；9—带步进电机空心轴；10—分析仪；11—遮光箱；12—隔振光学平台

形变与磁化有着密切的关系。由于这种现象涉及磁性和弹性状态之间的双向能量交换，这为驱动、传感、各种机械设备的振动控制装置的应用提供了一种可行方案。在磁场作用下超磁致伸缩材料长度发生较大的变化从而做功，在交变磁场作用下，则会反复伸长与缩短，从而产生振动。利用这种磁能和机械能的转化，可以将磁致伸缩材料用于磁（电）-机换能器、磁（电）-声换能器等设备中。目前，超磁致伸缩材料已经应用在航空航天、国防军工、医疗、电子信息、农业等诸多领域。

根据材料形变方式的不同，将铁磁体的磁致伸缩分为线磁致伸缩和体磁致伸缩。线磁致伸缩即铁磁体在磁化过程中沿长度方向伸长或缩短，将铁磁体长度方向上的伸长量与原始长度的比值定义为线磁致伸缩系数，用 λ 表示，写为 $\lambda = \Delta L / L$。将铁磁体沿磁场方向伸长称为正磁致伸缩，定义为 $\lambda > 0$，该过程示意图为图 3-24（a）；铁磁体沿磁场方向缩短时，称为负磁致伸缩，定义为 $\lambda < 0$。材料的体磁致伸缩即在磁场的作用下材料的体积发生变化的现象，材料的体磁致伸缩系数用 ω 表示，定义为铁磁体磁化后的体积变化与原始体积的比值，表示为 $\omega = \Delta V / V_0$。若铁磁体在磁化过程中体积发生膨胀，则为正体磁致伸缩，此时 $\omega > 0$，该过程示意图为图 3-24（b）；若铁磁体在磁化过程中体积发生收缩，则为负体磁致伸缩，此时 $\omega < 0$。由于大多数金属与合金的体磁致伸缩数值很小，ω 数量级为 $10^{-13} \sim 10^{-11}$，因此，有关磁致伸缩材料的理论和应用研究主要集中在线磁致伸缩效应上，磁致伸缩一词通常指线磁致伸缩。

3.3.2　静态磁致伸缩测试方法

在不同的应用领域，磁致伸缩材料的形状可能是棒状、板状、带状、丝状和薄膜等，因此对不同形状的磁致伸缩材料测试方法也存在差异。驱动磁致伸缩材料的磁场可能是静磁场也可能是交变磁场，因此磁致伸缩系数的考察主要分为静态磁致伸缩系数 λ 和动态磁致伸缩系数 d_{33} 的测量。对于实际的工程应用比如水声换能器、超声换能器等还需要对磁机耦合系数 k_{33} 进行考察。

常用材料的静态磁致伸缩系数的测量方法主要有电阻应变法、电容法、隧道探头法、光

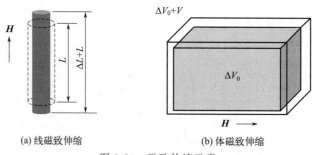

(a) 线磁致伸缩   (b) 体磁致伸缩

图 3-24　磁致伸缩示意

杠杆法等，下面将分别进行介绍。

3.3.2.1　电阻应变法

电阻应变法是测量磁致伸缩系数最主要的方法，该方法是将材料磁致伸缩引起的相对形变通过电阻应变片转化为电阻变化的方法，对电阻进行测量即可间接得到材料的相对形变，得到磁致伸缩系数。磁致伸缩引起的应变片的电阻变化非常微小，其测量精度一般可以达到 10^{-6}，可用于测量棒状、块状、片状等多种形状的材料，适用于晶体、非晶体的测量，但是不适用于测量磁致伸缩系数非常小的材料、薄膜材料和丝状材料。

（1）测试原理

电阻应变法测量磁致伸缩系数 λ 实质上是通过电阻应变片将压力、位移、应力或应变等力学参数转换成与之成比例的电学参数，即应变电阻将磁致伸缩的形变转换为电阻的变化，该方法是一种最简便易行的测量 λ 的方法。

测量时，首先将电阻应变片粘贴在样品上，如图 3-25 所示，将粘有应变片的样品放在磁场中，在磁场的作用下样品被磁化，长度 L 发生变化，产生磁致伸缩 $\Delta L/L$，磁致伸缩使得应变片的电阻 R 发生变化，此变化非常微小，可用惠斯通电桥法实现检测，应变片电阻的变化 ΔR 与磁致伸缩系数 λ 的关系可以表示为：

$$\frac{\Delta R}{R} = S_l \frac{\Delta L}{L} = S_l \lambda \tag{3-20}$$

式中　S_l——电阻应变片的灵敏系数，一般在 2.00 左右。

式（3-20）说明电阻应变片电阻的相对变化与磁致伸缩样品长度的相对变化 $\Delta L/L$ 成正比，对于灵敏系数 S_l 已知的应变电阻，只要测出电阻的变化率，就可以求出磁致伸缩系数 λ 值。于是，测量磁致伸缩系数 λ 就归结为测量应变电阻的相对变化量 $\Delta R/R$。

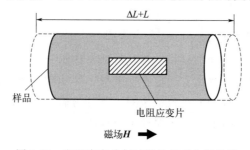

图 3-25　电阻应变片与试样的相对位置示意

磁致伸缩材料的形变引起的电阻应变片上电阻的相对变化 $\Delta R/R$ 很小，仅为 $10^{-6}\sim10^{-5}$ 量级，因此电阻测量装置需要具有非常高的灵敏度，通常利用等臂惠斯通电桥法测试电阻，测试电阻的原理图如图 3-26 所示，图中 R_1、R_2、R_3 和 R_4 为阻值相等的桥臂电阻，其中 R_1 为贴在试样表面的电阻应变片；R_2 为温度补偿应变片，粘贴在非磁性金属表面，与被测试样紧贴放置在磁场中，起到温度补偿的作用；通常 R_3、R_4 也连接相同的应变片，以使电桥的灵敏度最高，置于磁场外。当电桥达到平衡时，$R_1=R_2=R_3=R_4=R$，电桥输出电压 $\Delta U=0\text{V}$。当样品被磁化后，在磁场的作用下伸长量为 ΔL 时，桥臂电阻 R_1 增加，变为 $R_1+\Delta R_1$，电压输出 ΔU 正比于伸长量 ΔL，测试电压的变化即可计算出磁致伸缩系数 λ 值。

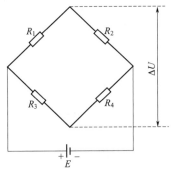

图 3-26 惠斯通电桥测试电阻原理

（2）设备的构成

磁致伸缩系数与磁场强度、材料属性、温度、应力等参数均有关。测试过程中需要对磁场、温度、应力进行控制，对磁场强度、应变量、温度进行记录，因此测试系统主要由电磁铁、控制电源、高斯计、锁相放大器、霍尔元件、应变测量仪等构成。图 3-27 为利用电阻应变法测试静态磁致伸缩系数的设备示意图，图 3-28 为设备实物图。

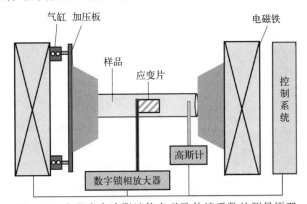

图 3-27 电阻应变法测试静态磁致伸缩系数的测量原理

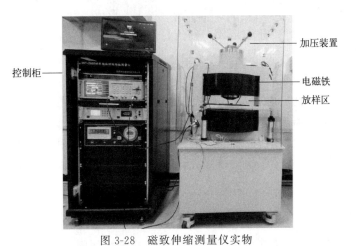

图 3-28 磁致伸缩测量仪实物

电阻应变法的优势是：①灵敏度高，性能稳定性好；②测量范围大，适合静、动态测量，可以在较宽的温度范围内使用；③装置价格较低、结构简单，使用方便。电阻应变法也存在局限性：①只能局部测量材料的磁致伸缩系数；②电阻应变片与样品要有良好的黏合，否则会由于应变的传递不良，或者应变片与被测样品之间的绝缘不好，引起数据波动；③不适合线状材料或薄膜材料的测试。

3.3.2.2 电容法

（1）测试原理

电容法利用电容式位移传感器测量磁致伸缩样品的微小长度变化，其原理基于平板电容器。传感头的测量极板和被测的磁致伸缩样品分别作为平板电容器的两个极板，磁致伸缩引起的样品尺寸的任何变化都可以从两个电极电容的变化反映出来。

当稳定的交流电流 I_c 流过传感器电容时，两个极板之间的交流电压 U_c 的幅值与电容电极的距离 d 成线性关系，如式（3-21）所示，因此，将采样电压值转换成相应的输出位移值，根据样品位移的大小即可计算出样品的磁致伸缩系数。

$$U_c = \frac{I_c d}{\omega \varepsilon_0 \varepsilon_r A} \tag{3-21}$$

式中 ω——交流电流的角频率，rad/s；

ε_0——真空介电常数，F/m；

ε_r——相对介电常数；

A——平行板电容器的极板面积，m^2；

d——板间距离，m。

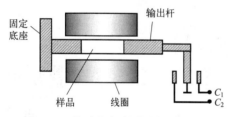

图 3-29　差动电容式测量方法原理图

（2）设备的构成

电容法装置主要由电磁线圈、固定装置、传感器、平板电容器组成，图 3-29 是差动电容式测量方法原理图。未施加磁场时 $C_1 = C_2 = C_0$，振荡频率为 f_0，施加磁场后，样品在磁场作用下产生的形变传递到传输杆，导致电容器 C_1 和 C_2 的电容一个增加、另外一个减小，形成差动变化，只要测试出施加磁场前后电容的变化即可得到磁致伸缩系数 λ 的值，对于差动平板电容器有：

$$\frac{\Delta C}{C} \approx \frac{2\Delta d}{d} = \frac{2\Delta L}{L} = 2\lambda \tag{3-22}$$

式中 ΔC——施加磁场前后电容器电容的变化量，F；

L——平板电容器之间的距离，m。

电容法适合测量小尺寸或薄膜样品的磁致伸缩系数，广泛应用于对灵敏度要求较高的场合。测试时电容测微仪应水平平稳地放置在试验台上，其探头应与样品处于同一高度，保证两平面平齐。

3.3.2.3 隧道探头法

隧道探头法是基于电容法开发的磁致伸缩测量装置，如图 3-30 所示，该装置主要由电磁线圈、样品及固定装置、高精度的位移隧道探头、反馈控制电路等组成，其中电磁线圈内部沿轴线安装石英管，以容纳棒状、条带状和丝状的磁致伸缩样品。测量过程中，使用压电致动器控制隧道探头的位置，当测试磁场驱动样品长度变化时，探头和样品之间的电压会发生变化，反馈控制电路中的高压放大器将放大电压信号转换为长度数据，得到样品长度的变化。

由于该装置采用尺寸较小的隧道探头来探测电压变化，因此测量精度较高，可以达到 $10^{-9} \sim 10^{-5}$ 数量级。该装置可用于测量棒状、条带状和丝状材料，以及低磁场下材料的磁致伸缩系数。

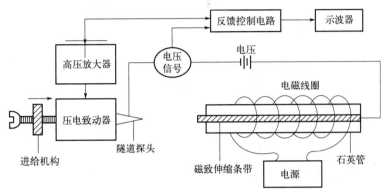

图 3-30　隧道探头法磁致伸缩测量装置示意

3.3.2.4　光杠杆法

光杠杆法即将磁致伸缩样品长度的变化的测量转化为对悬臂梁结构微挠度的测量，利用激光杠杆将形变进行放大。图 3-31 是光杠杆法测量磁致伸缩系数的试验装置简图，将样品与转动杆进行连接，在转动杆上放置一个激光反射装置，激光与样品的轴线垂直，发射的激光被反射在一个与样品平行的标尺上，当样品产生磁致伸缩时，通过探测标尺上的长度变化值就可以得到伸长量 ΔL。该方法可将磁致伸缩材料在磁场中的伸缩量转移到空气中进行测量。

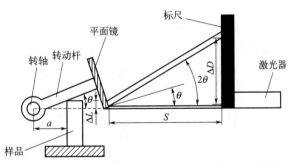

图 3-31　光杠杆法测量磁致伸缩系数的试验装置简图

光杠杆法适合测量线状或薄片状样品，可以测量膜厚低于 $1\mu m$ 且衬底厚度低于 $250\mu m$ 薄膜的磁致伸缩系数。其优势在于：①参数变换和引入误差环节少；②样品之间不需要接触且对样品的反作用力为零；③测试精度高，可以达到 $10^{-9} \sim 10^{-8}$ 数量级。其局限性在于：①对环境要求比较严格，热效应容易导致激光束漂移；②测试时通常需要相对较大的样品，不能用于测量尺寸小于 1mm 的微小样品；③样品的安装及光路的调整不方便，对操作者的技术要求较高。

3.3.2.5 悬臂梁法

悬臂梁法是测量薄片状或细丝状材料的磁致伸缩系数时常用的方法，该方法是将样品的一端固定在夹钳中，测试另一端在垂直膜面方向的伸长量。如图 3-32 所示，薄膜的一端水平放置于置于磁场的夹钳中，另一端自由暴露在磁场中，激光器发射激光，经过具有一定角度的镜子反射到薄膜上，磁致伸缩薄膜受到磁场的激发后在垂直膜面方向发生弯曲，通过测试在自由端产生的挠度计算磁致伸缩系数。假设薄膜自由端产生位移 ΔD，薄膜的磁致伸缩系数可以利用式（3-23）计算：

$$\lambda = \frac{2\Delta D(1+\upsilon_f)E_s d_s^2}{9L^2 E_f d_f(1-\upsilon_s)} \tag{3-23}$$

式中 L——悬臂梁长度，m；

E_s、E_f——衬底和薄膜的弹性模量，GPa；

υ_s、υ_f——衬底和薄膜的泊松比；

d_s、d_f——衬底和薄膜的厚度，m。

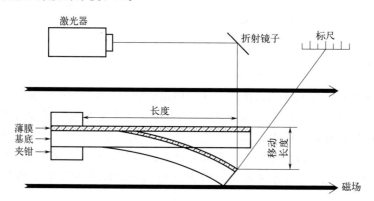

图 3-32　激光杠杆法测量磁致伸缩系数的装置示意

3.3.3　动态磁致伸缩测试方法

动态磁致伸缩系数 d_{33} 也称压磁系数，指在某一磁场和某恒定压力下，磁致伸缩材料的应变变化与磁场变化的比值：

$$d_{33} = \frac{\partial \varepsilon}{\partial H} \tag{3-24}$$

式中 ε——磁致伸缩材料的应变。

利用电阻应变法测试动态磁致伸缩系数 d_{33} 时，将样品放置在交流驱动线圈内部，线圈内通交流电流，产生的交变磁场诱导磁致伸缩材料发生交变应变，粘贴在样品上的应变片的电阻也随之发生交流振荡，通过测量应变片上交流电压的大小可以得到材料的交变应变，进而确定材料的动态磁致伸缩系数。

在恒定磁场和微小交变磁场（一般为 1～25A/m）驱动下，磁致伸缩棒材的交变应变 L_{AC} 与交变驱动磁场 H_{AC} 的比值即为动态磁致伸缩系数：

$$d_{33} = \frac{L_{AC}}{H_{AC}} \tag{3-25}$$

$$L_{AC} = \frac{V_{AC}}{GIR} \tag{3-26}$$

式中　V_{AC}——应变片两端的电压；

　　　G——应变因子；

　　　I——流过应变片的电流；

　　　R——应变片电阻。

由于施加在样品上的磁场包括交变驱动场 $\boldsymbol{H}(t)$ 和原有稳恒外加磁场 $\boldsymbol{H}_E$，因此应变片实际电桥输出的是直流电压和交流电压的叠加值，可利用隔直电容将直流电压过滤，使电桥输出电压仅为交流电压 V_{AC}，动态应变电桥原理图如图 3-33 所示。

图 3-34 为电阻应变法测试交流磁致伸缩系数测量仪结构示意图，该装置由电磁铁、加压装置、数字锁相放大器、高斯计、交流恒流驱动器、控制系统等构成，相比于直流磁致伸缩测量系统，该装置多加了一个交流恒流驱动器，用于施加和输出实时交流磁场，测量过程中，锁相放大器提供交流场调制信号的频率及幅度，自动检测应变电桥输出的交流电压信号 V_{AC} 并转换为动态磁致伸缩系数信号。

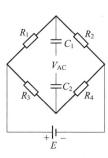

图 3-33　动态应变
电桥原理

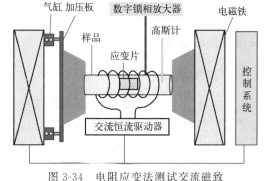

图 3-34　电阻应变法测试交流磁致
伸缩系数测量仪结构示意

3.3.4　磁机耦合系数测试方法

磁机耦合系数是指磁致伸缩材料输出机械能和输入磁场能的比值，可以表示为：

$$k_{33} = \frac{输出机械能}{输入磁场能} = \frac{d_{33}}{\sqrt{s^H \mu_0 \mu_{33}}} \tag{3-27}$$

式中　d_{33}——动态磁致伸缩系数；

　　　s^H——柔顺系数，是杨氏模量 E_{33} 的倒数；

　　　μ_{33}——材料不施加应力时的增量磁导率，指在直流磁场上叠加交流磁场时，交流分量的磁导率。

分别对 d_{33}、s^H、μ_{33} 这三个参数进行测量，可计算得到磁机耦合系数，因此该方法也称为三参数法。

另外，磁机耦合系数 k_{33} 也可以通过测试材料的频率-阻抗曲线得到该材料的共振频率 f_r 和反共振频率 f_a，利用式（3-28）进行计算：

$$k_{33} = \sqrt{\frac{\pi}{8}\left(1 - \frac{f_r^2}{f_a^2}\right)} \tag{3-28}$$

3.4 磁流变效应测试方法

3.4.1 磁流变效应概述

磁流变效应是指一类材料的物理、化学、力学等性质随着外加磁场强度的变化而发生迅速可逆变化的现象。其本质是在外加磁场作用下，材料内部的可极化颗粒发生极化而重新排布，使材料内部结构发生变化所引起。磁流变材料是具有磁流变效应的一类材料。根据组成、载体、功能的不同，磁流变材料可以分为磁流变液、磁流变弹性体、磁流变塑性体等。其中最典型的是常态为液态的磁流变液和常态为固态的磁流变弹性体。

磁流变液的磁流变效应主要表现为剪切屈服强度、黏度等流变学性能参数与磁场的相关性。磁流变弹性体的磁流变效应主要表现为储能模量、损耗模量、阻尼损耗因子等动态黏弹性参数与磁场的相关性。

3.4.2 磁流变液性能测试方法

3.4.2.1 磁流变效应测试方法

磁流变液的流变性测试主要使用的仪器是旋转流变仪，需配备磁流变性能测试模块，能够快速测试磁流变液的各种流变性能，此外也有通过在旋转流变仪上加装磁场发生装置来实现对磁流变液性能的测试。这些装置主要由两个平行板和磁场发生装置组成，如图 3-35 所示，通过改变施加在平行板系统上的直流电大小来控制所施加的磁场强度。以 Physica MCR301 为例，如图 3-36 所示，测试时，首先将磁流变液均匀填充到样品台的中心，随后上部转子垂直向下运动与样品上表面贴合，此时除去多余的磁流变液，保证测试样品充分填满样品台。在剪切测试中，流变仪会在上部转子和下平台之间施加垂直于弹性体的均匀磁场，同时由上部转子按照设定程序施加平行于样品的旋转剪切应力或应变，并由内部精密传感器测定样品所反馈的应力或应变，经过仪器控制软件计算得到所需结果。

测试通常使用两种模式，一种是对磁流变液施加单一方向的剪切作用，称为静态剪切测试模式，另一种是对磁流变液施加剪切方向随时间周期变化的剪切作用，称为振荡剪切模式。振荡剪切模式下对样品所加载应变波形呈现正弦波形或余弦波形的变化，如图 3-37 所示。静态剪切主要测试磁流变液的黏度、剪切屈服应力、响应时间等。振荡剪切主要测试磁流变液的动态黏弹性。

（1）黏度

黏度是评价磁流变液性能的重要指标。常见的磁流变液是一种非牛顿流体。通常将黏度

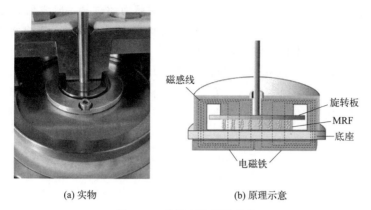

(a) 实物　　　　　　　　　　(b) 原理示意

图 3-35　磁流变液测试系统

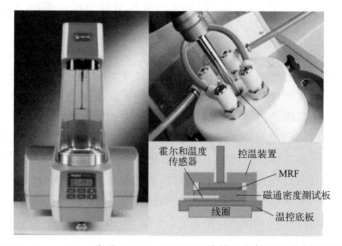

图 3-36　Anton Paar 公司 Physica MCR301 旋转流变仪及磁流变测试模块

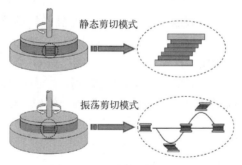

图 3-37　不同测试模式示意

不随剪切速率发生变化的流体称为牛顿流体，而黏度随剪切速率发生变化的流体称为非牛顿流体。磁流变液通常表现为黏度随剪切速率的增大而减小，呈现出剪切变稀的现象。此外，磁流变液的黏度在相同剪切速率下会随着外加磁场的强度增大而增大，表现出典型的磁流变效应。

（2）剪切屈服强度

剪切屈服强度是评价磁流变液性能的重要指标。磁流变液的剪切屈服强度通常从磁流变液的剪切应力与剪切速率的关系曲线中获得。当剪切应力超过某一临界值后磁流变液会发生流动，且其流动行为呈现出近似牛顿流体的行为。具有这样特点的流体称为宾厄姆（Bingham）流体。如果流体超过临界剪切应力后，呈现剪切变稀的性质，这种流体称为屈服假塑性流体或 Herschel-Bulkley 塑性流体。严格来说，磁流变液的剪切应力超过临界剪切屈服强度后，会呈现剪切变稀的特点，有学者指出磁流变液是符合 Herschel-Bulkley 模型的，但更为普遍的是使用 Bingham 模型进行拟合。Bingham 模型的表达式如下：

$$\tau = \tau_0 + \mu \dot{\gamma} \tag{3-29}$$

式中　　τ_0——屈服应力；

　　　　μ——塑性黏度；

　　　　$\dot{\gamma}$——剪应变速率。

基于 Bingham 模型拟合试验数据，则每条拟合线与纵坐标的截距表示相应磁场下的磁流变液的剪切屈服强度。

（3）响应时间

磁流变液的磁场响应时间从本质上来说是指磁流变液中的软磁颗粒稳定地按照磁场方向排列所需要的时间。在实际应用中，磁流变液的响应时间较难与具体器件的电磁响应时间及控制系统响应时间分离，因此更为需要了解材料本身对时间的响应性。国内外学者也通过试验或仿真的方法直接或间接地测出了磁流变液的响应时间。利用旋转流变仪来测量磁流变液响应时间的方法是通过输入脉冲的电流，监测磁流变液剪切应力、黏度等性能的变化来确定其响应时间。此外还有通过模拟还原磁流变液内部的微观粒子的响应过程，分析确定磁流变液的响应时间。但目前关于磁流变液的响应时间还未有一个统一的定义及测试方法，所测数据与实际情况可能仍然存在较大出入。

（4）振荡剪切测试模式

磁流变液在磁场作用下表现出类似固态的性质，因此可以通过振荡剪切模式测试其动态黏弹性。磁流变液的储能模量和损耗模量是表征其动态黏弹性的重要参数。通过控制剪切应变的幅值、剪切的频率、外加磁场强度等参数，测试磁流变液的动态黏弹性。磁流变液的动态黏弹性主要与储能模量 G' 和损耗模量 G'' 有关。储能模量 G' 主要是受到颗粒间磁场力的作用影响，为弹性能量；损耗模量 G'' 主要是受到剪切过程中能量的耗散影响，为非弹性能量。在振荡剪切测试模式下，磁流变液会通过磁性颗粒运动、流体摩擦或颗粒间摩擦而耗散能量。

3.4.2.2　沉降稳定性测试方法

磁流变液沉降稳定性的测试主要有以下几种方法。

（1）目测观察法

目测观察法是评价磁流变液沉降稳定性最为常用的方法。磁流变液在静置后内部会产生比较明显的分层现象，将磁流变液放置于透明容器中静置，观察并记录磁流变液的沉积层液面高度随时间的变化，以沉积层液面高度与原始液面高度的比值为指标评价磁流变液的沉降稳定性，其计算公式如下：

$$沉降稳定性 = \frac{b}{a} \times 100\% \tag{3-30}$$

式中　a——原始液面高度；

　　　b——沉积层液面高度。

尽管该方法无法对沉降层做出细致评价，但由于比较直观且操作简单，这种方法被广泛应用于磁流变液沉降稳定性的评价中。

（2）电感法

电感法基于磁流变液发生沉降时磁导率会发生改变，致使流变液周围电感线圈中的电感量改变的原理，通过测量磁流变液周围电感线圈中电感量的变化来评价其沉降稳定性能。

（3）沉降电势法

基于颗粒沉降会造成的纵向浓度梯度产生电势差的原理，沉降电势法通过电压表测量沉降电势，来测定电势随时间改变的关系从而评价磁流变液沉降稳定性能。

（4）透光率脉动检测法

透光率脉动检测法利用分光光度计基于沉降过程中不同区域透过光强度不同的原理，得到颗粒在流变液中的浓度分布情况，从而换算出一定时间内颗粒的沉降量，以此评价磁流变液沉降稳定性。受磁流变液透光性的限制，该方法只适用于低体积分数磁流变液。

3.4.3　磁流变弹性体性能测试方法

磁流变弹性体的性能包括静态力学性能和动态力学性能，性能参数很多。例如：拉伸、压缩、弯曲、剪切、撕裂、剥离等常规的力学性能等。对于磁流变弹性体来说，最重要的性能参数是其磁致性能，它反映了磁场对材料性质的影响，具体表现为力和磁耦合场下的材料特性。目前，磁流变弹性体的性能测试还没有统一的标准，不同系统测量的结果误差很大。可以通过对传统的橡胶测试仪器进行改造，加装磁场发生装置来测试其性能，也可以使用旋转流变仪来测试其剪切性能。

对于磁流变弹性体来说，相对磁流变效应是目前较为常用的评价标准。相对磁流变效应是指磁流变材料对磁场的响应能力，其为磁流变材料的剪切应力或者储能模量在外加磁场条件下相对变化率的度量，可由下式表达：

$$\frac{\Delta G}{G'_0} = \frac{G' - G'_0}{G'_0} \times 100\% \tag{3-31}$$

式中　G'，G'_0——外加磁场条件下，无外加磁场时的储能模量。

磁流变弹性体的动态黏弹性测试与磁流变液测试相同，可以使用旋转流变仪来测试。与磁流变液的测试相似，磁流变弹性体的力学性能测试通常采用振荡剪切模式，通常包括三个测试模式：①在固定磁场的磁感应强度和固定振荡剪切频率下，改变剪切应变幅值的变化范围，评价磁流变弹性体动态黏弹性对剪切应变的依赖性，即固定剪切过程中正弦波的振荡周期，而不断增大剪切应变的幅值；②在固定的剪切应变幅值和外加磁场的磁感应强度下，评价磁流变弹性体动态黏弹性与剪切振荡频率的依赖性，即固定剪切过程中剪切应变的幅值而改变其正弦波的振荡周期；③固定剪切频率和剪切应变幅值，即该模式下加载波形为标准正弦波，评价磁流变弹性体动态黏弹性与磁场变化的依赖性。

此外，一些专用旋转流变仪还配备了模块化插件，可以对磁流变弹性体样品进行大振幅振荡剪切模式的测试（large amplitude oscillatory shear，简称 LAOS）。通过这种测试能够

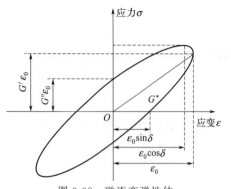

图 3-38 磁流变弹性体
应力-应变曲线以及动态力学性能参数
与曲线几何形状关系

得到磁流变弹性体应力-应变曲线,进而获得磁流变弹性体的能量耗散密度等性能。黏弹性材料的能量耗散密度（W_d）表示在一个振荡周期内单位体积材料的能量耗散,其计算公式如下:

$$W_d = \pi \sigma_0 \varepsilon_0 \sin\delta \qquad (3-32)$$

式中　σ_0——一个循环中的最大应力;

　　　ε_0——最大应变;

　　　δ——相位角。

如图 3-38 所示。根据黏弹性理论,耗散能量密度 W_d 还等于应力-应变滞回圈所包围的面积。

除上述测试方法以外,根据磁流变材料的组成、应用条件等不同,也有其随温度、电场等条件变化的性能测试,但其测试方法十分类似。总之,磁流变材料的性能测试及表征没有统一的标准,但其所关注的重点是材料的性能、结构、状态等随磁场变化的情况,基于传统材料的性能测试,通过附加磁场的调控,实现对磁流变材料的评价。

3.5　测试及分析实例

3.5.1　磁滞回线测试及应用

图 3-39 为利用 VSM 测试 FeBP 软磁非晶材料的磁滞回线,最大磁场设置为 15kOe,图中磁滞回线重合成为一条曲线,分布于一、三象限,图（b）为图（a）在磁场强度为 $-30\sim$ 30Oe 的局部放大图,经过测试,该材料具有非常低的矫顽力,其值为 7.7Oe,其饱和磁化强度也非常高,其值为 128.8emu/g。

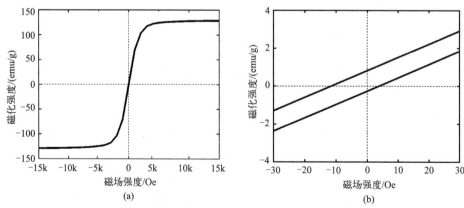

图 3-39　FeBP 软磁材料的磁滞回线（最大磁场强度设置为 15kOe）（a）及
图（a）中磁场强度 $-30\sim30$Oe 的局部放大图（b）

利用 MPMS 测试 Pb 掺杂直接合成 $L1_0$-FePt 纳米颗粒的室温磁滞回线如图 3-40 所示,图（a）最大磁场设置为 4T,对于掺杂 Pb 的 FePt 纳米粒子（$x=0$）,产物矫顽力较低,约为 0.58kOe。随着 Pb 掺杂量的增加，矫顽力增大，颗粒转变为硬磁。由于 hcp-PtPb（hcp 为六方密堆积）相的存在，在磁滞回线中可以发现明显的扭结，意味着除了硬磁相，样品中还含有其它软磁相。当 x 大于 1.2 时，扭结消失，样品成为单一的硬磁相。当纳米粒子本身的矫顽力较大时，所需要的饱和场较大，因此测试磁滞回线时需要将磁场范围扩大，例如图 3-40（b）测试磁场辅助合成 $L1_0$-FePt 纳米颗粒的磁滞回线时，将最大磁场设置为 7T。

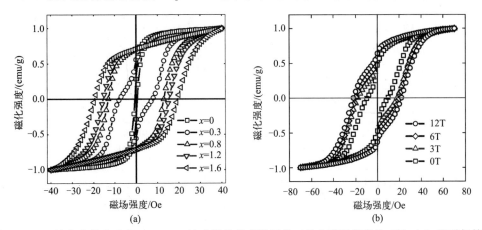

图 3-40　Pb 掺杂直接合成的 $L1_0$-FePt 纳米颗粒的磁滞回线（最大磁场设置为 4T）（a）及磁场辅助
合成 $L1_0$-FePt 纳米颗粒的磁滞回线（最大磁场设置为 7T）（b）

　　图 3-41 为利用 MPMS 测试 fcc-FePt（fcc 指面心立方）纳米粒子典型的室温（300K）和低温（10K）磁滞回线。图 3-41（a）～（d）中的插图显示了外部磁场在 -1000～1000Oe 的放大图。在室温下，所有 FePt 纳米粒子的磁滞回线均接近线性，这表明 FePt 纳米粒子在室温下具有超顺磁性。测试温度为 10K 时，FePt 纳米粒子转变为铁磁性，这是由于顺磁性材料的磁化率与温度成反比，温度降低顺磁性的 FePt 纳米粒子转变为铁磁性。

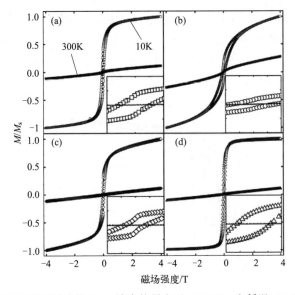

图 3-41　利用 MPMS 测试的 FePt 纳米粒子室温（300K）和低温（10K）磁滞回线
(a) V_{OA}（油酸使用量）＝V_{OAm}（油胺使用量）＝2mL，0T；(b) V_{OA}＝V_{OAm}＝2mL，6T；
(c) V_{OA}＝V_{OAm}＝4mL，0T；(d) V_{OA}＝V_{OAm}＝4mL，6T

利用 PPMS 测量的 $(FePt)_{1-x}Ag_x$ 纳米粒子室温磁滞回线如图 3-42 所示，在不添加 Ag 的情况下，FePt 纳米粒子具有软磁特征，矫顽力为 300Oe；当 Ag 添加量为 9% 和 17% 时，FePtAg 纳米粒子的矫顽力逐渐增加；当 Ag 的原子分数达到 29% 时，矫顽力达到最大值 7600Oe，可以看出，掺杂 Ag 后，纳米粒子的矫顽力明显提高，由软磁变为硬磁，磁滞回线所围成的面积增加。

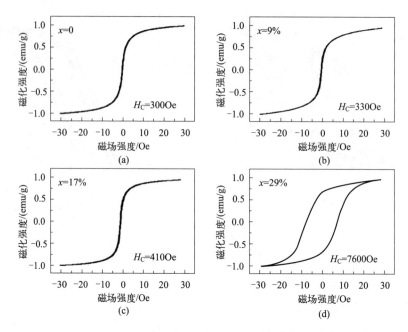

图 3-42　直接合成的 $(FePt)_{1-x}Ag_x$ 纳米粒子的室温磁滞回线

矫顽力和剩磁是考察永磁材料非常重要的依据，通常测量退磁曲线考察其性能。图 3-43 为 N33 磁体在 940℃时不同热扩渗时间下的退磁曲线，曲线与纵坐标的交点表示材料的剩磁，可以看出，在不同的热扩渗温度下，剩磁变化很小，随着热扩渗时间从 0 增加到 12h，磁体的矫顽力总体上呈现先升高后降低的趋势，热扩渗 5h 后磁体的矫顽力达到了最大，其值为 15.35kOe，因此，该磁体的最佳热扩渗时间为 5h。

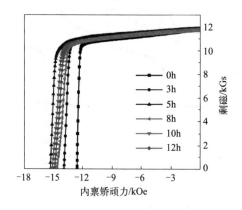

图 3-43　不同热扩渗温度下磁体的退磁曲线

3.5.2 磁光效应测试及应用

图 3-44 为利用磁光椭偏仪测量的 CoFeB 薄膜的消光系数 k 和折射率 n 曲线。测试选用的 532nm 的固体激光光源，在起偏器角度为 $20°$、$40°$、$60°$ 下分别测试检偏角 $0°\sim180°$ 条件下的相同和相反方向磁场作用下的光强数据。当波长为 $0.53\mu m$ 时，可得 CoFeB 材料的复折射率 $N'=2.092006-3.264415i$。不同起偏器角度下 CoFeB 薄膜材料光强变化率结果如图 3-45 所示，实线为相应的拟合曲线，可以看到试验数据与模拟曲线吻合较好。当检偏器的角度偏离消光位置较多时，光强变化率基本不受起偏器角度和检偏器角度的影响。但在消光位置附近，光强变化率产生突变，尤其是当起偏器角度为 $20°$ 时光强变化率变化最明显。

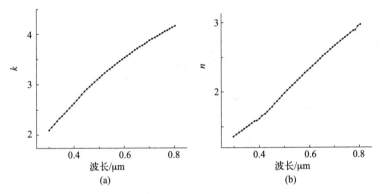

图 3-44　磁光椭偏仪测量得到的 CoFeB 薄膜的消光系数 k（a）与折射率 n（b）

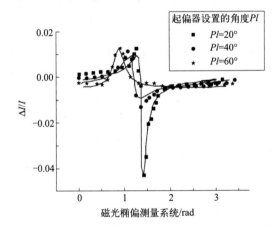

图 3-45　CoFeB 薄膜材料光强变化率测量结果及拟合曲线

图 3-46 为使用紫外-可见光谱仪测量的不含 Au 纳米颗粒的 $Si/Ce：YIG/(TiO_2/SiO_2)_6$ 磁性多层膜和含 Au 纳米颗粒的 $Si/Au(NP)/Ce：YIG/(TiO_2/SiO_2)_6$ 磁等离子体多层膜的光学特性与通过 Chromex 光谱仪测量的与波长相关的纵向磁光克尔效应（LMOKE）。在没有 Au 纳米颗粒的磁性多层膜样品中，由于 Si 衬底和布拉格反射器反射镜在红光（650nm）附近具有良好的反射率，在该结构中磁光响应增强。但随着 Au 纳米粒子的出现，由于贵金属表面的等离子体共振效应，在近红外区域可以观察到光学和磁光响应的变化，表现为样品纵向磁光克尔效应（LMOKE）的有效增强，这种变化取决于贵金属表面场的局域表面等离子体共振性质和周围介质的折射率。

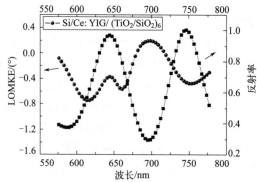

(a) 不含Au纳米颗粒的Si/Ce:YIG/(TiO₂/SiO₂)₆磁性多层膜

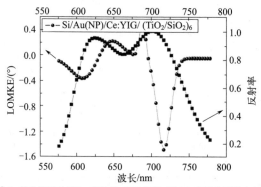

(b) 含Au纳米颗粒的Si/Au(NP)/Ce:YIG/(TiO₂/SiO₂)₆磁等离子体多层膜

图 3-46　纵向磁光克尔效应（圆点）和反射光谱（方点）

图 3-47 给出的是在室温下试验测量到的 GaP 块状样品的法拉第光谱图、克尔光谱和吸收系数光谱。测试前将样品双面抛光，切割成厚度为 0.4mm 进行测试，由于 GaP 是一种间接禁带结构的半导体，从图 3-47 中可以看出 GaP 的禁带宽度为 2.24eV，在吸收边附近吸收系数急剧增长。在基本带隙 E_g 以下，法拉第曲线和克尔曲线基本重合，在基本带隙 E_g 以上，在克尔位形下测得的谱峰位置接近于 E_g 的值，但在法拉第位形下测得的谱峰位置超过了 E_g。两种位形的磁光谱都在 2.76eV 附近截止，在此位置附近，发生了很强的直接带间跃迁过程。

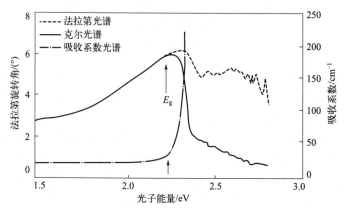

图 3-47　GaP 晶体样品在室温下测量的法拉第光谱、克尔光谱和吸收系数光谱

3.5.3 磁致伸缩性能测试及应用

磁场强度的变化能够诱导磁致伸缩材料的形变，图 3-48 为不同磁场强度下 $TbFe_2$ 基合金定向凝固所得样品的室温磁致伸缩系数，可以看出，不论磁场正向增加或负向减小，磁致伸缩系数均先急剧增大，后趋于饱和，曲线呈对称性。不同磁场强度下定向凝固 $TbFe_2$ 基合金的磁致伸缩系数也有较大差别，4.4T 磁场下定向凝固样品的饱和磁致伸缩系数最大，对磁场的响应也最快。

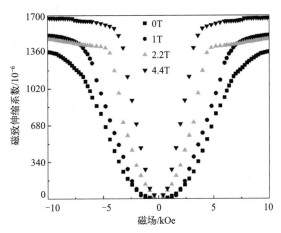

图 3-48　不同磁场强度下 $TbFe_2$ 基合金定向凝固所得样品的室温磁致伸缩系数

大多数磁性材料是磁晶各向异性的，不同晶向上磁致伸缩系数不同。图 3-49 是 $Tb_{0.27}Dy_{0.73}Fe_2$ 沿 $[11\bar{1}]$，$[2\bar{1}1]$，$[011]$ 的动态磁致伸缩系数 d_{33}，$[11\bar{1}]$ 方向的磁致伸缩系数最大，在 22kA/m 达到最大值为 19.1nm/A，当磁场超过 26kA/m 时迅速下降。$[2\bar{1}1]$ 方向的磁致伸缩系数在低磁场时明显低于 $[11\bar{1}]$ 方向的动态磁致伸缩系数，而在 140kA/m 时达到峰值 8.6nm/A。而 $[011]$ 方向的动态磁致伸缩系数明显小于其它两个方向，并且其动态磁致伸缩系数随磁场变化不大，尤其是在 75～200kA/m 范围内。

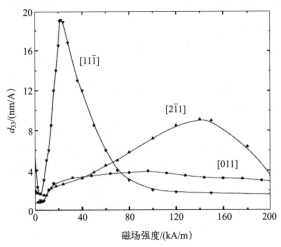

图 3-49　$Tb_{0.27}Dy_{0.73}Fe_2$ 沿 $[11\bar{1}]$，$[2\bar{1}1]$，$[011]$ 的动态磁致伸缩系数

磁机耦合系数 k_{33} 是磁致伸缩材料的重要参数之一，具有高磁机耦合系数的材料能够将磁场的能量更多地转化为机械能。有研究人员从应用的角度，研究了织构陶瓷 $Pb(In_{1/2}Nb_{1/2})O_3$-$Pb(Sc_{1/2}Nb_{1/2})O_3$-$PbTiO_3$（PIN-PSN-PT）磁机性能与温度的关系。该研究小组开发了一种模板晶粒生长方法来制备＜001＞织构陶瓷，该陶瓷含有大量的难熔组分 Sc_2O_3，能够增加体系的相转变温度 T_{rt}。如图3-50所示为织构 PIN-PSN-PT 陶瓷磁机性能与温度的关系，可以看出没有织构的压电陶瓷的 k_{33} 最小，T_{rt} 为210℃；体积分数3% $BaTiO_3$ 有织构的压电陶瓷 k_{33} 最高达到88%，T_{rt} 为170℃；$BaTiO_3$ 体积分数继续升高 k_{33} 值变化不大，但是相转变温度 T_{rt} 降低。不同体积分数的 $BaTiO_3$ 的压电陶瓷在相转变温度处 k_{33} 均急剧降低。

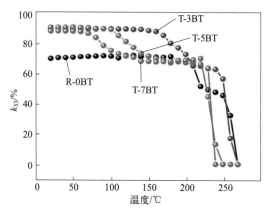

图3-50　织构 PIN-PSN-PT 陶瓷磁机性能与温度的关系

R-0BT—没有织构的压电陶瓷；T-3BT—含有体积分数3% $BaTiO_3$ 有织构的压电陶瓷；

T-5BT—含有体积分数5% $BaTiO_3$ 有织构的压电陶瓷；T-7BT—含有体积分数7% $BaTiO_3$ 有织构的压电陶瓷

3.5.4　磁流变性能测试及应用

磁流变液的测试主要包括流变性和沉降稳定性测试。磁流变液的流变性测试主要使用的仪器是 Anton Paar 公司的 Physica MCR 系列的流变仪。例如磁流变液的流动曲线主要在静态剪切测试模式下得到。流动曲线反映黏度/剪切应力与剪切速率的关系，黏度和剪切应力是评价磁流变液性能的重要指标。

图3-51为不同磁场强度下20%（质量分数）羰基铁粉基磁流变液的黏度与剪切速率关系曲线。如图所示，磁流变液的黏度随剪切速率的增大而降低，出现典型的剪切变稀现象。在相同的剪切速率下，随着磁感应强度的增大，其黏度也随之增大。在较低的剪切速率范围内，磁流变液的黏度随磁场强度的增大而明显增大，当剪切速率较高时，磁流变液的黏度随磁场强度的变化不再明显，这是因为低剪切速率下磁性颗粒在磁场作用下沿磁场方向形成链状结构，其受到垂直于磁场方向的剪切作用影响而与磁场方向有所偏离，当剪切速率增大到一定程度时，磁流变液内部形成的链状结构被完全破坏，此时外加磁场对黏度的影响较小。

图3-52为40%羰基铁粉基磁流变液在不同磁场强度下的剪切应力随剪切速率的变化曲线。从图中可以看出剪切应力均随剪切速率的增大而增大，且在同一剪切速率下，剪切应力随着磁场强度的增加而增大，表现出显著的磁流变效应，原因是磁流变液内部的磁性颗粒沿磁场方向形成链状结构，这种定向结构可产生附加阻力，导致其剪切屈服强度增大。通过 Bingham 模型对曲线进行拟合，可以得到磁流变液的剪切屈服强度。在544mT 磁场下，该

磁流变液的屈服强度可以达到 20kPa 左右。

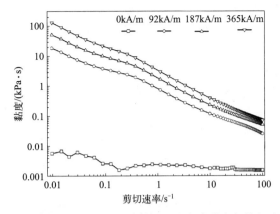

图 3-51 不同磁场强度下 20％羰基铁粉基磁流变液黏度与剪切速率关系曲线

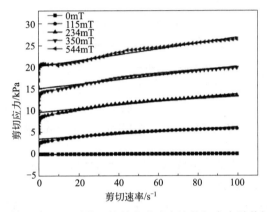

图 3-52 不同磁场强度下 40％羰基铁粉基磁流变液剪切应力随剪切速率变化曲线

磁流变液的黏弹性主要通过储能模量（G'）和损耗模量（G''）随应变和角频率的变化来反映，即动态剪切测试模式，测试方式分为振幅扫描和频率扫描两种。图 3-53 显示了不同磁场强度下 40％羰基铁粉基磁流变液的振幅扫描曲线。在无磁场的情况下，在较大的应变幅度范围内，G''值高于G'值，磁流变液表现出类液体行为。外加磁场时，G'和G''均随磁

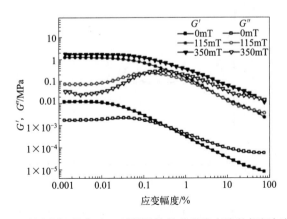

图 3-53 不同磁场强度下 40％羰基铁粉基磁流变液的振幅扫描曲线

场强度的增加而增大，其中 G' 的值远大于 G''。这表明磁流变液由于形成了链状结构而具有固体样行为。在一定范围内，G' 和 G'' 都与应变幅度无关，这就是所谓的线性黏弹性（LVE）区域。但当应变幅值超过 LVE 区域后，由于链结构的破坏，G' 有减小的趋势，而 G'' 在减小前有小幅增大。

图 3-54 显示了不同磁场强度下 40% 羰基铁粉基磁流变液的频率扫描曲线，测试了在 LVE 区域恒定应变幅值（0.01%）下，G' 和 G'' 对角频率的依赖性。在磁场作用下，G' 表现为稳定的平台区，其值明显高于 G''，反映了磁流变液由于链结构的形成而产生的类固体行为，并且 G' 和 G'' 均随磁场强度的增加而增大，呈现出典型的磁流变效应。

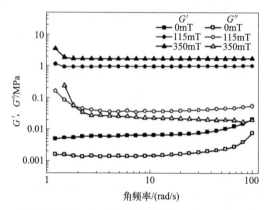

图 3-54　不同磁场强度下 40% 羰基铁粉基磁流变液的频率扫描曲线

磁流变液的沉降稳定性可以采用玻璃比色皿静置法测量，由浊液面高度占总液面高度的百分比来反映，即沉降率。如图 3-55 所示，分别为 10% 纳米和羰基铁粉基磁流变液沉降率随时间变化曲线。纳米铁粉基磁流变液在前 26h 沉降速率较快，随后沉降速率减缓并逐渐趋于稳定，稳定后沉降率仍为 57.14%。而羰基铁粉基磁流变液在前 30min 便迅速沉降，随后趋于稳定，其稳定后沉降率仅为 7.14%。纳米铁粉基磁流变液的沉降稳定性显著优于羰基铁粉基磁流变液，这是因为在磁流变液中，分散相颗粒的布朗运动使其处于悬浮弥散状态，而颗粒尺寸较小的纳米铁颗粒对基液分子碰撞做出的响应更大。如图 3-56，分别为 10% 纳米和羰基铁粉基磁流变液经过 10 天沉降的图像，可以看出明显的沉降率差异。

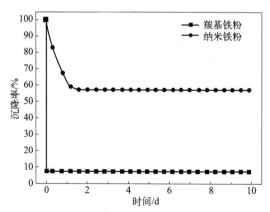

图 3-55　10% 纳米和羰基铁粉基磁流变液沉降率随时间变化曲线

羰基铁粉　纳米铁粉

图 3-56　10％纳米和羰基铁粉基磁流变液沉降 10 天后的图像

思考题

参考答案

1.区分软磁材料和硬磁材料的标准是什么？

2.简述磁性材料的磁滞回线及测试路径。

3.电流形成磁场的基本类型有哪几种？分别是什么？

4.软磁材料和硬磁材料的主要应用有哪些？

5.衡量硬磁材料的主要标准是什么？

6.简述 VSM 的工作原理。

7.VSM 的组成部分有哪些？各有什么作用？

8.PPMS 可以实现什么检测？

9.霍尔磁强计中的霍尔元件的作用是什么？

10.MPMS 相比于 VSM 有什么优势？

11.什么是磁光效应？磁光效应的分类有哪些？

12.克尔效应可以分为哪几种？分别有什么不同？

13.磁光隔离器是利用哪种磁光效应进行工作的？其原理是什么？

14.简述椭偏法的测量原理。

15.调研磁致伸缩材料的发展过程。

16.简述磁致伸缩材料的分类。

17.电阻应变法测试磁致伸缩系数的原理是什么？有哪些优缺点？

18.光杠杆法测试磁致伸缩系数的原理是什么？有哪些优缺点？

19.什么是磁机耦合系数？有哪些表达方式？

参考文献

[1] 严密，彭晓领. 磁学基础与磁性材料[M]. 杭州：浙江大学出版社，2006.

[2] 连法增. 材料物理性能[M]. 沈阳：东北大学出版社，2005.

[3] 郇维亮，高峰，徐小龙. 新型振动样品磁强计测量材料磁性[J]. 实验技术与管理，2012，29(2)：36-39.

[4] 宛德福，马兴隆. 磁性物理学-修订本[M]. 北京：电子工业出版社，1999.

[5] 孙光飞，强文江. 磁功能材料[M]. 北京：化学工业出版社，2007.

[6] 李蒙蒙. 基于磁光克尔效应的磁光材料表征方法[D]. 济南：山东大学，2017.

[7] 钱栋梁，陈良尧，郑卫民，等. 一种完整测量磁光克尔效应和法拉第效应的方法[J]. 光学学报，1999，19(4)：474-480.

[8] 王博文，曹淑瑛，黄文美. 磁致伸缩材料与器件[M]. 北京：冶金工业出版社，2008.

[9] Ekreem N B，Olabi A G，Prescott T，et al. An Overview of Magnetostriction，Its Use and Methods to Measure These Properties[J]. Journal of Materials Processing Technology，2007，191(1-3)：96-101.

[10] 曲双如，丁克勤，赵晶亮. 四种超磁致伸缩材料特性测量方法的比较[J]. 电子测试，2012(02)：16-19.

[11] 王强，李国建，苑轶. 能量转换材料与技术[M]. 北京：科学出版社，2018.

[12] Wang H，Shang P，Zhang J，et al. One-step Synthesis of High-Coercivity $L1_0$-FePtAg Nanoparticles：Effect of Ag on the Morphology and Chemical Ordering of FePt Nanoparticles[J]. Chemistry of Materials，2013，25(12)：2450-2454.

[13] Hamidi S M，Tehranchi M M. Cavity Enhanced Longitudinal Magneto-Optical Kerr Effect in Magneto-Plasmonic Multilayers Consisting of Ce：YIG Thin Films Incorporating Gold Nanoparticles[J]. Supercond Nov Magn，2012，25(6)：2097-2100.

[14] Dong M，Liu T，Guo X，et al. Magnetostriction Induced by Crystallographic Orientation and Morphological Alignment in a $TbFe_2$-based Alloy[J]. Journal of Applied Physics，2019，125(3)：033901.

[15] Xiabing B，Chengbao J. Dynamic Parameters of Tb-Dy-Fe Giant Magnetostrictive Alloy[J]. Journal of Rare Earths，2010，28(1)：104-108.

[16] Yang S，Li J，Liu Y，et al. Textured Ferroelectric Ceramics with High Electromechanical Coupling Factors Over a Broad Temperature Range[J]. Nature Communications，2021，12：1414.

[17] Zhu W，Dong X，Huang H，et al. Iron Nanoparticles-based Magnetorheological Fluids：A Balance Between MR Effect and Sedimentation Stability[J]. Journal of Magnetism and Magnetic Materials，2019，491：165556.

第 4 章

声学性能测试方法

4.1 声学性能参数

声学材料的主要作用包括吸声和隔声两个方面。因此，工程上衡量声学材料的声学性能同样从这两方面出发。吸声系数、反射系数及声阻抗率是评价吸声性能的关键参数；隔声量、声压透射系数是评价隔声性能的关键参数。通常获得了这些参数后，可以评估材料的声学性能。

常用的声学性能参数如下。

① 质点速度（particle velocity）　媒质中某一尺度小于波长而大于分子尺度的质点，因声波通过而引起的相对于整个媒质的振动速度。如不加说明，一般指有效值（即方均根值），用其它值时应予以说明。

② 质点加速度（particle acceleration）　质点速度的时间变化率。无特殊说明，一般指有效值（即均方根值）。

③ 体积速度（volume velocity）　声波在一指定表面上产生的每单位时间的交变流量。无特殊说明时，一般指有效值（即方均根值）。体积速度 U 的表示式为：

$$U = \int_S u_n \mathrm{d}S \tag{4-1}$$

式中，u_n 为质点速度在表面 $\mathrm{d}S$ 法线方向的分量。面积分在有声波通过的表面 S 上进行。

④ 声强度（sound intensity, sound energy flux density, sound power density）　在某一点上，与指定方向垂直的单位面积上在单位时间内通过的平均声能。单位为 $\mathrm{W/m^2}$。

a. 声场在指定方向 n 的声强等于在垂直于该方向的单位面积上的平均声能通量。声波为纵波时，声强可用下式表示：

$$I_n = \frac{1}{T} \int_0^T p u_n \mathrm{d}t \tag{4-2}$$

式中　p——瞬时声压，Pa；

u_n——瞬时质点速度在方向 n 的分量，m/s；

T——周期的整数倍，s。

b. 对于自由平面波或球面波，在传播方向的声强可表示为：

$$I_0 = \frac{p^2}{\rho_0 c} \tag{4-3}$$

式中　p——有效声压，Pa；

　　　ρ_0——媒质密度，kg/m^3；

　　　c——声速，m/s。

　⑤ 声源强度（strength of a sound source）　简单声源发出正弦式波时的最大体积速度（简单声源是尺度小于波长的声源）。

　⑥ 声能密度（sound energy density）　在某点一尺度小于波长而大于分子尺度的小体积中的声能，除以这个体积所得的商。单位为 J/m^3。无特殊说明，一般指有效值（即方均根值）。

　　在某点的平均声能密度

$$D = \frac{p^2}{\rho_0 c^2} \tag{4-4}$$

式中　p——有效声压，Pa；

　　　ρ_0——媒质密度，kg/m^3；

　　　c——声速，m/s。

　⑦ 声能通量（sound energy flux）　单位时间内，通过某一面积的声能。单位为 W。

　a.声波为纵波时，声能通量用下式表示：

$$\phi = \frac{1}{T} \int_S^T p u_n S \mathrm{d}t \tag{4-5}$$

式中　p——瞬时声压，Pa；

　　　u_n——瞬时质点速度在方向 n 的分量，m/s；

　　　S——面积，m^2；

　　　t——时间，s；

　　　T——周期的整数倍，s。

　b.在自由平面波或球面波上，通过面积 S 的平均声能通量为

$$\phi = \frac{p^2 S \cos\theta}{\rho_0 c} \tag{4-6}$$

式中　p——有效声压，Pa；

　　　ρ_0——媒质密度，kg/m^3；

　　　c——声速，m/s；

　　　θ——面积 S 的法线与波法线所成的角度。

　⑧ 声功率（sound power of a source）　声功率是声源在单位时间内发射出的总能量。

　⑨ 声辐射压力（acoustic radiation pressure）　由声辐射能所引起的径向恒压力。

　⑩ 振动位移（vibration displacement）　物体相对于某一参考坐标位置的变化矢量。

　⑪ 振动速度（vibration velocity）　位移的时间变化率的矢量。

　⑫ 振动加速度（vibration acceleration）　速度的时间变化率的矢量。

　⑬ 声压级（sound pressure level）　声压与基准声压之比的以 10 为底的对数乘以 20，以分贝计。基准声压必须指明。常用基准声压为：①$20\mu Pa$（空气中）；②$1\mu Pa$（水中）。

　⑭ 声强级（sound intensity level）　声强与基准声强之比的以 10 为底的对数乘以 10。

基准声强必须指明。常用基准声强为 $1pW/m^2$。在自由行波中，声功率与声压关系固定，可由声压级求声强级，在一般情况下，二者关系复杂，无法由声压级求声强级。

⑮ 声功率级（sound power level） 声功率与基准声功率之比的以 10 为底的对数乘以 10。基准声功率必须指明。常用基准声功率为 1pW。

⑯ 声级（sound level） 用一定的仪表特性和 A、B、C 计权特性测得的计权声压级。所用的仪表特性和计权特性都必须说明，否则指 A 声级。基准声压也必须指明。常用基准声压为 20Pa。

⑰ 相速（phase velocity） 波上相位固定的一点沿传播方向的速度。

⑱ 声阻抗（acoustic impedance） 媒质在波阵面的一定面积上的声压与通过这个面积的体积速度的复数比值。当考虑的是集总阻抗而不是分布阻抗时，某一部分媒质的声阻抗是真正驱动这部分媒质的声压差与体积速度的复数比值。声阻抗可以用力阻抗表示：声阻抗等于力阻抗除以有效面积的平方。

⑲ 声阻（acoustic resistance） 声阻抗的实分量。

⑳ 声抗（acoustic reactance） 声阻抗的虚分量。

㉑ 声质量（acoustic mass） 惯性声抗除以角频率。它与媒质的动能有关。

㉒ 声劲（acoustic stiffness） 容性声抗乘以角频率。它与媒质或它的边界的位能有关。

㉓ 声顺（acoustic compliance） 声劲的倒数。

㉔ 声导纳（acoustic admittance，acoustic mobility） 声阻抗的倒数。

㉕ 声导（acoustic conductance） 声导纳的实分量。

㉖ 声纳（acoustic susceptance） 声导纳的虚分量。

㉗ 声阻抗率（specific acoustic impedance） 媒质里某一点的声压与质点速度的复数比值。

㉘ 声阻率（specific acoustic resistance） 声阻抗率的实分量。

㉙ 声抗率（specific acoustic reactance） 声阻抗率的虚分量。

㉚ 吸声系数（sound absorption coefficient） 在给定频率和条件下，吸声系数为损耗系数和透射系数之和。

㉛ 声压反射系数（sound pressure reflection coefficient） 在给定的频率和条件下，由分界面（表面）反射的声压与入射声压之比。其测量条件和频率应加以说明。

㉜ 声压透射系数（sound pressure transmission coefficient） 在给定的频率和条件下，经分界面透射的声压与入射声压之比。其测量条件和频率应加以说明。

㉝ 吸声量（等效吸声面积，equivalent absorption area） 与某表面或物体吸收本领相同而吸声系数为 1 的面积，一个表面的等效吸声面积等于它的面积乘以吸声系数。一个物体放在室内某处，其等效吸声面积等于放入该物体后室内总等效吸声面积的增加量，单位为 m^2。

㉞ 降噪系数（noise reduction coefficient） 在 250Hz、500Hz、1000Hz、2000Hz 测得的吸声系数的平均值，算到小数点后两位，末位取 0 或 5。

㉟ 降噪量（noise reduction，noise abatement） 降低噪声的程度，单位为 dB。

㊱ 吸声系数（赛宾吸声系数，Sabine coefficient） 用 Sabine 混响时间公式计算出的由于某吸声材料放入空间而增加的吸声量除以该材料的面积。

Sabine 混响时间公式（此公式适用于标准大气压条件，$1.013 \times 10^5 Pa$，15℃）：

$$T = \frac{0.163V}{aS} \qquad (4-7)$$

式中　T——混响时间，s；

　　　V——房间体积，m^3；

　　　a——平均 Sabine 系数；

　　　S——房间表面积，m^2。

㊲ Sabine 吸声量（Sabine absorption）　用 Sabine 混响时间公式算出的吸声量。

㊳ 隔声量（传声损失，transmission loss）　墙壁一面的入射声能与另一面的透射声能的差值（dB）。隔声量等于传声系数的倒数取以 10 为底的对数再乘以 10。

㊴ 声强比（acoustic ratio）　在某点的混响声强与直达声强之比，表示该点声场漫射的程度。

㊵ 临界距离（distance critical，DC）　在声源轴线方向上，混响声与直达声声能相等的距离，即 $D/R = 0dB$（式中，D 为扬声器的指向性因数；R 为房间常数，即房间的吸声量），临界距离在计算声音清晰度方面作用较大。通常，$D/R > -6dB$ 时（即 2 倍临界距离），声音的清晰度最高。

4.2　吸声性能测试方法

通常情况下，固体材料的声阻抗与大气环境相比，要大上几千倍甚至几万倍，能量交换阻力较大，吸声本领较弱。但是，如果固体材料中存在孔隙，声音就会在其中发生摩擦而消耗能量，最终被吸收，因此，狭缝和孔洞是吸声现象的基础。在设计噪声控制系统时，常会用到吸声材料及其吸声结构。目前最常用的吸声材料及结构分别是多孔性吸声材料和共振吸声结构。

4.2.1　吸声性概述

（1）多孔性吸声材料

多孔性吸声材料的内部分布着大量的微小孔洞，贯穿材料表面，或在其内部分布有许多相互连通的微小孔洞，使其具有一定的通气性。凡是在结构上具有这些特征的材料均可以看作是吸声材料。我国目前生产的多孔性吸声材料大致可以分为以下四大类。

① 泡沫材料，如泡沫玻璃及泡沫塑料。

② 无机纤维材料，如岩棉、玻璃棉。

③ 有机纤维材料，如软质纤维板、木丝板、棉麻植物纤维。

④ 吸声建筑材料，如泡沫混凝土、微孔吸声砖、膨胀珍珠岩。

当声波遇到固体材料表面时，一部分被材料表面直接反射回来，一部分则传入材料内部继续传播。在传播过程中，孔隙中的空气将会发生振动，与孔壁的固体网络发生摩擦，在黏滞特性和热传导特性的共同作用下，声能将转化为热能进而被完全耗散掉。另外，声波经过不断传播后到达材料表面，一部分经材料表面反射再次回到材料的内部，另一部分声波则可以穿过表面直接传播到空气当中。声波经过反复传播后，能量被不断消耗，这就是声能被材料"吸收"的过程。这样来看,只有固体材料内部的孔隙互相连通,且孔隙贯穿材料内部,才能高效地吸收声能。实际上,在某些材料的内部,虽然也存在许多微小孔洞,但相对密闭,彼此间并不互通,此时,即使声波遇到材料的表面,也很难传播进入材料的内部,结果往往只是使材料整体发生振动,其不符合吸声材料的吸声原理及特性,不可划分为多孔性吸声材料。

在实际生产中,多孔性吸声材料会因其松散的结构特点而四处飞散,通常的办法是在其外表面附着薄膜或防护板进行加固,由此形成的结构便是多孔性吸声结构。多孔性吸声材料对中高频声波通常具有较好的吸声效果。影响其吸声特性的主要因素有结构因子、空气流阻及孔隙率。而空气流阻是最重要的参数,反映了空气在吸声材料中传播时的阻力大小。可以将其定义为:声波气流在多孔性吸声材料内部传播时,材料两端的压差与气流线速度的比值。而在材料内部单位厚度的流阻,称为比流阻。当材料较薄时,空气的穿透量较小,比流阻较大,吸声性能较差。但是,当比流阻太小时,声能会因黏滞力、摩擦力而耗损,吸声性能也会变差。这样来看,多孔性吸声材料存在一个最佳流阻。当材料足够厚时,比流阻越大,吸声性能越差。事实上,材料的流阻和孔隙率测量起来通常比较困难,一般可以通过测量材料的密度来估算比流阻。对于一种纤维材料,密度越大,孔隙率越小,比流阻越大。而当多孔材料中设置空腔结构时,其对中低频声波的吸收性能会有所提高。

（2）共振吸声结构

振动着的物体或结构由于自身的摩擦和与空气的摩擦,振动能量会转变为热能而消耗,根据能量守恒定律,这部分消耗的能量只能来自使它们发生振动的声能量。因此,振动体都可以消耗声能,起到降噪的作用。而物体本身会具有一定的振动频率,当其与声波频率相当时,就会发生共振。这时,物体振动得最为剧烈,振动速度和振幅都达到最大,因此耗散的声能也最多,吸声系数在共振频率达到最大值。共振吸声结构一般可以分为穿孔板共振吸声结构、微穿孔板共振吸声结构和薄膜薄板共振吸声结构。

① 穿孔板共振吸声结构。穿孔板共振吸声结构是应用非常广泛的一种共振吸声结构,能够有效用于噪声控制。单腔共振吸声结构是穿孔板共振吸声结构的基础。单腔共振吸声结构内部包含一个封闭的空腔,外界的声场空间通过一个小孔与其相连,如图4-1所示。当孔径 d 和孔的深度 t 与声波波长相比小得多时,孔内部的空气柱的弹性变形量较小,可以将其看作是一个固定形状的质点。而当密闭空腔的体积（V）比孔径大得多时,内部的空气随声波作弹性运动,相当于空气弹簧。因此整个系统可以看作是类似于图4-2的弹簧振子,也被称作是亥姆霍兹共振器。当外界入射声波与系统本身的频率相等时,共振将引起孔径中的空气柱产生剧烈振动。在此过程中,空气柱和侧壁的不断摩擦将会消耗声能,起到吸声的作用。

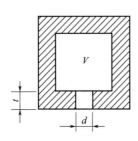

图 4-1　单腔共振吸声结构示意

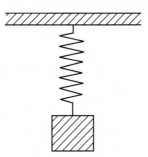

图 4-2　弹簧振子示意

单腔共振器的共振频率可以用下式表示：

$$f_0 = \frac{c}{2\pi} \sqrt{\frac{S}{V(t+\delta)}} \tag{4-8}$$

式中　c——声速，通常取 340m/s；

　　　S——孔颈面积，m^2；

　　　V——空腔的容积，m^3；

　　　t——孔颈的深度，m；

　　　δ——开口端修正量，因为颈部空气柱两端附近的空气也参加振动，所以需要对 t 进行修正，m；

$(t+\delta)$——小孔的有效径长，当圆孔直径为 d 时，$\delta = \frac{\pi d}{4}$。

　　在板材上，以一定的孔径和穿孔率打上孔，背后留有一定厚度的空气层，就成为穿孔板共振吸声结构，如图 4-3 所示。这种吸声结构实际上可以看作是由单腔共振吸声结构（亥姆霍兹吸声结构）并联而成。穿孔板吸声结构的共振频率为：

$$f_0 = \frac{c}{2\pi} \sqrt{\frac{P}{L(t+\delta)}} \tag{4-9}$$

式中　c——声速，m/s；

　　　L——板后空气层的厚度，m；

　　　t——板厚，m；

　　　δ——孔端部修正量，m；

　　　P——穿孔面积与总面积之比，即穿孔率。

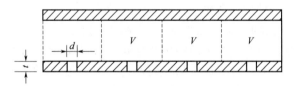

图 4-3　穿孔板共振吸声结构示意

　　板的孔径面积越大，则吸声频率越高。板越厚或空腔越深，则吸声频率越低。一般穿孔板吸声结构的吸声系数为 0.4～0.7，通常可以吸收中低频的噪声。如果 f_0 处的最大吸声系数是 α，则 f_0 附近吸声系数为 $\alpha/2$ 的频带宽度 Δf 为吸声带宽。当吸声系数高于 0.5 时，频带宽度 Δf 可由下式计算：

$$\Delta f = 4\pi \frac{f_0}{\lambda_0} L \tag{4-10}$$

式中　λ_0——共振频率 f_0 对应的波长；

　　　L——腔深。

　　由式（4-10）可知，穿孔板共振吸声结构的 Δf 与腔深 L 密切相关，而腔深的大小又直接影响到共振频率的大小，因此，合理选择腔深非常重要。工程上参数的选择一般是：孔径 2～4m，穿孔率 1%～10%，板厚 2～5mm，空腔深 10～25cm。

　　② 微穿孔板共振吸声结构。由于穿孔板吸声结构中的穿孔板的声阻通常较小，因而吸

声频带相对较窄。在穿孔板背面填充多孔性材料或涂覆声阻较高的纺织物，可以有效拓宽穿孔板结构的吸声频带。但是，穿孔直径减小到 1mm 以下时，即使没有多孔性吸声材料的添加，声阻也可以维持在较高水平，这时形成微穿孔板结构。因此，微穿孔板吸声结构的出现是以穿孔板吸声结构为基础的，其主要特征是把穿孔直径或狭缝宽度缩小至 1mm 以下，以利用穿孔板本身的声阻控制吸声结构的声阻率，使其在没有板后的吸声材料的情况下仍具有较高的吸声率，从而进一步简化吸声结构。特别是在某些超净、高温、高风速情况下，多孔性吸声材料的吸声结构较难制备，此时微穿孔板吸声结构是比较好的选择。微穿孔板共振吸声结构包含大量微米级的小孔的薄板及板后的空腔，结构如图 4-4 所示。与普通穿孔板结构相比，在吸声机理及频率等方面存在相似之处。

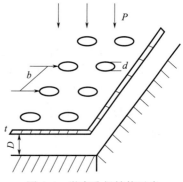

图 4-4　微穿孔板结构示意

微穿孔板共振吸声结构实际上是由大量的微管并联而成，当空间距离远大于孔径尺寸时，各孔的特性互不影响，直接将单孔声阻抗除以孔数便可得到微穿孔板的声阻抗。另外，当孔间距离与波长相比小得多时，板面对声波的反射作用非常微弱。研究表明，微穿孔板共振吸声结构的声阻 r 及声质量 m 是决定微穿孔板吸声频带和吸声系数的主要因素，而这两个因素又与微孔直径 d 及穿孔率 P 有关。当空气中的声阻抗 $\rho_0 c$ 为基本单位时，微穿孔板共振吸声结构的相对声阻抗 z 可以用下式表示：

$$z = r + \mathrm{j}\omega m - \mathrm{j}\cot\frac{\omega D}{\rho_0 c} \tag{4-11}$$

式中　ρ_0——空气密度，kg/m^3；

　　　c——空气中的声速，m/s；

　　　D——穿孔板与后壁的距离，mm；

　　　r——相对声阻；

　　　m——相对声质量；

　　　ω——角频率，$\omega = 2\pi f$（f 为频率）。

③ 薄膜薄板共振吸声结构。有些材料由于具有柔软、不透气、受张拉时有弹性等特点，可与背后封闭的空气形成共振系统，如塑料薄膜。而膜后空气层厚度、单位面积膜的质量及膜的张力共同决定了共振频率。在实际生产中，膜的张力通常难以控制，长时间使用后膜会出现松弛现象，决定了张力随时间变化。而当膜不受张力或张力较小时，其共振频率的计算公式如下：

$$f_0 = \frac{1}{2\pi}\sqrt{\frac{\rho_0 c^2}{M_0 L}} \approx \frac{60}{\sqrt{M_0 L}} \tag{4-12}$$

式中　M_0——膜的单位面积上的质量，kg/m^2；

　　　ρ_0——空气密度，kg/m^3；

　　　c——空气中的声速，m/s；

　　　L——膜与刚性壁之间的空气层厚度，m。

薄膜吸声结构的共振频率一般在 $200\sim1000Hz$ 之间，吸声系数在 $0.3\sim0.4$ 之间，通常作为中频范围的吸声材料使用。金属板、硬质纤维板等薄板与其背后封闭的空气层，也可以形成振动系统。其共振频率的计算公式如下：

$$f_0 = \frac{1}{2\pi}\sqrt{\frac{\rho_0 c^2}{M_0 L} + \frac{K}{M_0}} \qquad (4-13)$$

式中 M_0——薄板在单位面积上的质量，$\mathrm{kg/m^2}$；

L——薄板与刚性壁之间空气膜的厚度，m；

K——结构刚度因子，$\mathrm{kg/(m^2 \cdot s^2)}$。

K 与薄板的弹性模量、骨架构造、安装情况均有关系。当矩形简支薄板的边长为 a 和 b，厚度为 h 时，K 可以用下式计算：

$$K = \frac{Eh^2}{12(1-\upsilon^2)}\left[\left(\frac{\pi}{a}\right)^2 + \left(\frac{\pi}{b}\right)^2\right]^2 \qquad (4-14)$$

式中 E——板材料的动态弹性模量，$\mathrm{N/m^2}$；

υ——泊松比。

由上式可知，背后空气层的厚度、板的面密度决定了薄板共振吸声结构的共振频率。增大 M_0 和 L 均可以使 f_0 下降。通常情况下，薄板厚度可以取 $3\sim6\mathrm{mm}$，空气层厚度为 $3\sim10\mathrm{cm}$，那么共振频率为 $80\sim300\mathrm{Hz}$，由此看来，其主要用于低频率吸声范畴。

4.2.2 吸声系数测试方法

（1）脉冲回波法

脉冲回波法是利用脉冲的短期特性在时域上将直达声和反射声进行分离。而反射系数即为反射声波与直达声波的比值，进而可以求得法向声阻抗率和吸声系数。根据分离直达声波和反射声波的方法不同，可以将脉冲回波法划分为窗口法和波形差法。窗口法是由 Spandöck 等人于 1934 年提出的，他们利用 5m/s 的音爆信号得到声波垂直入射时材料表面的反射系数。后来的研究中也有学者利用频率在 $2\sim10\mathrm{kHz}$ 频率范围内的音爆信号得到了声波斜入射条件下材料表面的反射系数。但是这种方法中，音爆信号的持续时间较长，通常可达几毫秒，因而容易受到环境中其它物体产生的反射声波的干扰。1960 年代，随着傅里叶变换技术的进一步发展，出现了使用枪声或火花源的脉冲回波获得较短的脉冲信号的方法。但是，这种爆炸声源很不稳定，重复性较差。随着测试设备的升级和信号处理技术的提高，研究人员开始使用具有重复性更好的宽带信号。考虑到背景噪声和反射干扰，选用伪随机二进制序列的最大长度作为信号，对测量反射系数的方法加以改进，从而大大提高了其抗噪能力。而后，Wilms 等人在脉冲回波方法中使用了预滤波技术。该方法首先将全局脉冲响应与试验测得的系统响应进行卷积，再选择反射信号并将其转换到频域中，从而依次推导出复数反射系数。这就大大缩短了脉冲响应宽度，使传感器与被测材料的距离进一步减小，从而达到减少干扰的目的。

但是，窗口法的前提是声脉冲中的直达声波和反射声波在时域上是相互分开的。这就要求传感器与被测材料间保持一定的距离，即存在一定的距离差而获得时间延迟，也就注定了该方法容易受到其它声音的干扰。与窗口法相比，波形差法可以实现在更接近被测材料表面处进行测量，从而减少噪声干扰；另外，由于时间窗口宽度的增加，脉冲回波法的频率范围得到明显扩展。总体来讲，波形差法是通过计算接近和远离被测材料表面的脉冲响应差值，获得反射声波的一种方法。

在早期研究中，有学者将在材料表面测量的脉冲响应与提前获得的伪自由场响应作差，并利用傅里叶变换求得反射系数的频率响应。结果表明，使用预校正的伪噪声信号可以明显优化信号分离的效果，从而提高波形差法的精度。但是，需要注意的是，波形差法对外界环境十分敏感，空气流速、温度变化及感声器所处的位置等都会引起微弱的时间差。为此，一种基于质点振速测量的波形差法应运而生。该方法首先是利用粒子速度传感器对材料表面的脉冲响应进行测量，再运用时域信号的减法技术将入射波与反射波进行分离，并通过傅里叶变换计算吸声系数。这种方法与基于声压测量的方法相比，具有更好的抗外界干扰能力，大大提高了测量精度。

（2）声场模型法

该方法首先采用传感器测量声场中的声学量，如双传感器的声压传递函数、场点的声阻抗比等，然后基于该声学量与材料表面法向声阻抗率的关系，或与材料表面的反射系数之间的关系，计算材料表面法向声阻抗率或反射系数。在平面波声场模型中，测试过程中首先假定声场为平面波声场，从而使测得的声学量与材料表面法向声阻抗率及表面反射系数的关系简化，可方便计算出材料表面法向声阻抗率与反射系数。

Allard等人将测量点安装在非常靠近材料表面的位置以测量声压和声速，并在面积接近 $1m^2$ 的面板上进行阻抗测量。与其它方法不同的是，这种方法的传感器非常靠近面板，可以忽略面板尺寸小对结果的影响。但由于两个传感器间的距离很小，该方法只能准确测量 $500Hz$ 以上的频率。后来的研究中他们又提出了一种全新的斜入射条件下材料阻抗测量方法。在使用白噪声作为声源时，场点的声阻抗率是使用 $500Hz$ 以上的双传感器在非常接近材料表面，通过有限差分法得到的。后来有学者使用粉红噪声作为声源的信号模拟了Allard的工作，结果发现获取粒子速度时使用的有限差分近似会导致高频误差的发生，并且两个传感器测量通道之间的相位差会导致低频误差的出现。另有研究者在消声室中对传感器之间的距离和传感器到样品的距离等关键参数进行了研究，结果发现降低频率和增加入射角会导致误差增加。而Champoux等人研究了自由场中采用双传感器测量声阻抗的误差来源，分析了传感器分离、相位失配、有限近似和探头定位误差引起的测量误差。

显然，平面波模型的假设与实际声场是存在偏差的，特别是在低频测量时误差较大。而与平面波声场模型相比，镜面声场模型增加了球面波修正系数，当频率较低或声源靠近被测材料时，声场信息更加准确。也就是说，在镜面声场模型中，测得的声学量与材料表面法向声阻抗率或表面反射系数间的关系相对简单。而测量吸声材料反射系数时通常在驻波管中进行，为此，有的研究中使用PU探头在同一位置同时测量声学粒子的法向声压和速度，此方法无需再使用驻波管，并且研究者们将PU探头的尺寸不断缩小，实现了轻量化。

（3）球面波声场模型法

平面波声场和镜面声场模型都是实际声场的一种近似模型，不能彻底消除误差。而球面波声场模型是一种更精确的声场模型。在球面波模型中，被测声学量与被测材料表面法向声阻抗率及表面反射系数之间关系非常复杂，需要烦琐的数值求解计算。根据待测声学量的不同，球面波声场模型可以概括为以下几类。

① 声压级差法：声压级差法是指位于被测材料表面上的两个传感器信号幅值之比的对数值。由于声压级差法不涉及相位相关信息，因而测量过程比较简单。Hutchinso等人测量

了多孔材料的吸声系数和表面阻抗。他们利用位于材料表面点源附近的一对垂直间隔的收集器收集的数据结合最小二乘法来评估表面的阻抗，通过这个方法同时获得阻抗和阻抗模型的参数。进而，他们采用数值模拟生成了声谱、随机误差和系统误差，来模拟测量误差的影响。

② 逾量衰减法：该方法是同一传感器在两个不同位置测得的幅值之比的对数值。两次测量时，传感器与声源之间的距离基本不变。逾量衰减法不需要考虑相位信息，由于只用到一个传感器，因而能够避免双传感器通道不匹配的问题。但是逾量衰减法要求两次测量的环境必须保持一致。而在户外测量时，风向、风速或温度会随时发生变化，因而引发误差的出现。Attenborough 等人利用球面波声场模型和单参数材料模型测量了农用草的吸声性能，并通过测量短区域内的点源获得了土壤的声学特性。

③ 传递函数法：用同一个传感器在两个不同的位置测得的复声压信号比值的对数。Nocke 等人利用球面波模型，以模型中的距离作为反演化量，对干砂、毛毡等的表面法向声阻抗进行了求解。随后，他们对该方法进行了改进，即通过将上次反演得到的阻抗值设置为下一次反演问题的初始值，进一步降低了传递函数法的频率下限。他们还讨论了所需的样本大小，并比较了材料不同区域的测量结果。Allard 等人也基于 Soroka-Chien 模型，将掠入射阻抗代替"非局部响应"材料的恒定表面阻抗，来测量多孔材料的表面声阻抗率。

（4）场点声阻抗率法

后期发展起来的一种新式阻抗探头能够同时测量声场某一点的粒子声压和振动速度，这使得场点声阻抗率的测量更加便捷、准确。声阻抗的测量方法主要是针对特定位置的声压，采用脉冲法或传感器的传递函数方法来测量。目前存在一种基于瞬时声速和压力的测量方法，系统解析了声源入射角、声源高度、声源类型对声学量的影响。后来有的研究者利用探头测量被测材料附近质点速度的法向分量及压力，实现了对汽车、公共汽车等相对较小的外壳的声学量的测量。另一种测量表面阻抗的新方法，是使用初始模型模拟试验结果，再通过试验调整阻抗参数并重新计算声场，如此反复，以减小试验结果与模拟结果间的差异。这种方法在模拟中具有较好的表现，但在试验中仅适用于 200Hz 以上的试验条件。还有的研究是在自由场中测量表面阻抗和吸声系数，并使用边界元法（BEM）对表面阻抗测量值进行数值模拟。通过对三种不同的声场模型结果进行比对，Gibert 等人提出的球面波声场模型在低频范围内可以获得更准确的结果。后来，又有学者采用蒙特卡洛法证实了 PU 探头在测量吸收系数方面的不确定性，进而引起对于吸声性能差的样品测量难度的增加。这主要是受声源和 PU 传感器定位精度的限制，并且，粒子速度与压力的传递函数对测量结果也有影响。

（5）空间傅里叶变换法

弗里斯克等人开发了一种全新的技术来测量海底平面反射系数。即当点源入射时，任意入射角度的海底反射系数可由反射面反射系数与测量面声压的 Hankel 变换比求得。该方法本质上是基于二维傅里叶变换定理的 Hankel 变换方法，对于真实和复杂的入射角，可以提供大量的有关海底其它结构的信息。但是，弗里斯克方法需提前获得声源的强度信息，这在实际中是很难达到的。因此，田村等人通过测量与被测表面平行的两个测量表面上的声压，改进了先前的方法，有效避免了对声源和信息的依赖，进而开发了一种新方法，即利用空间傅里叶变换测量斜入射时材料的反射系数。该方法可获得被测材料附近两个平行平面内的复合压力的分布信息，并利用二维傅里叶变换将复合声压分解为平面波分量，从而计算不同角度材料的反射系数。另外一个重要结论是，他们发现了使用偶极源代替单极源可以大大减小误差。因直接使用 Hankel 变换离散地计算声压空间分布较为耗时，后来的研究者通过修改 Hankel 变换方法，提高了预测精度的同时，缩减了计算时间。另外，他们还得到了柱坐标系下反射系数的测量原理，即由于声场并不是呈圆柱对称的，因此在实际测量过程中可以使用多种声源。使用二维 Hankel 变换的主要优势在于它可以实现径向上相对较高的空间采样率，并兼容圆周方向上相对较低的采样率。基于此，有学者用该方法分别测试了钢板和声隐身材料的反射系数，发现结果较为可靠。还有一种相对较快的测量方法，可以测量有限样本在不同声波入射角下的反射系数，即使用 32 个传感器阵列来测量样本上方两个位置的空间脉冲响应，在后处理中，利用平面波分离入射波和反射波，并对边缘衍射进行修正。

通常情况下，空间傅里叶变换是一种主要的测量角度相关的反射因子的方法。由于受测量线限制，小入射角时，使用单极声源会造成较大的偏差。因而，像偶极源这种具有方向性的声源是优选的。然而，在入射角较小的情况下仍然存在偏差。为了减少有限测量线的影响，可使用非矩形空间窗来替代矩形空间窗。特别是在单极源方面，使用非矩形空间窗口可实现对小角入射方法结果的改善。因此，在声源选择方面存在更大的灵活度。

（6）驻波比法

驻波比法是在一个长度比半径大几倍，横截面为圆形或方形的硬壁波导管的一端放置一个声源，另一端放置吸声样品，最后将系统密封。当声源被激发后，驻波声场在管中形成，进而沿管长方向用一个移动探管寻找驻波的极大值和极小值，即可得到驻波比。通过这种方法可以得到材料的正入射吸声系数，通过计算可以得到声阻抗。驻波比法试验装置及样品安装示意图如图 4-5，图 4-6 所示。

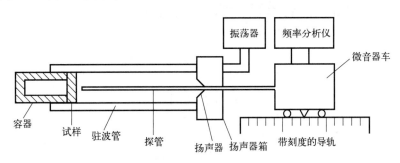

图 4-5　驻波比法试验装置示意

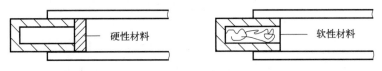

图 4-6　样品安装示意

设入射声压为 p_i，反射声压为 p_r，则：

$$p_r = |r| p_i e^{j\Delta} \tag{4-15}$$

式中　　$|r|$——反射系数 r 的模，即 $r = |r| e^{j\Delta}$；

　　　　Δ——反射系数 r 的幅角。

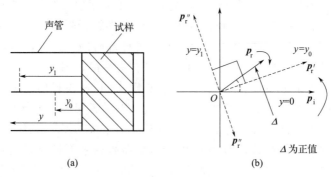

图 4-7　驻波的向量表示方法

通常情况下，空气吸声管中的入射声波在声管一端的界面上会引起反射波，两者的相互作用会形成驻波，这里我们用向量的方法进行简单的描述。驻波管内置于管端界面处的试样对声波的反射情况如图 4-7（a）所示。在试样的前端距离试样 y 处的入射波存在一个超前相角 $\frac{2\pi}{\lambda}y$，若在该处发生反射则存在一个滞后的相角 $\frac{2\pi}{\lambda}y$。若用相量将 $\boldsymbol{p}_i$ 和 $\boldsymbol{p}_r$ 都表示出来，结果见图 4-7（b）所示，其中 Δ 为正值，意味着试样表面的反射波相位超前于入射波相位。当测试点沿轴向外移动离开试样表面时，在复数相量图上观察到两个相量以相同的角速度向相反方向旋转。当两者相等时，在相量管 $y = y_0$ 处出现第一个最大声压值 $\boldsymbol{p}_{\max} = (1 + |r|)\boldsymbol{p}_i$，并且 $\frac{\Delta}{2} = \frac{2\pi}{\lambda}y_0$，再继续旋转，经过 $\pi/2$ 相角，两者方向相反，在 $y = y_1$ 处出现第一个最小声压值 $\boldsymbol{p}_{\min} = (1 - |r|)\boldsymbol{p}_i$，并且，$\frac{\Delta + \pi}{2} = \frac{2\pi}{\lambda}y$。因此可以得出：

$$y_1 - y_0 = \frac{\lambda}{4} \tag{4-16}$$

及

$$\Delta = \left(\frac{y_1}{\frac{\lambda}{4}} - 1\right)\pi \tag{4-17}$$

即

$$\Delta = \left(\frac{y_1}{y_1 - y_0} - 1\right)\pi \tag{4-18}$$

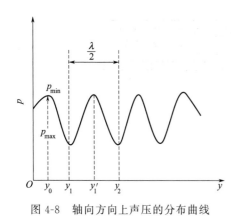

图 4-8　轴向方向上声压的分布曲线

如果再次旋转 $\frac{\pi}{2}$，则出现第二个最大声压值；再转 $\frac{\pi}{2}$，则出现第二个最小声压值，以此类推。图 4-8 即为轴向方向上声压的分布曲线。

如果第二个最小声压值处为 $y = y_2$，则上式可以写作：

$$\Delta = \left(\frac{2y_1}{y_2 - y_1} - 1\right)\pi \tag{4-19}$$

如果管中最大声压与最小声压之比即驻波比为 n，则可以得到下式：

$$n = \frac{p_{\max}}{p_{\min}} = \frac{1 + |r|}{1 - |r|} \tag{4-20}$$

则反射系数的模 $|r|$ 可用驻波比 n 表示：

$$|r| = \frac{n - 1}{n + 1} \tag{4-21}$$

材料的吸声系数 α 可以定义为入射声波吸收的能量与入射声波的能量之比，那么它与 n 和 $|r|$ 的关系可以由下式表示：

$$\alpha = 1 - |r|^2 = \frac{4}{n + 1/n + 2} \tag{4-22}$$

若用 z 为材料表面的声阻抗，那么可以得到：

$$z = \frac{p_i + p_r}{v_i + v_r} \tag{4-23}$$

式中，v_i 和 v_r 为入射波及反射波在试样表面处的质点振速。

将 $p_i = \rho c v_i$，$p_r = \rho c v_r$，代入上式可得：

$$\frac{z}{w} = \frac{1 + r}{1 - r} \tag{4-24}$$

式中，w 为介质的特性阻抗，空气中的 $w = 100 \text{kg}/(\text{m}^2 \cdot \text{s})$。

实际操作过程复杂，只能实现单频测量是驻波比法的最大局限性，因此对仪器的时间稳定性提出了更高的要求。

4.3 隔声性能测试方法

4.3.1 隔声性能概述

隔声指的是用构件、结构或某些材料来隔绝声音在空气中的传播，从而达到降低噪声的目的。当声音传递到材料表面，穿过材料进入内部开始传播，并从材料中穿出的声能较小时，表明材料具有很强的隔声性能。声能在材料内部损耗的量，就是材料的隔声量（dB）。

隔声材料，要阻挡声音的传播，减弱声能的透射，就不能像吸声材料那样疏松、多孔、透气，它的材质的特点应该是密度大且密实的，例如铅板、钢板、砖墙等材料。

吸声和隔声虽然本质上区别很大，但在实际工程应用中，往往结合在一起发挥综合降噪效果，具体实例如下。

① 隔声罩：通常是吸声材料和隔声材料组合起来的装置，采用金属板做成，并且在罩内涂覆吸声材料，大大提高了罩的实际隔声量。

② 隔声房间：实际生活中，为防止相邻房间的噪声的干扰，可以设置分隔墙，以加大对声音的阻隔量，同时可以在室内顶棚上设置吸声材料，进一步达到降噪效果。

③ 板材组成复合墙板：一般做法是在墙板内部填入吸声材料，同样可以减弱声音在两板间的传播，提高复合墙的隔声量。

④ 车间内的隔声屏、交通干道的隔声屏障、管道包扎等，通常也是采用吸声材料与隔声材料相结合的办法，充分发挥两种材料在材质机理上的优势。

4.3.2 隔声系数测试方法

4.3.2.1 混响室法

混响室法是通过将在有、无材料的混响室中分别测得的混响时间代入 Sabine 公式，计算出材料的反射系数的方法。其中的混响特征与室内容积成正比，与吸声量成反比，与被测材料的分布及房间的形状无关。如图 4-9 所示为混响室的实物照片，相邻的两个混响室分别用作发声室和接收室。两个混响室之间用约 $1m^3$ 的试验孔洞连接，并将待测材料放置其中，用混凝土砂浆封闭。混响室内部的细节示意图如图 4-10 所示。在发声室内设置全向声源用来发射声波，同时，由于发声室的墙壁具有较高的反射性，因此发声室的声场可以视为漫射声场。另外，在接收室的周围放置吸音楔，其内部的声场可视为自由声场。试件安装在发声室与接收室之间的墙面上，这样可以认为来自发声室的声波是以不规则的方式入射到试件上。

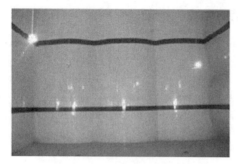

图 4-9　混响室实物图

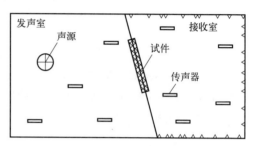

图 4-10　隔声量测试用混响室

试验开始前，声源发出的声信号必须先经过三分之一倍频程滤波器过滤后，再经功率放大器放大，最后由发声室内的扬声器转换成声音信号。一旦两个混响室的声场达到稳定，内部声压信号便通过传感器转换成电信号，再由三分之一倍频程滤波器过滤，获得所需的信号。测量原理如图 4-11 所示。最后，依据以下公式计算隔声量：

$$TL = \overline{L_{p1}} - \overline{L_{p2}} + 10\lg\frac{S}{A} \tag{4-25}$$

式中　TL——隔声量，dB；

　　　$\overline{L_{p1}}$——发声室平均声压级，dB；

　　　$\overline{L_{p2}}$——接收室平均声压级，dB；

　　　S——被测材料面积，m^2；

　　　A——接收室面积，m^2。

$$\overline{L_p} = 10\lg\frac{1}{n}\sum_{i=1}^{n}10^{0.1L_{pi}} \tag{4-26}$$

式中　L_{pi}——i 点声压级，dB；

　　　n——测试总点数。

混响室法主要用于测量不规则入射波条件下的吸声系数。混响室实际上是一个不规则的封闭空间，用来模拟漫射声场。其形状可以是矩形或者不规则面组成的复杂形状，墙壁通常选用磨光大理石、水磨石等反射系数高的材料，以产生扩散声场测量吸声系数。而扩散声场具有以下特征：①声能密度在空间各处分布均匀；②各个方向的声波所具有的声能概率相同；③某点处各个方向的声波具有无规律性。此外，混响室的墙面通常需要呈现光滑坚硬且凹凸不平的形态，以确保声波可以多次反射。因此，在不同混响室中测量同一材料的声学参数时可能会有较大偏差。

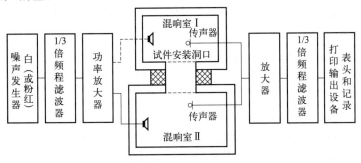

图 4-11　混响室法测量吸声系数的测量原理

采用混响室法检测材料的吸声系数，通常包括脉冲响应积分法和中断声源法。脉冲响应积分法是将脉冲响应的平方进行逆积分得到衰减曲线的方法。获得脉冲响应的方法可以归纳为直接法和间接法。直接法使用气球爆炸、点火枪等能够产生足够频宽和能量的声源测量脉冲响应。而间接法则可以通过对传感器信号进行特殊处理获得脉冲响应，从而提高信噪比。中断声源法指在激励室内的宽或窄带声源中断后，直接记录声压级，得到衰减曲线的方法。由于系统中一些偶然因素的存在，如在不同固有频率的固有振荡相互作用的情况下，测量精度会受到影响。当窄带噪声信号用于激励时，信号关闭时的相位及初始振幅的相位多有不同，同样的接收位置和测量条件下所得到的曲线也有所不同，因而会导致误差的出现。而减小误差的最直接方法是对测量结果进行多次平均化。目前，中断声源法依旧是测量材料混响时间和吸声系数最广泛和有效的方法之一。

混响室法测量隔声量时通常有一定的要求，即用来测量隔声量的试验室内声音的侧向传播必须受到抑制，否则无法确定所测得的隔声量是否是来自构件本身的性质。实际上，两个混响室之间的传声途径包括两个组成部分。一部分如图4-12中的C可以直接透过构件，其能用以表征构件隔声性能；另一部分包含有许多旁路，如图4-12中的A、B、D，特点是均有构件四周的墙壁参与，即侧向传声。而当旁路传播被完全排除或者抑制到无足轻重的地步时，测量才有效。

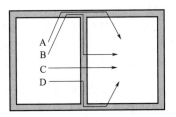

图 4-12　声音传播的路径

混响室法对房间的要求如下。

① 在比较大的房间里，低频率激发多，因此声场会相对扩散，那么在同样精度下，测得的频率会低一些。并且房间内的声程会比较长，空气吸收引起的声场不均匀也会有所影响。故选择体积大小时应考虑一个中间数值。另外，为了避免两室的简正频率通过试件振动的耦合作用引起隔声量的降低，发声室和接收室房间的形状和容积要求并不相同。因此，试验房间的体积应大于 $50m^3$，两个房间的体积要相差大于10％。

② 由于房间内简正频率的分布受房间尺寸的比例所影响，而矩形房间的高长宽比通常呈调和级数（$1:\sqrt[3]{2}:\sqrt[3]{4}$），因此，简正频率通常分布较为均匀。房间尺寸的比例要选择合

理，所有尺寸中不要有两个是相等的数值，比值也不应呈整数比。

③ 有时，两个测试房间内都需要安装扩散体。

④ 通常来讲，声音穿透试件进入接收室内任一频带的声压级要至少高出环境噪声级10dB，因而接收室内的环境噪声将直接决定试件隔声量的测量范围，所以说接收室内的环境噪声应当比较低，试验室内准备安装的试件的隔声量以及声源室的输出功率也应预先估算好。

⑤ 在隔声量测量的试验装置中，所有的间接传声与试件内的传声相比都可以忽略。接收室和声源室之间应加入有效的隔振结构。

⑥ 短的低频混响时间增加了低频段内少数简正频率的阻尼，简正波宽度将会变大；因而声场与试件之间以及试件与接收室的简正波之间的耦合作用将减弱；其不会因为房间尺寸相差较小而出现明显耦合。所以，接收室的低频混响时间要在2s左右。

测量平均声压级的要求如下。

① 平均声压级可通过选取多个固定的传感器位置或一个具有声压平方积分的连续移动传感器来测量。当传感器在1/3倍频程的中心频率高于500Hz可取3点，低于和等于500Hz可取6点。

② 对每一个频率，每个传感器位置上均用5s的时间去读取平均值。

③ 全部传感器的位置距扩散体房间界面应大于0.7m。

④ 当室内声压级的变化等于或小于6dB时，平均声压级以声压级的算术平均计算，当室内声压级变化范围大于6dB时，按声压级叠加方法计算。

⑤ 声压级测量时用的声级计和其它测量仪器，应符合国标（参考GB/T 3785.1—2023《电声学　声级计　第1部分：规范》等）。

频率范围的要求如下。

① 声压级的测量应采用1/3倍频程频带的滤波器。滤波器的频率应参考国家标准GB/T 3241《电声学　倍频程和分数倍频程滤波器》。

② 在测量1/3倍频程时，中心频率应采取为：100Hz，125Hz，160Hz，200Hz，250Hz，315Hz…

隔墙试件应符合的要求如下。

① 规定的试件洞口大小决定试件尺寸的大小。

② 应具体说明试件安装在接收室和声源室之间洞口内的位置。

③ 有的试验室内具有抑制侧向结构声辐射的作用，非直接通路传声与通过试件的传声相比可忽略。

门和窗等构件应符合的要求如下。

① 若试件洞口比试件大，则应在试件洞口内放置一个有较大隔声量的隔墙，试件放在特制的墙内。与通过试件的传声相比，通过特制的隔墙和其它间接途径的传声均可忽略。

② 在计算门、窗等构件的面积时，应按照构件的单体开孔面积计算（包括可能用到的密封装置与框架）。

③ 门的安装应尽量接近试验室地面。

④ 当试件能够开、关时，应当按照正常使用形式安装，并确保其能正常开启和关闭。并且在试验开始前至少开、关十次。

声源室内声场的产生，应符合的要求如下。

① 声源必须能发射出稳定的声波，在所有的频率范围内必须有连续的频谱，采用的滤

波器为 1/3 倍频程带宽。

② 声源的功率要比较高，保证接收室内所有频带的声压级高于环境噪声至少 10dB。

③ 当声源有两个及两个以上扬声器同时工作时，这些扬声器应当在一个箱内安装，每个扬声器应具有同相位驱动，箱的最大尺寸也要小于 0.7m。

④ 应合理布置扬声器箱的位置，使其保持与试件的距离；一般将其放在试件对面的墙上，而且不能指向试件。

试件洞口应符合的要求如下。

① 试件楼板的面积应取 $10\sim20\mathrm{m}^2$，试件墙的面积应取 $10\mathrm{m}^2$，墙与楼板的短边长度应大于 2.3m。

② 门、窗及其它构件可采用小尺寸，装门的试件洞口应与建筑物整体的条件相同，其下边缘应靠近地面。

③ 布置洞口时，安装的试件和墙板间的正常连接及密封状况应尽可能与实际构造形式类似。

4.3.2.2 阻抗管法

上述介绍的混响室法对测试环境要求较高，被测材料需要具有较大的表面，一般应达到 $10\mathrm{m}^2$，因而并不适合进行初级试验研究。研究初期，通常会对较小尺寸的样品进行隔声量测量。阻抗管法多用于测量小样品在垂直入射情况下的隔声量。阻抗管法简单快捷，被广泛应用于科学研究当中。

（1）三传感器法

三传感器的原理示意图如图 4-13 所示。

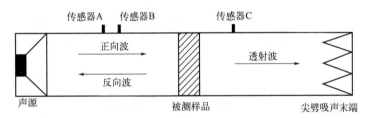

图 4-13　三传感器的原理示意

A 位置处传感器的正向波声压为 p_i，反向波声压为 p_r，传感器测得的声压为 p_A；B 位置处传感器测得的声压为 p_B；传感器 B 与传感器 A 之间的距离为 d。根据前面推导出来的声波传播公式，得到：

$$p_\mathrm{B} = p_\mathrm{i}\mathrm{e}^{-\mathrm{j}kd} + p_\mathrm{r}\mathrm{e}^{\mathrm{j}kd} \tag{4-27}$$

$$p_\mathrm{A} = p_\mathrm{i} + p_\mathrm{r} \tag{4-28}$$

由式（4-27），式（4-28）可得到：

$$p_\mathrm{i} = \frac{p_\mathrm{B} - p_\mathrm{A}\mathrm{e}^{\mathrm{j}kd}}{\mathrm{e}^{-\mathrm{j}kd} - \mathrm{e}^{\mathrm{j}kd}} \tag{4-29}$$

如果 C 位置处的传感器测得的声压为 p_C，与待测材料后表面的距离为 d_C，传感器 A 与待测材料的前表面距离为 d_A，待测材料前表面的声压为 p_Q，待测材料后表面处的声压为 p_H，则：

$$p_Q = p_i e^{-jkd_A} \qquad (4\text{-}30)$$

$$p_H = p_C e^{jkd_C} \qquad (4\text{-}31)$$

式中，k 为波数。

声压透射系数为：

$$t_p = \frac{p_H}{p_Q} \qquad (4\text{-}32)$$

材料隔声量为：

$$TL = -20\lg|t_p| \qquad (4\text{-}33)$$

这种三传感器法分离驻波管中的正向波和反向波是通过两个传感器进行的，能够做到在驻波管中进行隔声量的测量。但是其测试前提是假设透射波遇到吸声尖劈后，被全部吸收，没有声波被反射。因此，试验的过程对吸声尖劈的要求较高，要求其吸声系数达到 99% 以上，必须高于截止频率的频段。即使尖劈的吸声系数达到 99% 以上时，声压反射系数还有 1%，驻波仍存在于透射声场中。此时，透射声压的最大测量误差为 ±10%，使得隔声量测量的最大误差为 ±1dB；如果吸声系数低至 96%，此时声压透射系数的误差增加为 ±20%，隔声量测试的误差则在 ±2dB 以内；如果吸声系数低至 90%，隔声量的测试误差则为 ±3dB。实际情况下，往往偏低于这个值。

（2）四传感器法

四传感器法的原理图如图 4-14 所示：从信号发生器发出信号，经过扬声器后转化为声波进入声源管，平面入射波 A 出现。穿过待测样品后，除去被吸收的部分，还有一部分被反射回来，形成平面反射声波 B，另一部分透过待测样品后，进入接收管内部，即为平面透射波 C；而当透射声波 C 遇到吸声末端，除去被吸收的部分，还有一部分被反射回来形成平面反射波 D。因此，为了测量待测样品前后的声压，在其前后分别放置了两个传感器。

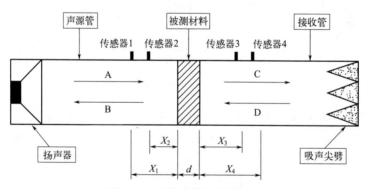

图 4-14　四传感器法原理示意

根据管内平面声波的传播规律，可以得到以下表达式：

$$
\begin{aligned}
p_1 &= p_A e^{jkX_1} + p_B e^{-jkX_1} \\
p_2 &= p_A e^{jkX_2} + p_B e^{-jkX_2} \\
p_3 &= p_C e^{-jkX_3} + p_D e^{jkX_3} \\
p_4 &= p_D e^{-jkX_4} + p_D e^{jkX_4}
\end{aligned}
\qquad (4\text{-}34)
$$

式中，p_1、p_2、p_3、p_4 分别是传感器在 1、2、3、4 位置处的声压；p_A 是声源管中入射波在到达待测样品前表面的声压；p_B 是声源管中反射波被待测样品反射后在其前表面的声压；p_C 是接收管中入射波透过待测材料后，在其后表面处的声压；p_D 是接收管中反射波 D 在待测材料后表面的声压；X_1、X_2、X_3、X_4 分别是传感器与待测材料前后表面的距离；

$$k = \frac{2\pi f}{c} \tag{4-35}$$

其中 f——频率；

c——管中声波的速度。

式（4-35）中 c 与温度有关，表达式如下：

$$c = 343.2\sqrt{\frac{T}{293}} \tag{4-36}$$

通过式（4-34）可得到，声源管中的入射波在待测样品前表面处的声压为 p_A，接收管中的透射波在待测样品后表面处的声压为 p_C，则：

$$p_A = \frac{1}{2\mathrm{j}} \frac{p_1 \mathrm{e}^{-\mathrm{j}kX_2} - p_2 \mathrm{e}^{\mathrm{j}kX_1}}{\sin[k(X_1 - X_2)]}$$

$$p_C = \frac{1}{2\mathrm{j}} \frac{p_3 \mathrm{e}^{\mathrm{j}kX_4} - p_4 \mathrm{e}^{\mathrm{j}kX_3}}{\sin[k(X_3 - X_4)]} \tag{4-37}$$

因此，声压透射系数的计算公式如下：

$$t_p = \frac{p_C}{p_A} = \frac{\sin[k(X_1 - X_2)]}{\sin[k(X_4 - X_3)]} \times \frac{p_3 \mathrm{e}^{\mathrm{j}k(X_4 - X_3)} - p_4}{p_1 - p_2 \mathrm{e}^{-\mathrm{j}k(X_1 - X_2)}} \times \mathrm{e}^{\mathrm{j}k(X_2 + X_3)} \tag{4-38}$$

式中 p_1、p_2、p_3、p_4——传感器在 1、2、3、4 位置处的声压，表达式为 $p = A\mathrm{e}\mathrm{j}^{\theta}$（$A$ 为声压幅值，θ 为声压相位）。

如果以其中一处的声压作为基准，则可在公式中约去作为基准声压的相位，则可以得到下式：

$$t_p = \frac{p_C}{p_A} = \frac{\sin[k(X_1 - X_2)]}{\sin[k(X_4 - X_3)]} \times \frac{A_3 \mathrm{e}^{\mathrm{j}(\omega\Delta t_3)} \mathrm{e}^{\mathrm{j}k(X_4 - X_3)} - A_4 \mathrm{e}^{\mathrm{j}(\omega\Delta t_4)}}{A_1 - A_2 \mathrm{e}^{\mathrm{j}(\omega\Delta t_2)} \mathrm{e}^{-\mathrm{j}k(X_1 - X_2)}} \times \mathrm{e}^{\mathrm{j}k(X_2 + X_3)} \tag{4-39}$$

式中 A_1、A_2、A_3、A_4——p_1、p_2、p_3、p_4 的声压幅值；

$\omega\Delta t_2$、$\omega\Delta t_3$、$\omega\Delta t_4$——p_2、p_3、p_4 的相位差；

t_2、t_3、t_4——各阶段时间参数。

因此，通过对 1、2、3、4 位置处测得的声压实时进行傅里叶变换，以 1 位置处的声压作为参考信号，对 2、3、4 位置处的声压作互谱计算，即可分别求得互谱中的相位及频谱上的幅值，将所得数值代入式（4-39），就可以得到对应的声压透射系数，继续代入式（4-38），可得到待测材料对应频率上的隔声量。与前两种测量方法进行比较，这种四传感器测量法更加简单，只需进行一次测试，便可获得待测材料的隔声量。但要继续提高隔声量的测量精度，最关键的是要将四个测试通道频响保持高度一致，才能得到准确的相位差值，这就对传感器及传感器通道提出了更高的要求。

（3）改变边界条件的四传感器法

该方法使用数字频率分析系统和四个带有传感器的平面波阻抗管测量材料的隔声量，如

图 4-15 所示。四个传感器中有两个安置在声源管上,另外两个则安置在接收管上,通过传感器间的互谱函数可以求得材料的隔声量。使用阻抗管法时,阻抗管壁上需有四个固定位置的声压值同时被测量。若所用的阻抗管末端吸声性能较好,只需测量四个传感器一次即可求得隔声量。为使隔声测试的误差小于 1dB,那么吸声端的吸声系数需要大于 0.98。如图 4-15 所示,通过对四个位置声压的测量,可将声域分解为平面波。

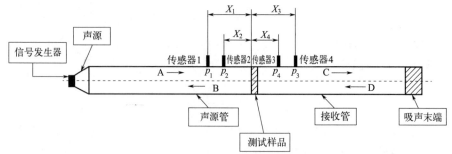

图 4-15　隔声量测量原理示意

如果在管截面上只存在传播的平面波,那么声源管轴线方向声压的变化,可用下式表达:

$$p(X) = A e^{-jkX} + B e^{jkX}, X \leqslant 0 \tag{4-40}$$

式中,A,B 分别为声源管内部入射波及反射波的复声压幅值。另外,沿接收管轴线的声压变化,可用下式表达:

$$p(X) = C e^{-jkX} + D e^{jkX}, X \geqslant d \tag{4-41}$$

式中,C,D 分别为声源管内部入射波及反射波的复声压幅值;d 为被测试样厚度。通过同时测量四个传感器位置的声压,可以得到 A、B、C、D 四个平面波系数。假设 A、B、C、D 是成线性关系的,那么下面的方程式成立:

$$\begin{bmatrix} A \\ B \end{bmatrix} = \begin{bmatrix} t_{11} & t_{12} \\ t_{21} & t_{22} \end{bmatrix} \begin{bmatrix} C \\ D \end{bmatrix} \tag{4-42}$$

式中,声压透射系数为入射波幅值与透射波幅值的比值,即 $|A|/|C|$。隔声量与式(4-42)中参数 t_{11} 相等。因而,只要得到四个线性方程就能计算出隔声量的大小。

上述的三种驻波管隔声量测量方法,都不同程度地减小了隔声量测量的复杂度,均比较适合测试小样品的隔声量。当使用这三种驻波管隔声量测量方法时,一个重要因素是保证样品的制作和安装精度。而当样品和驻波管中要求安放样品的位置尺寸不符时,就会导致漏声现象,导致试验测得的隔声量偏小,引发测量误差。因此,在设计驻波管时,应充分考虑样品安装部分的尺寸匹配问题,以避免发生此类问题。

隔声量测量步骤:①确定驻波管的四个安装接口,其中声源管中设置两个,接收管中设置两个,随后接入传感器,并将其固定好。将四个传感器的另一端分别插入系统的 4 个输入通道上。并将仿传感器塞子塞入驻波管的其它两个口中,防止漏声。②将模块上的一路输出通道,接入音频功放的输入端,再将音频功放的输出口,接入扬声器的两端口。③将系统的测量软件打开,在软件内输入四个输入通道上的传感器灵敏度。在分析软件中,选择互谱运算和傅里叶运算,互谱运算选择时将其中一路信号作为参考信号源。④选择单频正弦波输出。⑤启动上位机测量软件并等待 5min 后,测量系统逐渐趋于稳定,开始记录互谱变换中对应频率点上的相位差值及傅里叶变换中对应频率点上的声压值。⑥将所得数据输入隔声量计算软件中就可以计算出隔声量。

隔声量测量时的注意事项：①在设置输入模块的每个输入口对应的传感器灵敏度时，要依据插入的传感器标签上的灵敏度设置。②要注意调节音频功放出来的信号大小，一方面要防止信号失真现象，另一方面要确保扬声器发出的声音大于背景噪声10dB以上。③安装的样品一定要夹牢，避免漏声。有条件的，最好用硅胶在声源管和接收管的接口处密封好。④整个测量系统要先运行5min以上，待系统稳定后，再开始测量，并记录测量数据。

4.3.2.3　自由场法

与以上两种方法不同，自由场法进一步降低了对硬件设施、样品尺寸、固定方式等的要求。垂直入射和斜入射均可测试，原理简单、容易操作。既没有混响室法的吸声及斜向传声修正问题，也不存在阻抗管法中测试入射角和宽带的问题，在工程现场测试中广泛应用。自由场法主要用于测量水声材料声学性能，是指通过测量远场条件下材料两侧的透射声波和反射声波，得到材料透射系数和反射系数以及隔声系数的测试方法。

水声材料的自由场（消声池）测试系统通常包括两个部分，即水上部分、水下部分。水上部分包括发射系统及接收系统。水下部分包括测试样品、水听器及水声换能器。测试样品与声源的位置摆放需要满足远场条件，两者距离大于3m，而小于10m。样品与水听器的距离越远，测试误差越大。另外，为减轻样品边缘对声波的衍射作用，样品尺寸须为声波波长的5倍以上。

当需测量反射系数时，可将水听器放置于声源和样品之间，通过调节水声器与样品距离及声源信号长度，达到分离直达信号和反射信号的目的。通过FFT信号采集，分别得到直达信号谱及反射信号谱：$f_1(t)$、$f_2(t)$。再依据以下公式，计算出水声材料的反射系数：

$$r(f) = \frac{FFT[f_2(t)]}{FFT[f_1(t)]} \tag{4-43}$$

当需测量透射系数时，水听器应当放置在偏离中心轴且接近于样品的位置，以降低声波衍射的干扰作用。并且，水听器要置于被测材料的后方。最后将测得的透过信号 $f_4(t)$ 的频谱与直达信号 $f_3(t)$ 的频谱作商，可以得到透射系数 $t(f)$：

$$t(f) = \frac{FFT[f_4(t)]}{FFT[f_3(t)]} \tag{4-44}$$

再根据以下公式，求得被测材料的吸声系数：

$$\alpha(f) = 1 - r(f)^2 - t(f)^2 \tag{4-45}$$

在应用自由场法测试材料声学性能时，影响试验结果的主要因素包括水听器的精度和自由场的环境。水池壁的反射波与试验样品的反射波相互叠加可能造成试验精度的降低。而当声源的频率升高时，声波波长接近于刚性柱的直径，试验精度会在刚性柱的散射波与被测样品的反射波相互作用下而降低。另外，水听器的声压、质点的振速将会对复阻抗的相位计算产生影响，因而水听器的灵敏度也会影响试验结果的准确性，通常试验前需要仔细校正。

自由场法是早期发展起来的一种测量方法，又可以细分为双传感器法、近场声全息法、瞬态分析法、信号分离法等。自由场法对样品尺寸大小限制不多，也可以横向测量结构不均匀的声学材料的性能，其多角度测试结果更符合实际情况。每种方法的具体介绍如下。

（1）双传感器法

双传感器法是利用双传感器测量材料的声学参数的方法，其原理是根据端面的法向声阻抗率得到材料的反射系数。最初的操作方法是将两个具备一致特性的传感器平行放置在待测材料的上方，在满足远场条件下声压信号经过两个传感器转变为电信号，得到待测材料的表面法向声阻抗率。再根据声阻抗率和反射系数的计算公式得出材料的反射系数。后来，又有很多科学家利用先进的仪器在此基础上进行不断的改进。1999 年，西北工业大学陈克安等人尝试用双传感器法测量斜入射材料吸声系数，试验表明在低频区域范围这种方法的测量结果比较准确。2005 年，Y. Takahashi Tomiku 等人对该方法进行改进，办法是采用背景噪声作为声源取多次测量后的平均值，因而可以提高测量的精准度。实际上，水中环境非常复杂，这个方法还未用于实际测试水声材料。以上两个研究小组还探究了双传感器之间的距离以及材料面积对试验结果的影响，结果发现传感器与样品的间距对测量结果没有影响，甚至对 $1m^2$ 大小的样品依然适用。

（2）近场声全息法

近场声全息法适用于单频信号和宽带信号，首先要得到两个全息面上球面波声压值，再经过空间傅里叶变换换算为不同方向上的平面波分量。然后分离出入射波和反射波，经过计算可以得到反射系数。这种方案经改进后得到半空间全息法，该方法是将垂直方向的声场测试面积扩大为原来的 2 倍，这就大大降低了测试频率极值和水面边界的影响。近场声全息法虽然测量结果精度较高，但测试系统庞大，操作步骤烦琐，现场测试难度大，并且未知数据多而繁杂。

（3）瞬态分析法

瞬态分析法的理论基础是通过傅里叶级数能够得到任意的时域信号。操作方法是首先用瞬态分析仪分解采样信号，表达为多个多项式的加和，计算确定多项式系数，从而得到傅里叶级数表达式。为避免边缘衍射波的影响，采用脉冲技术分离入射波和反射波。也可以利用最小二乘法分析瞬态信号。结果表明测得的频率极值变低，而且待测材料的面积可以减小。目前，美国学者将该方法用于高压消声水池并取得成功。

（4）信号分离法

在用自由场法测量声学参数时，材料边缘衍射波干扰是影响测量的主要因素，因此，信号分离法应运而生。该方法是在接收信号时选用适当的窗口函数，并利用脉冲信号的间断性分离出有用信号和衍射波。使用该方法的第一步是将标准材料放入自由场中，入射波作为参考信号。第二步放入待测样品测量，将两次结果的差值作为反射波时间序列。最后将时域与频域进行转换，得到吸声系数。但是，该方法对样品尺寸和声脉冲收发方式都有严格要求，这就要求对现有设备不断改进，实现测量的简易化。

目前，自由场法在结构材料的隔声性能测试中进一步推广应用的主要问题是测试精度和可靠性。主要原因有：第一是自由场条件的获取问题。通常，在解决好边界反射及去除样品板的边缘衍射的问题基础上，才能获取自由场测试条件。普遍认为，声脉冲技术可以做到去除边界反射，脉宽也可以满足测试条件。但是，由于边界反射声程通常大于边缘衍射声程，如果要去除边缘衍射，需要将脉宽做得更短，甚至达到毫秒级，这样就难以保证测试的精度和测试结果的可靠性。第二是测试过程中的信噪比问题。通常情况下，信噪比与测试信号类型、脉宽宽度、系统时间常数、系统增益、峰值因数、系统频响特性、有效测试带宽和本底噪声等因素有关，甚至相互制约。因此，在有限脉宽条件下，特别是宽带测试时，要实现高的测试信噪比，确保测试的精度和可靠性并不容易。

4.4 测试及分析案例

本节引用董云龙等人在《船用板材自由场声学性能测量试验方法》一文中的测试结果作为自由场法声学性能测试的案例进行分析。本试验是利用脉冲信号对试件的声学性能进行测试，试验测试系统示意图如图 4-16 所示。

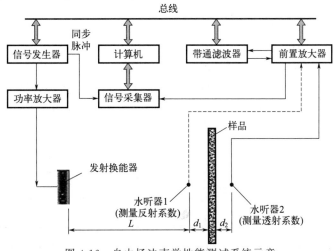

图 4-16 自由场法声学性能测试系统示意

试验用消声水池的尺寸是 10m×6m×5m，尖劈覆盖在水池的池壁以及水面，构成了六面消声结构。声源采用试验室标准声源，与信号发生器配合可以发射出各种波形的信号。水听器采用标准水听器以接收声压信号。水池上的两组桁车用于悬挂试验样品和发射换能器。试验开始前首先将所有仪器按照图 4-16 所示的顺序进行连接，并排除接触不良等问题。

首次在水池中进行试验时，应该首先测量水池的声场特性，以进行后续的误差分析。测量水池声学特性时，可以将自由场中声场的远场近似看成是平面波，建立平面波声场模型。另外，测量时尽量避免样品边缘衍射的干扰，只有这样才能保证测量结果反映的是材料本身的声学特性。若要同时满足上述两项基本要求，必须首先进行试验场的测定，即对声源和不同尺寸大小的试件进行测量标定。

自由场指的是在均匀且各向同性的介质中，可以不计边界影响的声场。自由场中远场的声波可以近似看作平面波。而在球面波声场中，声压与距离成反比关系，沿着一条直线进行测量时，不同位置的测点测出的声压值不同。试验中，发射换能器和水听器被悬吊在同等位置深度进行测量，每种状态测量 3 次取平均值，将得到的数据利用最小二乘法拟合，当曲线斜率近似为－1 时，则可以确定该发射换能器存水池的声场为球面波声场。试验进行的声场区域如图 4-17 所示，图中标明了各测点位置，其中发射换能器所处的坐标为（4000，3000，2000），测点位置 0 与发射源位置处于同一水平面上，且距离 2000mm，待测区域范围为 1000mm×1000mm，0 点距离水平面距离为 2000mm，测量结果见表 4-1。

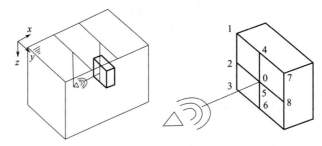

图 4-17　自由场测量区域

表 4-1　自由场测量结果

频率/kHz	1#	2#	3#	4#	5#	6#	7#	8#	9#
3	0.025	0.032	0.035	0.021	0.033	0.036	0.021	0.033	0.029
3.5	0.031	0.039	0.041	0.03	0.039	0.041	0.031	0.038	0.039
4	0.048	0.057	0.057	0.045	0.055	0.056	0.046	0.054	0.057
4.5	0.049	0.058	0.06	0.049	0.058	0.061	0.049	0.059	0.063
5	0.051	0.061	0.062	0.05	0.061	0.062	0.051	0.061	0.063
5.5	0.056	0.064	0.064	0.052	0.064	0.065	0.052	0.064	0.068
6	0.061	0.069	0.07	0.062	0.068	0.069	0.061	0.068	0.072
6.5	0.076	0.085	0.088	0.073	0.084	0.086	0.072	0.085	0.089
7	0.079	0.089	0.092	0.077	0.088	0.09	0.077	0.089	0.09
7.5	0.092	0.108	0.109	0.091	0.108	0.109	0.092	0.107	0.11
8	0.103	0.118	0.119	0.109	0.116	0.117	0.106	0.116	0.121

　　将所得到的声压值作对数并拟合处理，并将其与标准球面波的对数曲线进行比较，结果如图 4-18 所示。对无试件的声场进行分析可知，对于每个频率的测量结果，声压值的对数和距离的对数都是反比关系，这与球面波的变化趋势相符合，因此可以证实其为球面波。而当发射换能器与待测样品的距离达到 2000mm 时，则基本满足平面波条件，可以近似看成是平面波，如图 4-19 所示。

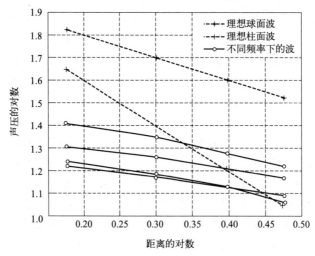

图 4-18　不同频率下声波扩展规律

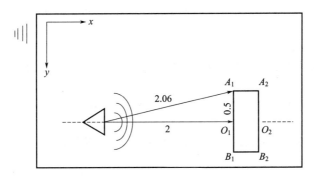

图 4-19　发射换能器与待测样品距离 2000mm 时的声传递示意图

图中数据的单位为 m

思考题

参考答案

1. 吸声性能测试方法有哪些？
2. 隔声性能测试方法有哪些？
3. 脉冲回波法可以划分为哪两类，各自的优势是什么？
4. 阻抗管法测量隔声量的原理是什么？画出相应的示意图。

参考文献

［1］ Spandöck F. Experimentelle Untersuchung der akustischen Eigenschaften von Baustoffen durch die Kurztonmethode［J］. Annalen der Physik，1934，412(3)：328-344.

［2］ Wilms U，Heinz R. In-situ Messung komplexer Reflexionsfaktoren von Wandflächen［J］. Acta Acustica united with Acustica，1991，75(1)：28-39.

［3］ Lin W L，Bi C X，Vorländer M，et al. In Situ Measurement of the Absorption Coefficient Based on a Time-Domain Subtraction Technique with a Particle Velocity Transducer［J］. Acta Acustica united with Acustica，2016，102(5)：945-954.

［4］ Allard J F，Aknine A. Acoustic Impedance Measurements with a Sound Intensity Meter［J］. Applied Acoustics，1985，18(1)：69-75.

［5］ Champoux Y，Lespérance A. Numerical Evaluation of Errors Associated with the Measurement of Acoustic Impedance in a Free Field Using Two Microphones and a Spectrum Analyzer［J］. The Journal of the Acoustical Society of America，1988，84(1)：30-38.

［6］ Attenborough K. A Note on Short-Range Ground Characterization［J］. The Journal of the Acoustical Society of America，1994，95(6)：3103-3108.

［7］ Nocke C. In-Situ Acoustic Impedance Measurement Using a Free-Field Transfer Function Method［J］. Applied Acoustics，2000，59(3)：253-264.

［8］ Allard J F，Henry M，Gareton V，et al. Impedance Measurements Around Grazing Incidence for Nonlocally Reacting Thin Porous Layers［J］. The Journal of the Acoustical Society of America，2003，113(3)：1210-1215.

[9] Brandão E，Flesch R C C，Lenzi A，et al. Estimation of Pressure-particle Velocity Impedance Measurement Uncertainty Using the Monte Carlo Method [J]. The Journal of the Acoustical Society of America，2011，130(1)：EL25-EL31.

[10] 贺加添. 混响室法测量材料吸声系数的有效性[J]. 烟台大学学报：自然科学与工程版，1995(3)：65-72.

[11] 张苗，漆琼芳，李英伟. 隔声量的阻抗管法和混响室法仿真计算对比[J]. 噪声与振动控制，2021，41(4)：215-220.

[12] 董云龙，梅志远. 船用板材自由场声学测量试验方法[J]. 舰船科学技术，2021，43(1)：108-111.

第 5 章

光学性能测试方法

5.1 折射率测试方法

5.1.1 光的折射与反射概述

波长范围为 390～770nm 的光能被人眼感知，此范围的光被称为可见光，可见光区域只是电磁波谱中很窄的一段区域，其它波长的电磁波通常用于表征材料的微观结构。光功能材料通常仅关注材料与从红外到紫外波段的电磁波的相互作用。光与材料相互作用后会发生折射、反射、透射、吸收等现象。

光射到两种不同介质的分界面上时，部分光会自界面返回到原介质中，这种现象被称为光的反射。平行光线照射到光滑表面上时，反射光线也是相互平行的，这种反射被称为镜面反射；平行光线照射到凹凸不平的表面上时，反射光线射向各个方向，这种反射被称为漫反射；有一种反射介于漫反射和镜面反射之间，表现为各个方向都有反射，但各个方向的反射强度不均一，这种反射被称为方向反射，也称非朗伯反射。无论是镜面反射还是漫反射，都遵守反射定律，可概括为"三线（入射线、反射线、法线）共面，两线分列（入射线和反射线分列于法线两侧），两角（入射角、反射角）相等"。在一些光学性能测试仪器中，往往需要利用镜面反射改变仪器中的光路方向，利用漫反射的原理设计一些传感器件。

光在真空中的速率为 c，当光从真空进入较为致密的材料中时，其传播速率 v 会降低。根据麦克斯韦（Maxwell）电磁场理论可以得出，光在介质中的传播速率 v 与介质的介电常数 ε 及磁导率 μ 有关，满足如下关系式。

$$v=\frac{c}{\sqrt{\varepsilon\mu}} \tag{5-1}$$

光在真空中的速率 c 与材料中的速率 v 的比值，称为材料的折射率 n，即

$$n=c/v=\sqrt{\varepsilon\mu} \tag{5-2}$$

一般材料的磁性很弱，磁导率 $\mu\approx1$，介电常数 $\varepsilon>1$，故有

$$n\approx\sqrt{\varepsilon} \tag{5-3}$$

当光通过非晶材料之类的各向同性材料时，光速不因传播方向的改变而改变，材料只有一个折射率，这样的介质称为均质介质；但当光进入非均质介质时，一般都要分为振动方向相互垂直、传播速度不等的两个波，也就是有两条折射光线，这个现象被称为双折射。

发生双折射时，有一条折射线（o 光）严格服从折射定律，无论入射角如何变化，折射

率都是常数，被称为常光折射率 n_o；另一条折射线（e 光）的折射率则随入射线方向的改变而变化，即不遵守折射定律，被称为非常光折射率 n_e。当光线沿晶体的某方向入射时，不存在非常光折射线，该方向为晶体的光轴。只有一个光轴的晶体被称为单轴晶体，属于四方、三方和六方晶系的晶体都是光学单轴晶体，如石英、红宝石、冰等。有两个光轴的晶体被称为双轴晶体，三斜、单斜和正交晶系的晶体都是光学双轴晶体，如云母、橄榄石、硫黄等。而立方晶系则是各向同性的。晶体对称性之所以能影响光轴的数量，是由于晶体对称性对晶体各方向的介电常数的影响，即三斜、单斜和正交晶系中三个主介电常数各不相等，四方、三方和六方晶系中三个主介电常数有两个相等，而立方晶系三个主介电常数均相等，而材料的折射率又直接由介电常数决定。双折射是非均质晶体的特性，这类晶体的所有光学性能都和双折射有关。

一般电介质的折射率都是大于 1 的数（空气的折射率接近而稍大于 1）。折射的本质是入射光被电子吸收然后再发射的过程，因此只要电子有集群效应，就可以应用等离子体振荡方程，得到 $n<1$，如对于金属来说，在等离子体振荡频率附近，金属的介电常数小于 1（接近 0），因而其在此处的折射率 n 也小于 1（也接近 0），其他存在自由电子的材料（包括金属和等离子体等）也是如此。不过，大家通常认为光线不能穿透金属，只有频率高于材料的等离子体频率的光才能穿透该材料，折射率才有意义，而这种高频光子不太常见，所以就忽略了该小于 1 的折射率。另外，对于非均匀介质，其等效折射率也可以小于 1。这种小于 1 的等效折射率是由结构特性引起的，如零折射率材料、负折射率材料。

5.1.2 折射率测试方法

折射率测试方法可分为两大类：一类是利用反射、全反射定律，通过准确测量光线的角度来求折射率的几何光学方法，如最小偏向角法、掠入射法、全反射法、V 棱镜法等；另一类是利用透射光的相位变化（或反射光的偏振态变化）与所照射材料的折射率的密切联系来测定折射率的物理光学方法，如布儒斯特角法、椭偏光分析法等。固体介质的折射率通常用最小偏向角法、V 棱镜法、干涉法（迈克耳孙干涉仪）进行测试，液体介质的折射率常用掠入射法和全反射法（临界角法、阿贝折射仪）进行测试，气体介质的折射率常用精密度更高的干涉法（瑞利干涉仪）进行测试。

5.1.2.1 最小偏向角法

（1）测试原理

最小偏向角法可以测试光学玻璃的折射率，具有精度高的优点，但是利用该方法测试折射率时需要将透明玻璃制成三棱镜。

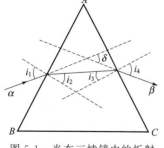

图 5-1 光在三棱镜中的折射

如图 5-1 所示，一束单色平行光 α 以入射角 i_1 投射到棱镜 ABC 的 AB 面上，经棱镜两次折射后以 i_4 角从三棱镜的另一面 AC 射出光线 β。光线经过三棱镜之后，传播方向的总变化可用入射光线 α 和出射光线 β 的延长线之间的夹角 δ 来表示，δ 被称为偏向角。根据三角形的基础知识可以很容易得到 $\delta = (i_1 - i_2) + (i_4 - i_3) = i_1 + i_4 - (i_2 + i_3) = i_1 + i_4 - A$。对于一个给定的三棱镜，其折射率 n 是确定的，所以上式中 i_4 是和 i_1 相关的，同时三棱镜的顶角 A 也是确定的，即偏向角 δ 是入射角 i_1 的单值函数。

用微商的方式可以证明，当 $i_1 = i_4$ 或 $i_2 = i_3$ 时，即入射光线 α 和出射光线 β 对称地分布在棱镜两边时，偏向角 δ 有最小值，称为最小偏向角 δ_m。此时，$i_1 = (A + \delta_m)/2$，$i_2 = A/2$，再由空气折射率 n_0 及折射定律可以得到棱镜折射率 $n = n_0 \dfrac{\sin i_1}{\sin i_2} = n_0 \dfrac{\sin[(A + \delta_m)/2]}{\sin(A/2)}$，即可通过测出三棱镜的顶角 A 和最小偏向角 δ_m 求出三棱镜的折射率 n。

（2）仪器构造

可以用分光计完成最小偏向角的测试。分光计是一个精密的测角仪，是用来准确测量角度的常见仪器，其主要构成包括三脚底座、平行光管、望远镜、载物台和角度刻度盘五部分，如图 5-2 所示。

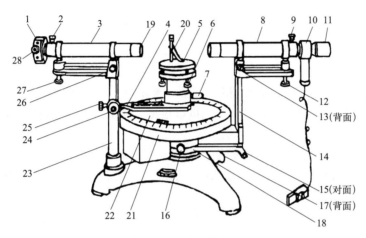

图 5-2　分光计的构造

1—狭缝装置；2—狭缝装置锁紧螺钉；3—平行光管部件；4—制动架；5—载物台；6—载物台调平螺钉；7—载物台锁紧螺钉；8—望远镜部件；9—目镜锁紧螺钉；10—阿贝式自准直目镜；11—目镜视度调节手轮；12—望远镜光轴高低调节螺钉；13—望远镜光轴水平调节螺钉；14—支臂；15—望远镜微调螺钉；16—刻度盘止动螺钉；17—底座；18—望远镜止动螺钉；19—平行光管准直镜；20—压片；21—刻度盘；22—游标盘；23—立柱；24—游标盘微调螺钉；25—游标盘止动螺钉；26—平行光管光轴水平调节螺钉；27—平行光管高低调节螺钉；28—狭缝宽度调节手轮

（3）测试步骤

① 分光计的调整。仔细调节仪器，使平行光管发出平行光，同时使望远镜聚焦到无穷远，以接收穿过棱镜后的平行光；并调节平行光管及望远镜的光轴，使其与分光计的转轴垂直。

② 利用反射法测定三棱镜的顶角大小。如图 5-3 所示，一束平行光由三棱镜顶角 A 的方向射入，在顶角两侧的光学面上会产生两束反射光，转动望远镜寻找两束反射光的位置，并根据角度刻度盘读出两束反射光的位置坐标，进而得到两束反射光之间的夹角 θ，根据几何学知识可以得到 $\theta/2$ 即为三棱镜顶角 A 的大小。

如图 5-4 所示，将用样品做的三棱镜放置在载物台上，打开光源，转动望远镜至能观察到经三棱镜折射后的出射光；稍稍转动载物台以改变入射角，并同时转动望远镜追踪折射后的出射光，使偏向角向减小的方向变化，直到偏向角随载物台的转动而变大为止，仔细调节，精准找到折射线反向移动的位置，此时对应的偏向角就是棱镜对该平行光的最小偏向角

δ_m，该偏向角可以由角度刻度盘读出的入射光和出射光的位置坐标而得出。根据三棱镜的顶角 A 及最小偏向角 δ_m 即可计算出三棱镜折射率 $n=n_0\dfrac{\sin[(A+\delta_m)/2]}{\sin(A/2)}$。

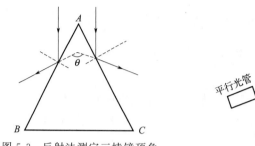
图 5-3　反射法测定三棱镜顶角

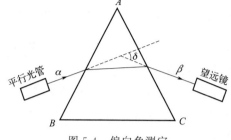
图 5-4　偏向角测定

5.1.2.2　掠入射法

（1）测试原理

掠入射法利用掠入射光线入射棱镜后形成的半荫视场（一半明一半暗的明暗视场）来测折射率，可以直接测试三棱镜的折射率，也可以根据已知折射率的三棱镜测试透明介质的折射率（特别是液体的折射率）。

如图 5-5 所示，将单色光经过毛玻璃片后照射到顶角为 A 的棱镜 ABC 的 AB 面上，光线 α 以入射角 i_1 入射到三棱镜后，经过两次折射后，出射光线 β 从 AC 面以角 i_4 射出，由空气折射率 n_0 及折射定律可以得到 $n=n_0\dfrac{\sin i_1}{\sin i_2}$ 和 $n=n_0\dfrac{\sin i_4}{\sin i_3}$，其中 $i_2+i_3=A$，整理后可以得到

$$n=\frac{n_0}{\sin A}\sqrt{\sin^2 i_1\sin^2 A+(\sin i_1\cos A+\sin i_4)^2}\qquad(5\text{-}4)$$

当光线 α' 以最大入射角 $i_{1\max}$（90°，即光线为掠入射）入射时，出射光线 β' 射出棱镜时有最小的出射角 $i_{4\min}$，通过望远镜可以看到视场上方为暗，下方为明，观察到半荫视场，最小出射角的大小可以根据半荫视场的分界线位置得到，因而确定了三棱镜的顶角和半荫视场分界线对应的出射角即可计算出三棱镜的折射率；如果三棱镜的顶角为 90°，计算公式可以进一步简化为

$$n=n_0\sqrt{1+\sin^2 i_{4\min}}\qquad(5\text{-}5)$$

如果要测试液体物质的折射率 n，可以利用一个已知折射率 n_1（$n<n_1$）的直角棱镜 ABC 采用掠入射法进行测试。如图 5-6 所示，在直角棱镜的 AB 面上铺上待测物质，然后再用一个辅助棱镜与 AB 面贴合，以单色扩展光照射分界面 AB，入射角为 90°的光线 I 将掠入射到 AB 界面而折射进入三棱镜并射到 AC 面上，再经折射后，折射光线 I' 以出射角 φ 进入空气（取空气折射率 $n_0=1$）。根据掠入射法测试棱镜折射率的原理进行分析，当用望远镜对准出射光方向观察时，视场中将看到以光线 I' 为分界线的半荫视场。一般地，待测物质的折射率可由下式计算

$$n=\sin A\sqrt{n_1^2-\sin^2\varphi}-\cos A\sin\varphi\qquad(5\text{-}6)$$

将棱镜的顶角 $A=90°$ 代入，则式（5-6）可进一步简化为

$$n=\sqrt{n_1{}^2-\sin^2\varphi} \tag{5-7}$$

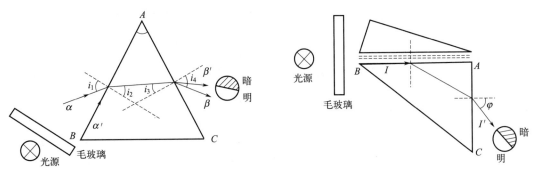

图 5-5　掠入射法测定棱镜折射率原理　　　　　　图 5-6　掠入射法测液体折射率的原理

（2）测试方法

本方法的关键在于用望远镜调出半荫视场并确定出最小出射角。下面以测试液体的折射率为例进行介绍。

按图 5-6 所示，滴 1～2 滴待测液体（折射率为 n）在直角棱镜（折射率为 n_1，$n<n_1$）的 AB 面上，用直角 A 作为棱镜顶角，利用另外一个辅助棱镜的表面与棱镜的 AB 面相合，使液体在两棱镜接触面间形成一均匀液层，然后将其置于棱镜台上。

然后在单色光源后放置毛玻璃扩展光源，先用眼睛在出射方向观察半荫视场，半荫视场的分界线位于棱镜台近中心处，仔细调节望远镜确定分界线的角度位置，再将望远镜旋转至 AC 面法线方向的位置，进而得出明暗视场分界线 I' 的出射角 φ，再代入公式计算折射率 n。

5.1.2.3　V 棱镜法

V 棱镜法和最小偏向角法类似，具有快速、方便、准确度高和测量范围宽等优点。和最小偏向角法及掠入射法一样，V 棱镜法的测试仪器也是一台分光光度计，测出光学的偏离角度即可根据公式计算出待测试样的折射率。

如图 5-7 所示，将折射率为 n_1 的光学玻璃磨制成两个等腰直角三棱镜，并将二者胶合成张角为 90°的 V 形槽，将折射率为 n 的待测试样磨制出一个直角后，将待测试样的直角放入 V 形槽内。当一束垂直于 V 棱镜入射面的平行光进入 V 棱镜后，若被测试样折射率 n 与 V 棱镜折射率 n_1 相同，光线将传播方向不变地通过 V 棱镜；若被测试样折射率 n 与 V 棱镜折射率 n_1 有差异，光线方向将发生偏离，出射光线与入射光线的夹角为 φ。取空气折射率 $n_0=1$，按照折射定律可以推导出 n 与 φ 及 n_1 之间的关系为

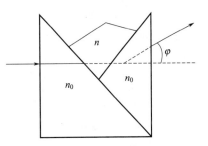

图 5-7　V 棱镜法测试原理

$$n=\sqrt{n_1{}^2+\sin\varphi\sqrt{n_1^2-\sin^2\varphi}} \tag{5-8}$$

利用分光光度计测出出射光线与入射光线的夹角 φ，代入式（5-8）即可求得待测样的折射率 n。

5.1.2.4 干涉法（迈克耳孙干涉仪）

（1）测试原理

利用干涉法测试样品的折射率，需要先将待测样磨成两面光滑平整的状态，待测样品需厚度均匀，厚度处处为 t。

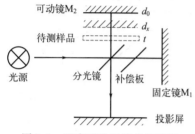

图 5-8 迈克耳孙干涉仪原理图

如图 5-8 所示，迈克耳孙干涉仪中的分光镜的背面有半反半透膜，可以将入射光束分为等强的两束光，透过的光束经过补偿板射到固定镜 M_1 上，反射的光束射到可动镜 M_2 上。在将待测样品插入光路之前，将零级干涉条纹调至视场中央，记录此时可动镜 M_2 的位置为 d_0，则此时可动镜 M_2 到分光镜之间的光程 $L_0 = 2d_0$（取空气的折射率 $n_0 = 1$）；之后在可动镜 M_2 和分光镜之间插入厚度为 t 的待测样品（折射率为 n），移动调节可动镜 M_2，使零级干涉条纹再次出现在视场中央，记录下此时可动镜 M_2 的位置为 d_x，此时的光程 $L_x = 2(d_x - t) + 2nt$。两次所对应的光程相等，即

$$2d_0 = 2(d_x - t) + 2nt \tag{5-9}$$

由此可得待测样品的折射率为

$$n = 1 + (d_0 - d_x)/t = 1 + \Delta d/t \tag{5-10}$$

式中　Δd——反射镜 M_2 移动的距离；

　　　t——待测样的厚度。

同样道理，可以用装有液体或气体的容器代替样品来测试液体和气体的折射率。

（2）仪器构造

如图 5-9 所示，迈克耳孙干涉仪的底座上有三个调节水平的调平螺钉 9，可以进行仪器的水平调节，仪器底座上固定有精磨的导轨 7。在导轨内部装有一根精密丝杆 6，丝杆与齿轮系统相连，转动手轮即可使齿轮系统带动丝杆进行移动，并进而移动其上固定的可动镜 M_2。仪器有三个读数尺，毫米刻度尺 5 附在导轨侧面，每小格为 1mm；刻度盘 3 内有一个 100 等份的转轮，转轮每转动 1 周，导轨上的可动镜 M_2 就在毫米刻度尺上移动 1 小格（即 1mm），即刻度盘上每小格是 0.01mm；微调手轮上有一个刻度轮，也分为 100 等份，微调手轮每转动一周，刻度盘 3 就转动 1 小格，即微调手轮的刻度轮的每小格是 0.0001mm。

（3）测试方法

迈克耳孙干涉仪的基本调节：调节仪器，使光束照到平面镜和投影屏的中部，并使从两平面镜反射的反射光能尽量原路返回，即尽可能回到光源中光线的出光口；调节仪器，使屏上的两排光点的最亮点重合，使得 M_1 和 M_2 相互垂直，此时反射光束应该仍在出射光的出口或附近。

测量待测样品折射率：调节使零级干涉条纹移至视场中某位置（如中心），记下可动镜 M_2 的位置 d_0；将待测折射率的样品放在可动镜 M_2 与分光镜之间的光路中，使待测样品与可动镜 M_2 平行，向分光镜的方向移动可动镜 M_2，直至中央条纹重新移至视场中的同一位

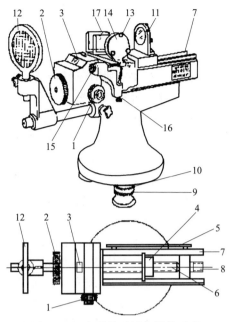

图 5-9　迈克耳孙干涉仪结构示意

1—微调手轮；2—粗调手轮；3—刻度盘；4—丝杆啮合螺母；5—毫米刻度尺；6—丝杆；7—导轨；

8—丝杆顶进螺帽；9—调平螺丝；10—锁紧螺丝；11—可动镜 M_2；12—观察屏；13—倾度粗调；

14—固定镜 M_1；15—倾度微调；16—倾度微调；17—分光板 G_1、补偿板 G_2

置，再记下可动镜 M_2 此时的位置 d_x，可动镜 M_2 所移动的距离 $\Delta d = d_0 - d_x$；将用千分尺测量的玻璃片的厚度 t 和可动镜 M_2 所移动的距离 Δd 代入公式 $n = 1 + \Delta d / t$，即可计算出待测样的折射率 n。

5.1.2.5　临界角法（全反射法）

当光线由光密介质向光疏介质（例如从玻璃向空气）传播时，入射角在某个值时会使得折射角为 $90°$，此时折射光线沿界面掠射；如再增大入射角，光线会按反射定律全部反射回原介质，此现象称为全反射，其中正好使折射角为 $90°$ 时的入射角称为临界角。利用这个现象可以进行待测样折射率的测试，这种测试方法就是临界法，又称全反射法。阿贝折射仪就是基于测定临界角的原理来测定折射率的。

临界角法的原理如图 5-10 所示，一平行光在等边三角形棱镜 AB 边上的入射角为 i_1，折射角为 i_2，然后射到 AC 边上，入射角为 i_3，根据简单的几何关系可以得到 $i_2 + i_3 = A = 60°$，如果此时在 AC 边上发生全反射，即折射角为 $90°$，取空气的折射率 $n_0 = 1$，分别在 AB 边与 BC 边利用折射定律，经过推导可以得到棱镜的折射率 n 和入射角 i_1 的关系为

$$n = \frac{2\sqrt{3}}{3}(\sin^2 i_1 + \sin i_1 + 1) \tag{5-11}$$

即只要测出全反射时 AB 边的入射角就能据此测出三棱镜的折射率 n。

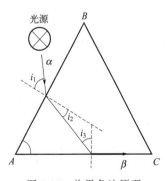

图 5-10　临界角法原理

5.1.2.6 布儒斯特角法

光是横波，即光的振动方向和光的传播方向垂直。如果振动方向均匀，而且各个方向的振动振幅也相同，这种光就是自然光。如果在垂直于其传播方向上的平面内光波只沿一个固定的方向振动，这种光就是完全偏振光，又称线偏振光。介于完全偏振光和自然光之间的情形是部分偏振光。在垂直于波传播的一固定方向内，随着时间的延续，光矢量只改变方向不改变大小，也就是光矢量端点的运动轨迹为一个圆，这种光叫作圆偏振光。布儒斯特角法和椭偏光分析法就是利用光的偏振特性进行折射率测定的。

当一束自然光在两种不同介质的界面上反射和折射时，不但光的传播方向要改变而且其偏振状态也要发生变化。一般情况下，反射光和折射光不再是自然光，而是部分偏振光。在反射光中垂直于入射面的光振动多于平行入射面的光振动，而在折射光中平行于入射面的光振动多于垂直于入射面的光振动；而且反射光的偏振化程度与入射角有关。

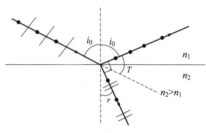

图 5-11　布儒斯特角法光路原理

如图 5-11 所示，一束自然光以某一特定值入射角 i_0 从光疏介质（折射率 n_1）射向光密介质（折射率 n_2）时，界面处的反射光将变为光矢量垂直于入射面的完全偏振光，即线偏振光，此时反射光线和折射光线垂直（或者说，折射角和入射角的和为 $90°$），即 $\tan i_0 = n_2/n_1$，i_0 就是布儒斯特角，这个关系也被称为布儒斯特定律。可以利用布儒斯特定律去测试样品的折射率，取空气折射率为 1，测试中只需要调节入射角至产生完全偏振反射光，再测出布儒斯特角的入射线的延长线和完全偏振的反射光之间的夹角 T，即可很容易得到布儒斯特角 $i_0 = 90° - T/2$，进而得到试样的折射率 $n_2 = \tan i_0 = \cot(T/2)$。

5.1.2.7 椭偏光分析法

椭偏光分析法是测量薄膜参数最常用的一种方法，在薄膜测量中也被称为椭偏术，该方法是随着电子计算机的广泛应用而发展起来的。20 世纪 70 年代中期，我国开始将该方法应用于测定和控制大规模集成电路元件的薄膜厚度和折射率，后来推广到测量光学玻璃表面所镀光学薄膜及玻璃表面侵蚀膜的厚度和折射率。20 世纪 80 年代末，又研制了自动椭偏仪，用于测量光学薄膜在不同波长下的折射率、膜层厚度、消光系数、介电常数等参数。椭偏仪采用的测量方法有消光法、调制消光法和光度法，其中消光法应用较多，这里以消光法为例介绍其测量原理。

椭偏仪的光学系统如图 5-12 所示，激光经起偏器后形成线偏振光，再通过 1/4 波片形成长短轴分别与 1/4 波片的快慢轴重合的椭圆偏振光。1/4 波片快慢轴分别与光束入射面成固定的 45°，光束经试样薄膜上下表面反射后可被分解为振动方向平行入射面和垂直入射面的 **P** 分量和 **S** 分量。这两个分量的相位差与薄膜的厚度及折射率有关，也与起偏器的方位角有关。改变方位角，当 **P** 分量和 **S** 分量的相位差等于 π 的整数

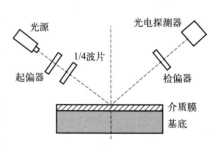

图 5-12　椭偏仪的光学系统示意

倍时，椭偏光转变为线偏振光，检偏器转动后即可出现"消光"现象（光电探测器探测不到经样品反射的光）。根据此时的起偏器和检偏器方位角，即可得出薄膜的厚度和折射率。需要注意的是这些参数之间的关系式较为复杂，没有解析解，需要进行数值计算，或由计算机利用迭代算法得到理论曲线图和数据表，进而得到折射率 n 和薄膜厚度 d。

由于椭偏光分析法无须测定光强的绝对值，因而具有较高的精度和灵敏度，而且这种方法测试方便，对样品无损伤，是薄膜材料的光学性能检测的重要方法之一。

5.2 色散测试方法

材料的折射率除了与材料的离子半径、晶型、结构、应力等有关外，还与入射光的波长有关，其总是随着入射光波长的增加（频率的减小）而减小，这种性质被称为折射率的色散。

色散是光学玻璃的一个重要参量，因为严重的色散会导致单片透镜成像时不清晰，在像的周围有一圈色带。可以用不同牌号的光学玻璃分别磨成凸、凹透镜，组合成复合镜头以消除色差，这种镜头被称为消色差镜头。

实际中并不需要测出材料的色散曲线才能判断材料的色散情况，而经常使用色散系数 ν_d（阿贝数）来表征材料的色散程度。

$$\nu_d = \frac{n_D - 1}{n_F - n_C} \tag{5-12}$$

式中，n_D、n_F、n_C 分别为以钠的 D 谱线（589.3nm）、氢的 F 谱线（486.1nm）和氢的 C 谱线（656.3nm）为光源测定的折射率。阿贝数是光学材料色散的量度，另外把 $n_F - n_C$ 称为光学玻璃的中部色散，也称平均色散。

因此，可以利用钠的 D 谱线（589.3nm）、氢的 F 谱线（486.1nm）和氢的 C 谱线（656.3nm）为光源分别测出材料在这三个波长下的折射率，然后利用色散系数来度量材料的色散。当然利用一系列波长的光测出色散曲线更能反映材料的色散情况，其测试原理和前面所述折射率的测试原理相同。

5.3 光吸收和透射测试方法

光是一种能量流，在穿过介质时引起介质的价电子跃迁，或使原子振动而消耗能量；此外介质中的价电子吸收光子的能量而激发，当尚未退激而发出光子时，激发态电子在运动中与其它分子碰撞，电子的能量转变成分子的动能（即热能），从而导致发出光子的能量有所衰减，这个过程就是光的吸收。光吸收是一个很普遍的现象，即使透明介质，如玻璃、水溶液等，光穿过时也会有光的吸收。

金属的价电子处于未满带，吸收光子后即呈激发态，并发生碰撞而发热，因而金属对光具有强烈的吸收。对于半导体或电介质来说，只有在光子能量大于其禁带宽度，半导体或电介质的价电子才会从满带跃迁到导带，半导体的禁带宽度较窄，可见光穿过时吸收系数较大；但电介质材料（包括玻璃、陶瓷等无机材料）的禁带宽度较宽，其在可见光区内具有良好的透过性，但是随着波长继续降低，光子能量逐渐增大，当光子能量达到禁带宽度时，电子会吸收光子能量而跃迁，导致吸收系数突然增大。根据吸收系数随波长（或频率）的变化情况，可以计算出半导体或电介质的禁带宽度。

当光作用在物质上时，一部分透过物质，一部分被表面反射，一部分被物质吸收。光穿透材料能力的高低可用透过率 T 来衡量。透过率 T 是指光通过材料后，透过光强度占入射光强度的百分比。光穿透材料后，透过率 T 随着波长（或频率）变化的曲线被称为透射光谱曲线，可以用分光光度计来测定。光穿透材料后，造成光能衰减的部分包括反射损失、试样中的散射损失和吸收损失。一般地，反射、吸收和透过之间的关系可用下式表示。

$$T = (1-R)^2 e^{-ad} \tag{5-13}$$

式中　T——透过率；

　　　R——反射系数；

　　　α——吸收系数；

　　　d——试样的厚度。

光谱测量时，能方便测试的数据是光经过样品前后的强度 I_0 和 I，如果不考虑样品的反射，光经过样品时只有透射（透过率 $T=I/I_0$）和吸收（吸光率为 $1-I/I_0$）两部分，用吸光度 $A=-\lg T$ 来更直观地描述样品吸光的强弱。

设有一块厚度为 x 的平板材料，光强度为 I_0 的入射光通过此材料后光强度变为 I'，选取其中一薄层，并认为光通过此薄层的吸收损失 $-\mathrm{d}I$ 正比于在此处的光强度 I 和薄层厚度 $\mathrm{d}x$，即 $-\mathrm{d}I=\alpha I \mathrm{d}x$，积分后可得到光强度随厚度成指数衰减的规律，即朗伯（Lambert）定律

$$I' = I_0 e^{-\alpha x} \tag{5-14}$$

式中　α——物质对光的吸收系数，cm^{-1}。

吸收系数的大小和材料的性质及光的波长有关。对于相同厚度的材料来说，吸收系数 α 越大，光被吸收得越多，能透过的光强度就越小。吸收光谱是吸收系数 α（或吸光度 A 或吸光率等）随入射光波长（或频率）的变化曲线，纵坐标选用不同参数所得到的吸收光谱的曲线形状是不同的。

5.4　测试及分析案例

根据最小偏向角法的原理，万新民等人利用精密分光计测试了四方相 0.62（$Mg_{1/3}Nb_{2/3}$）O_3- $0.38PbTiO_3$（$0.62PMN$-$0.38PT$）铁电单晶的折射率，$0.62PMN$-$0.38PT$ 铁电单晶是非均质介质，光通过后会分为振动方向相互垂直、传播速度不等的两个波，其中 o 光以常光折射率传播，e 光以非常光折射率传播；$20℃$ 下不同波长的光在 $0.62PMN$-$0.38PT$ 中的折射率如表 5-1 所示，利用最小二乘法对曲线进行拟合，可得折射率色散的 Sellmeier 方程，并可计算其 Sellmeier 光学系数，同时还可以据此算出 $0.62PMN$-$0.38PT$ 的色散系数 ν_d（阿贝数）。

表 5-1   20℃下 0.62PMN-0.38PT 铁电单晶的折射率

波长/nm	n_o	n_e
435.8	2.828	2.801
486.1	2.738	2.715
546.1	2.674	2.654
587.6	2.644	2.625
656.3	2.609	2.591

Xi 等人利用斜角沉积技术制备了高质量、低折射率的薄膜材料，图 5-13（a）显示了其所制备的薄膜材料在截面方向上的扫描电子显微镜照片（SEM），可以看出它是由一系列倾斜角度为 45°的 SiO_2 纳米棒组成。如图 5-13（b）所示，作者利用椭偏法测得了薄膜材料的折射率随波长的变化曲线，在整个测试波长范围内，薄膜材料的折射率变化较小且极低，极低的折射率几乎可以消除宽波长和宽角度范围的菲涅耳（Fresnel）反射（指光入射到折射率不同的两个介质的分界面时，一部分光会被反射的现象）。

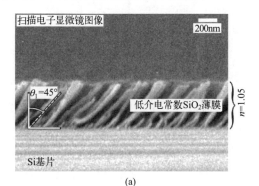

(a)

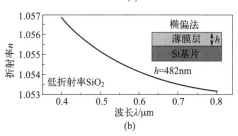

(b)

图 5-13 SiO_2 纳米棒阵列的截面扫描电镜照片（a）和折射率（b）

思考题

参考答案

1. 光与物质有哪几种作用形式？
2. 简述双折射现象。
3. 分光计的主要构造是什么？在测量前，分光计必须调到怎样的状态？
4. 何谓最小偏向角？试验中如何确定最小偏向角的位置？

5.简述几种测定折射率的原理。

参考文献

[1] 张凌，高孔，何群秋，等. 固体材料折射率测试方法概述[J]. 计量与测试技术，2015(10)：1-4，8.

[2] 武汉大学化学系. 仪器分析[M]. 北京：高等教育出版社，2001.

[3] 王晓春，张希艳，卢利平，等. 材料现代分析与测试技术[M]. 北京：国防工业出版社，2010.

[4] 沙定国. 光学测试技术[M]. 2 版. 北京：北京理工大学出版社，2010.

[5] 贾德昌，宋桂明. 无机非金属材料性能[M]. 北京：科学出版社，2008.

[6] 万新明，贺天厚，林迪，等. 铁电单晶 $0.62Pb(Mg_{1/3}Nb_{2/3})O_3$-$0.38PbTiO_3$ 折射率的研究[J]. 物理学报，2003(9)：2319-2323.

[7] Xi J Q，Schubert M F，Kim J K，et al. Optical Thin-Film Materials with Low Refractive Index for Broadband Elimination of Fresnel Reflection[J]. Nature Photonics，2007，1(3)：176-179.

热性能测试方法

6.1 导热性测试方法

6.1.1 导热性概述

热导率是反映材料导热性能的重要参数，在工程技术方面是必不可少的材料物性参数之一，因此对材料热导率的相关研究及测量就显得很有必要。金属材料的导热机制中起主要作用的是自由电子的运动；陶瓷材料（无机非金属材料）的导热则通过晶格结构的振动（声子）状态的改变来实现。在过去的几十年研究中，虽然已经发展了大量的热导率测试方法与仪器设备，但目前还没有任何一种方法能够适合于所有的应用领域、使用环境和材料状态。要得到准确的热导率测量值，必须考虑测试材料热导率范围及其样品特征，进而选择适合的测试方法。

温度是度量物体冷热程度，反映物体内部热运动激烈程度的物理量。物体内部各部分温度不同，所对应的内能也不相同，各部分之间会发生能量的迁移，这种物体内部各部分温度不同，从而以热量传递的方式导致能量迁移的方式称为热传导。

6.1.1.1 傅里叶定律

当物体内部各个部分温度不一致时，将有热量从温度高的部分向温度低的部分传递，沿着热流传递方向每单位长度上的物体温度的变化量称为温度梯度，用 $\mathrm{grad}\boldsymbol{T}$ 或 $\Delta\boldsymbol{T}$ 表示。温度梯度是矢量，其正方向指向温度增加的方向，负方向指向温度降低的方向，与热流方向相同。傅里叶定律清晰地表述了热流同温度梯度之间成正比的关系。在稳定温度场（物体温度分布不随时间变化而改变的温度场）下，对于平壁一维导热的情况，傅里叶定律表述如下：

$$q = -\lambda\,\mathrm{grad}T = -\lambda\,\Delta T \tag{6-1}$$

式中　　　q——热流密度，即单位时间内通过的与热流垂直的单位面积的热量，$\mathrm{W/m^2}$；
$\mathrm{grad}T$ 或 ΔT——温度梯度，$\mathrm{K/m}$；

　　　　　λ——热导率，表征物体导热能力的物理量，$\mathrm{W/(m \cdot K)}$；

　　　——热流密度矢量方向与温度梯度的方向相反。

将傅里叶定律进行变换（平壁一维、有限温度范围），可得下式：

$$\lambda = -\frac{q}{\Delta T} = \frac{Q}{St\,\Delta T/\Delta L} \tag{6-2}$$

式中　Q——流过与热流垂直的某一面元的热量，J；

S——热流通过面元的面积，m^2；

t——热流通过的时间，s；

$\Delta T/\Delta L$——温度降度，K/m；

λ——热导率，表示在单位温度梯度下单位时间内通过单位截面积的热量，$W/(m \cdot K)$。

6.1.1.2 热扩散率

不稳定温度场的导热过程与物体的热焓有关系，而热焓的变化速率与材料的导热能力（即热导率 λ）成正比，与储热能力（比热容 c）成反比。因此，常采用与热导率相联系的一个参数 α 来表征物体传热过程中的导热速度，这个参数 α 称为热扩散率或导温系数，用下式表示：

$$\alpha = \frac{\lambda}{\rho c} \tag{6-3}$$

式中　α——热扩散率，m^2/s；

λ——热导率，$W/(m \cdot K)$；

ρ——材料密度，kg/m^3；

c——材料比热容，$J/(kg \cdot K)$。

6.1.1.3 影响热导率的因素

① 原子结构对热导率的影响　因为金属热传导过程中，起主要作用的是自由电子，故可将金属元素的热导率与原子结构和周期表联系起来。热导率与电导率有一定的关系，通过找出金属原子导电性能随原子序数的变化关系就可以反映出金属元素热导率随原子序数的变化关系。一般工况条件下，含有一个价电子的金、银、铜的热导率最高，具有良好导电性能的铝、钨等元素的热导率也比较高。

② 温度对金属热导率的影响　金属以电子导热为主，电子在运动过程中将会受到热运动原子和各种晶格缺陷的阻挡（散射），形成热量传递的阻力。物理上定义热阻为热导率的倒数，热阻可分解为晶格振动热阻和杂质缺陷热阻两种。当金属材料处于高温时，阻碍热传导的主要因素是晶格振动热阻；金属材料处于低温时，阻碍热传导的主要因素是杂质缺陷；当金属材料处于中间温度区间时，晶格振动和杂质缺陷均起作用。合成后的热导率如下式：

$$\lambda = \frac{1}{\alpha T^2 + \beta/T} \tag{6-4}$$

式中　λ——总热导率值；

T——金属材料的温度；

α，β——常数。

通常情况下，纯金属由于温度升高而使电子平均自由程减小的作用更为显著，所以纯金属的热导率一般随温度的升高而降低；在合金中，由于异类原子的存在使电子平均自由程受温度的影响较小，温度本身的作用较为明显，因而合金的热导率随温度的升高而升高。

③ 气孔率对金属材料热导率的影响　气体导热效果较差，因而材料内部存在着大量气孔时，材料的热导率将受到较大的影响。对于金属烧结材料而言，当未进行烧结时，空气为基体相，金属粉末为弥散相。此时通过麦克斯韦关系可得：

$$\frac{\lambda_p}{\lambda_m} = \frac{\lambda_a}{\lambda_m}\left(\frac{3}{\varphi_a} - 2\right) \tag{6-5}$$

式中　λ_p——金属粉末的热导率，W/(m·K)；

　　　λ_m——金属的热导率，W/(m·K)；

　　　λ_a——空气的热导率，W/(m·K)；

　　　φ_a——气孔率，%。

对大多数金属材料而言，通常 $\lambda_a/\lambda_m = 0.001$，因而可以通过式（6-5）得出粉末相对热导率与气孔率的变化关系。

对于烧结后的多孔金属材料而言，空气为弥散相，金属为基体相，并且此时空气的热导率相对于金属的热导率可以忽略不计，由麦克斯韦关系可得：

$$\frac{\lambda_p}{\lambda_m} = \frac{1 - \varphi_a}{1 + \frac{1}{2}\varphi_a} \tag{6-6}$$

通过式（6-6）可以得到金属粉末的相对热导率与气孔率的变化关系。

6.1.2　热导率的测量方法

测量金属材料热导率的方法很多，对不同的温度范围和不同的热导率范围，通常需要采用不同的测量方法才能获得较为准确的热导率值。采用什么样的测试方法往往要从材料的热导率范围、待测试样可能做成的几何形状、数据所需的准确度和测量周期等一系列因素来综合考虑。

热导率的测量方法可分为两大类：稳态测量法和非稳态测量法。稳态测量法是指在测量过程中温度场分布不随时间改变而改变的方法。反之则称为非稳态测量法。用稳态测量法测量热导率时，需要测量出试样上单位面积的热流密度和温度梯度，然后再利用傅里叶定律计算出热导率。而对于非稳态测量方法，直接测量的是材料的热扩散率，需要知道材料的密度和比热容，然后计算出材料的热导率。图 6-1 列出了常用的热导率测量方法，其中较常用的为稳态纵向热流平板法、圆棒法，稳态径向热流圆柱法、圆球法、椭球法及稳态直接电加热法等。

6.1.2.1　稳态纵向热流法

（1）稳态纵向热流平板法

稳态纵向热流平板法是用平板状试样（方板状或圆盘形状）测量材料热导率的一种稳态纵向热流法。这种方法具有如试样容易制备、测量准确度高以及测量温度范围宽（-253～1500℃）等很多优点，但同时这种方法只适用于测量热导率在 0.02～5.0W/(m·K) 范围的低导热材料。

稳态纵向热流平板法的测量原理：假定平板试样内只存在纵向一维热流，在不考虑径向热损的边界条件下，经由一维傅里叶热传导方程得到材料热导率为：

$$\lambda = \frac{Q\Delta L}{S(T_2 - T_1)} \tag{6-7}$$

式中　λ——T_1、T_2 温度范围内试样的平均热导率，W/(m·K)；

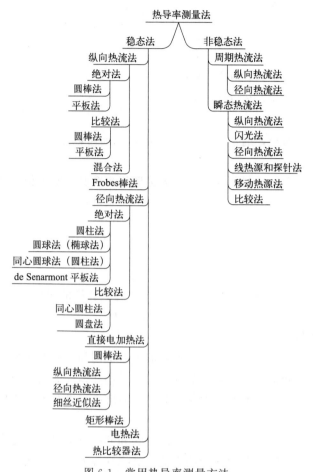

图 6-1　常用热导率测量方法

Q——热流量，表征单位时间通过热流截面的热量多少，具有功率特性，W；

T_1、T_2——分别为试样冷面（低温）和热面（高温）温度，K；

ΔL——试样厚度，m；

S——试样测试区的面积，m^2。

稳态纵向热流平板法按是否直接测量热流值（单位时间流过热流截面的热量）分为绝对法、比较法和混合法，其中绝对法又可以分为直接测量主加热器电功率的电功率法和用流量计或沸腾卡计测量热流的卡计法两种。绝对法平板装置有单板和双板两种。单板系统只需用一块板状试样（方板或圆盘）放在冷板和热板之间，如图 6-2 所示。双板系统则需要用两块相同的板状试样，分别夹在一块热板和两块冷板之间，如图 6-3 所示。测量过程中，需要使整个系统满足纵向一维热流的边界条件，通常可用大直径薄试样来防止径向热损，也可以通过使用热保护环的办法来消除径向热损。

比较法是同时将待测试样和参考试样放入测试装置中，测量时需要使通过两个试样的热流密度相同，然后通过式（6-8）计算出待测试样的热导率：

$$\lambda = \lambda_\tau \frac{S_\tau (\Delta T / \Delta L)}{S (\Delta T / \Delta L)} \tag{6-8}$$

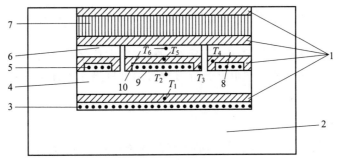

图 6-2　单板法示意

1—均匀板；2—炉子隔热材料；3—底加热器；4—绝热粉末；5—边加热器；6、8—试样热保护环；

7—隔热层；9—主加热器；10—待测板状试样；$T_1 \sim T_6$—测温点

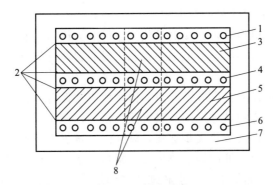

图 6-3　双板法示意

1、6—外加热炉；2—均匀板；3、5—试样；4—中心加热炉；7—隔热材料；8—测试区

式中　λ——试样在 $T_1 \sim T_2$ 温度范围内的平均热导率，W/(m·K)；

　　　λ_τ——参考试样在 $T_1 \sim T_2$ 范围内的平均热导率，W/(m·K)；

　　　ΔT——试样、参考试样冷、热两表面的温度差，K；

　　　ΔL——试样、参考试样的厚度，m；

　　　S_τ——参考试样测试区的面积，m^2；

　　　S——试样测试区的面积，m^2。

比较法中，待测试样和参考试样的几何尺寸大小与冷、热面温差可以不同，相比较而言，比较法比绝对法具有更多的优点，如设备简单、操作方便等，但同时也存在误差较大的缺点。

稳态纵向热流平板法测量材料热导率的误差主要来自以下几方面：

① 由于测试过程中需要满足纵向一维热流，试样的厚度较薄，接触热阻所占的比例较大，对热导率测量值有较大的影响。

② 对于多孔或透明试样，传导热量正比于温差，辐射热量与温度的三次方成正比，对热导率测量值也有影响。

③ 侧向和底向热损同样会引起误差。

④ 测量中所使用的二次测量仪表也会对最终结果产生影响。

（2）稳态纵向热流圆棒法

稳态纵向热流圆棒法是一种用圆棒状试样测量材料热导率的稳态纵向热流法。这种方法

第 6 章　热性能测试方法

几乎适用于测量所有金属在低温下的热导率，可以测量热导率在 $0.1\sim5000\mathrm{W/(m\cdot K)}$ 范围内的导体。

稳态纵向热流圆棒法的测量原理：假定在圆棒试样中只存在纵向一维热流，且在没有径向热损的边界条件下，由一维傅里叶热传导方程得到材料热导率有如下关系：

$$\lambda = \frac{Q\Delta L}{S(T_2 - T_1)} \qquad (6\text{-}9)$$

式中　λ——试样在 $T_1\sim T_2$ 温度范围内的平均热导率，$\mathrm{W/(m\cdot K)}$；

$\quad\quad Q$——热流量，W；

T_1、T_2——分别为低、高温点的温度，K；

$\quad\Delta L$——两测温点的距离，m；

$\quad\quad S$——垂直于热流方向试样的截面积，m^2。

稳态纵向热流圆棒法根据是否直接测量热流量可分为绝对法和比较法两种，其中绝对法又由于在测量时使用的温区不同，有低温装置和高温装置两种类型，低温圆棒法测量装置如图 6-4 所示。

在低温测量时，热量辐射损失并不严重，但系统需要保持高真空状态，以防止热量对流而造成大量的热损，同时待测试样周围应设置热补偿屏以减小辐射热损。

在高温测量中，由于辐射传热逐步加强，试样的热量损失迅速增加，所以必须在试样周围填充低导热能力的绝热粉以抑制辐射热损。通常情况下，试样的热导率应比绝热粉的热导率高 1000 倍以上，并且在测量中，炉子和试样之间还需要设置一个防护屏。防护屏由单独热源供热，屏上各点的温度须与试样上对应点的温度相等。高温圆棒法测量装置如图 6-5 所示。

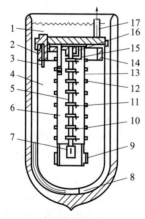

图 6-4　低温圆棒法测量装置

1—低温液体；2—可控温热汇加热器；3—铂电阻温度计；
4—真空腔；5—待测试样；6—玻璃纤维；7—试样加热器；
8—蒸发加热器；9—屏加热器；10—测温热电偶；11—热电偶夹持器；
12—微调加热器；13—热补偿屏；14—温度参考环；
15—碳电阻温度计座；16—铜电阻温度计；17—真空接管

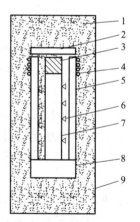

图 6-5　高温圆棒法测量装置

1—绝热粉；2—防护屏；3—试样加热器；
4—防护加热器；5—热防护柱；
6—热电偶；7—试样；8—热汇；
9—加热炉

比较法又称为分割式棒状法，通过将待测试样夹在参考试样中间，使待测试样和参考试样上流过相同的电流密度。此时，待测试样的热导率计算公式同式 (6-8)。

6.1.2.2 稳态径向热流法

（1）稳态径向热流圆柱法

稳态径向热流圆柱法是一种采用一个具有同轴中心圆孔的圆柱体试样来测量材料热导率的稳态径向热流法。测量中，加热器放置在圆柱的轴线上，稳态条件下，材料的热导率由下式给出：

$$\lambda = \frac{Q\ln(r_2/r_1)}{2\pi L(T_1 - T_2)} \tag{6-10}$$

式中　Q——单位时间通过圆柱壁的热量，W；

　　　　L——试样测试区长度，m；

　r_1、r_2——试样的径向长度，m；

T_1、T_2——试样径向 r_1、r_2 处的温度，K。

在使用径向热流圆柱法测量时，为满足只有径向热流的条件，待测试样总长度与直径之比应足够大，并且为了径向有足够的温差，试样直径不能太小。

（2）稳态径向热流圆球法

稳态径向热流圆球法是一种使用空心圆球体试样来测量材料热导率的方法。该方法中，加热器被放置在待测球体中央，完全被包围，热流只能从径向向外流动。这种方法测得材料的热导率由下式计算：

$$\lambda = \frac{Q\left(\dfrac{1}{r_1} - \dfrac{1}{r_2}\right)}{4\pi(T_1 - T_2)} \tag{6-11}$$

式中　Q——单位时间通过空心圆球壁的热量，W；

　r_1、r_2——试样的径向长度，m；

T_1、T_2——分别为试样径向 r_1、r_2 处的温度，K。

（3）稳态径向热流椭球法

稳态径向热流椭球法与稳态径向热流圆球法测量材料热导率的方法原理相同，只是用空心椭球试样代替空心的圆球试样。椭球试样的短轴平面应十分平滑，为温度的精确测量提供方便。椭球法测量材料热导率由下式计算：

$$\lambda = \frac{Q}{8\pi a(T_1 - T_2)}\ln\left(\frac{\sqrt{a^2 + r_2^2} - a}{\sqrt{a^2 + r_2^2} + a} \times \frac{\sqrt{a^2 + r_1^2} + a}{\sqrt{a^2 + r_1^2} - a}\right) \tag{6-12}$$

式中　Q——单位时间通过空心椭球壁的热量，W；

　　　　a——椭球壁的半焦距，m；

　r_1、r_2——试样径向长度，m；

T_1、T_2——试样径向 r_1、r_2 处的温度，K。

6.1.2.3 稳态直接电加热法

稳态直接电加热法是指在短时间内，直接通电加热一根质地均匀并且导电良好的棒状试样，进而测量材料热导率的方法。直接电加热法与非直接电加热法的优缺点比较如表 6-1 所示。

表 6-1　直接电加热法与非直接电加热法的优缺点比较

序号	直接电加热法	非直接电加热法
1	不需要高温炉	需要高温炉
2	短时可达到热平衡	达到热平衡时间较长
3	计算复杂	计算相对简单
4	只能测导电材料	可测导体，也可测非导体
5	容易达到边界条件的要求	较难达到边界条件的要求
6	试样要求：细长棒、丝、带或粗柱体	试样要求：大直径圆盘、圆柱
7	对垂直于热流、电流方向的裂纹敏感	对垂直于热流方向的裂纹敏感

在稳态无径向热流的条件下，均匀固体材料的热传导微分方程为：

$$\frac{\partial}{\partial x}\left(\lambda\,\frac{\partial T}{\partial x}\right)+\frac{\partial}{r\,\partial r}\left(r\lambda\,\frac{\partial T}{\partial r}\right)+\rho\,\frac{I^2}{A^2}-\mu\,\frac{I}{A}\frac{\partial T}{\partial x}=0 \tag{6-13}$$

式中　λ——材料的热导率，$W/(m\cdot K)$；

　　　ρ——材料的电阻率，$\Omega\cdot m$；

　　　μ——汤姆孙系数；

　　　A——试样的横截面积，m^2；

　　　I——加热电流，A；

　　　r——试样的径向长度，m；

　　　x——试样的纵向长度，m；

　　　T——金属材料的温度，K。

（1）径向热流法

用径向热流法测量材料热导率时，由于 $\partial T/\partial x=0$，试样纵向没有热量损失，空心棒状试样的热导率为

$$\lambda=\frac{VI}{4\pi L(T_2-T_1)}\left(1-\frac{2r_2^2}{r_1^2-r_2^2}\ln\frac{r_1}{r_2}\right) \tag{6-14}$$

式中　λ——材料的热导率，$W/(m\cdot K)$；

　　　L——试样纵向上均温段的长度，m；

　　　V——均温段上的电压降，V；

　　　I——流过试样的电流，A；

T_1、T_2——空心棒状试样内径 r_1 和 r_2 处的温度，K。

当空心试样的 r_2 无限趋近于 0 时，就可以得到实心棒状试样的热导率计算公式：

$$\lambda=\frac{VI}{4\pi L(T_2-T_1)} \tag{6-15}$$

（2）纵向热流法

用纵向热流法测量材料热导率时，由于 $\partial T/\partial r=0$，试样径向没有热量损失。对于棒状金属试样，其原理如图 6-6 所示。

材料的热导率由下式给出：

$$\lambda=\frac{1}{8\rho}\frac{(V_1-V_3)^2}{(T_2-T_1)} \tag{6-16}$$

功能材料性能测试方法

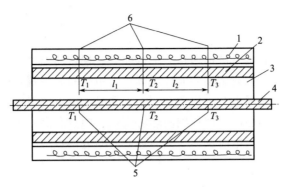

图 6-6　直流通电纵向热流法原理图

1—防护炉；2—均温管；3—绝热材料；4—试样；5—测量试样温度热电偶；6—测量环境温度热电偶

式中　λ——材料的热导率；

　　　ρ——材料的电阻率；

V_1、V_3——边界条件处的电压；

T_1、T_2——边界条件处的温度。

　　实际条件下，试样侧面无热量损失是不可能的，经修正后，材料的热导率计算公式如下：

$$\lambda = \frac{1.52lIV}{d(\Delta T_1 - \varepsilon N)} \tag{6-17}$$

式中　λ——材料的热导率；

　　　l——试样工作区段的平均长度；

　　　I——流过试样上的电流；

　　　V——试样工作区段的平均电压降；

　　　d——棒状试样的直径；

　　ΔT_1——试样工作区段中点和端点的温度差；

　　　ε——与试样侧向热量损失有关的系数；

　　　N——试样与侧向环境的温差函数。

　　式（6-17）中 ΔT_1、ε、N 可以通过下列各式确定：

$$\Delta T_1 = T_2 - \frac{T_1 + T_3}{2}$$

$$\Delta T_2 = T_2' - \frac{T_1' + T_3'}{2}$$

$$\Delta T_3 = T_{02} - \frac{T_{01} + T_{03}}{2}$$

$$\Delta T_4 = T_{02}' - \frac{T_{01}' + T_{03}'}{2} \tag{6-18}$$

$$N = T_2' - T_2 + \frac{\Delta T_1 - \Delta T_2}{6}$$

$$N_0 = T_{02}' - T_{02} + \frac{\Delta T_3 - \Delta T_4}{6}$$

$$\varepsilon = \frac{T_3}{N_0}$$

式中　T_1、T_2、T_3——通电时试样端点、中点和另一端点的温度；

　　T_1'、T_2'、T_3'——通电时试样侧向环境端点、中点和另一端点的温度；

　　T_{01}、T_{02}、T_{03}——不通电时试样端点、中点和另一端点的温度；

　　T_{01}'、T_{02}'、T_{03}'——不通电时试样侧向环境端点、中点和另一端点的温度；

　　N_0——不通电时试样与侧向环境的温差函数。

6.1.2.4　非稳态周期热流法

周期热流法是一种测量材料热导率的非稳态测量方法，该方法在试样的一端施加一个温度呈周期性变化的热源，导致试样上任何一点的温度都将和热源以相同的周期变化，当热流在试样内部传递时，试样上任意两点间存在着相位差，通过测量温度波的相位变化，就可以测出这种材料的热扩散率，再根据热扩散率和热导率之间的关系得到材料的热导率。

具体而言，若采用一根细长棒作为待测试样，通过施加一个热源使其中间点做周期性升温和降温。如果长细棒足够长，试样末端能够保持初始温度不变，通过测量试样上的温度波相位差就能够测出试样的热扩散率，计算公式如下：

$$\alpha = \frac{\pi L^2}{\tau \psi \lg m} \tag{6-19}$$

式中　α——试样的热扩散率，m^2/s；

　　L——两观察点间的距离，m；

　　τ——温度波的周期，s；

　　ψ——两观察点间的相位差；

　　m——两点温度的振幅比。

在传热分析中，热扩散率 α 是热导率与容积热容之比，因而可用下式得到热导率 λ：

$$\lambda = \alpha \rho c_v \tag{6-20}$$

式中　λ——热导率，W/(m·K)；

　　ρc_v——容积热容，$J/(m^3 \cdot K)$；

　　ρ——密度，kg/m^3；

　　c_v——定容比热容，J/(kg·K)；

　　α——试样的热扩散率，m^2/s。

6.1.2.5　非稳态瞬态热流法

非稳态瞬态热流法是指对测试试样施加一个能产生脉冲式或阶跃式热量的加热源，通过测量试样的温度变化来确定材料热扩散率的方法。瞬态热流法中最常用的是闪光法。闪光法是应用最广的一种测量材料热扩散率的方法，它具有测量周期短、温度范围宽（－196～3000℃）和准确度高等优点，该方法所采用的试样是厚度远小于其直径的圆形薄片试样，测量时对试样的一面施加脉冲热流，然后根据试样另一面的温度变化情况确定材料的热扩散率，其试验原理图如图 6-7 所示。

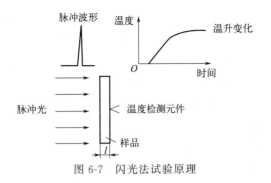
图 6-7 闪光法试验原理

根据傅里叶定律，不透明材料的热扩散率可以通过下式计算：

$$\alpha = \frac{0.139L^2}{t_{1/2}} \tag{6-21}$$

式中 α ——试样的热扩散率，m^2/s；

L ——试样的厚度，m；

$t_{1/2}$ ——试样的另一面温度达到最大温升一半时所需要的时间，s。

用闪光法测量材料热扩散率时应满足如下条件：

① 试样内部只存在一维热流，不存在侧向的热量损失，即热传导方式为一维热传导。

② 圆形薄片试样应材质均匀、各向同性，且材料的物理性能可以作为常量处理。

③ 试样在被施加脉冲热流时，均匀受光辐照，并在表面极薄层内被吸收。

④ 要求光辐照的加热时间远小于温度在试样变化的时间。

闪光法的测量误差主要来自测量误差和原理误差两个方面。测量误差是各测量值存在误差，原理误差是测量系统和测量条件未完全满足试验原理所需条件而造成的误差，因此，为了测量到材料准确的热扩散率值，常常需要对结果作出分析和修正。

得到试样的热扩散率后，再根据式（6-20）即可求出材料的热导率。

6.2 热膨胀系数测试方法

6.2.1 热膨胀效应概述

6.2.1.1 热膨胀系数

固体材料热膨胀的实质是固体原子的热振动，且这种热振动属于一种非简谐振动，因而振动的结果使原子的平均位移量不等于零，当平均位移量大于零时物体就膨胀，平均位移量小于零时物体收缩。利用热膨胀方法对材料进行测定和研究称为"膨胀分析"，目前膨胀分析不仅用于材料膨胀系数的检测，亦是动态研究材料相变过程的有效手段。

（1）线胀系数

线胀系数是指与单位温度变化对应的试样（材料）单位长度的线膨胀量。当温度由 T_1 变到 T_2 时，试样的长度相应地从 L_1 变到 L_2，则材料在该温度区间的平均线胀系数 $\bar{\alpha}_l$ 可用下式表示：

$$\bar{\alpha}_l = \frac{L_2 - L_1}{L_1(T_2 - T_1)} = \frac{\Delta L}{L_1 \Delta T} \tag{6-22}$$

式中　$\bar{\alpha}_l$——平均线胀系数，℃^{-1}；

　　　L_1——试样初始长度，mm；

　　　L_2——试样受热膨胀后的长度，mm；

　　　T_1——试样初始温度，℃；

　　　T_2——试样最终温度，℃；

　　　ΔL——试样长度变化量，mm；

　　　ΔT——试样温度变化量，℃。

（2）瞬间线胀系数

在温度 T 下，与单位温度变化相应的线性热膨胀值，称为瞬间线胀系数，也称为微分线胀系数，可用下式表示：

$$\alpha_l = \frac{1}{L_i} \lim_{T_2 \to T_1} \frac{L_2 - L_1}{T_2 - T_1} = \frac{1}{L_i} \frac{\mathrm{d}L}{\mathrm{d}T} \bigg|_{T=T_i} \tag{6-23}$$

式中　α_l——试样瞬间线胀系数，℃^{-1}；

　　　L_i——试样于温度 T_i 时的长度，mm；

　　　T_i——试样从温度 T_1 升高到温度 T_2 过程中的任意温度，℃。

（3）体胀系数

体胀系数是指与单位温度变化对应的试样单位体积的膨胀量。当温度由 T_1 变到 T_2 时，试样的体积相应地从 V_1 变到 V_2，则材料在该温度区间的平均体胀系数 $\bar{\alpha}_V$ 可用下式表示：

$$\bar{\alpha}_V = \frac{V_2 - V_1}{V_1(T_2 - T_1)} = \frac{\Delta V}{V_1 \Delta T} \tag{6-24}$$

式中　$\bar{\alpha}_V$——试样平均体胀系数，℃^{-1}；

　　　V_1——试样初始体积（温度：T_1），mm^3；

　　　V_2——试样受热膨胀后体积（温度：T_2），mm^3；

　　　T_1——试样初始温度，℃；

　　　T_2——试样最终温度，℃；

　　　ΔV——试样体积变化量，mm^3；

　　　ΔT——试样温度变化量，℃。

（4）瞬间体胀系数

当 ΔT 超近于零时，$\bar{\alpha}_V$ 的极限值（恒压下）称为瞬间体胀系数，也叫微分体胀系数，可用下式表示：

$$\alpha_V = \frac{1}{V_i} \lim_{V_2 \to V_1} \frac{V_2 - V_1}{T_2 - T_1} = \frac{1}{V_i} \frac{\mathrm{d}V}{\mathrm{d}T} \bigg|_{T=T_i} \tag{6-25}$$

式中　α_V——瞬间体胀系数，℃^{-1}；

　　　V_i——温度 T_i 时试样的体积，mm^3；

　　　T_i——试样从温度 T_1 升高到温度 T_2 过程中的任意温度，℃。

（5）体胀系数与线胀系数的关系

对于各向同性的材料，平均体胀系数 $\overline{\alpha}_V$ 与线胀系数 $\overline{\alpha}_l$ 之间存在如下关系：

$$\overline{\alpha}_V = 3\overline{\alpha}_l \left[1 + \overline{\alpha}_l (T_2 - T_1)\right] \tag{6-26}$$

若 $\overline{\alpha}_l (T_2 - T_1) \ll 1$，则 $\overline{\alpha}_V = 3\overline{\alpha}_l$，这也是一般工况条件下要考虑的关系。

在材料热膨胀各向异性的情况下，体胀系数要由六个独立的膨胀系数分量来表征。其中三个互相垂直方向上的线胀系数分量 $\boldsymbol{\alpha}_1$、$\boldsymbol{\alpha}_2$、$\boldsymbol{\alpha}_3$，决定材料（特别是晶体）的体膨胀量，而与切应变相联系的三个膨胀系数分量 $\boldsymbol{\alpha}_4$、$\boldsymbol{\alpha}_5$、$\boldsymbol{\alpha}_6$，只对热膨胀过程中晶型的变化起作用。对于立方、六方、四方、三方及正交晶系，热膨胀不会引起晶型的变化，体胀系数可近似地用三个互相垂直的晶轴方向上的线胀系数的和来表示，即：

$$\boldsymbol{\alpha}_V = \boldsymbol{\alpha}_{l1} + \boldsymbol{\alpha}_{l2} + \boldsymbol{\alpha}_{l3} \tag{6-27}$$

式中　$\boldsymbol{\alpha}_{l1}$、$\boldsymbol{\alpha}_{l2}$、$\boldsymbol{\alpha}_{l3}$——三个晶轴方向上的主线胀系数，$℃^{-1}$。

（6）金属元素线胀系数的各向异性

固体金属热膨胀的各向异性可以定性地从原子间结合力的强弱来说明。在非立方晶系中，平行于轴向和垂直于轴向的原子间结合力差别很大，如果在一个方向上的结合力比其它方向小，则晶体首先在该方向上受到热激发，使该方向上的热膨胀迅速增加，垂直该方向即发生收缩，出现线胀系数是负值的现象。

6.2.1.2　影响热膨胀系数的因素

① 合金成分与相变　组成合金的溶质元素及其含量对合金热膨胀的影响极为明显。金属与合金中加入不同的元素，膨胀系数将发生变化，且这种变化极为复杂。固溶体的膨胀系数一般都随着溶质元素含量的变化而变化，溶质元素的膨胀系数高于溶剂基体时，将增大膨胀系数；溶质元素的膨胀系数低于溶剂基体时，将减小膨胀系数。溶质元素的含量越高，影响越大。如在铝中加入铜、铁、铍及硅时膨胀系数减小，在铜中加入铅、金时亦是如此，因为这些溶质元素的膨胀系数均小于溶剂元素的膨胀系数。反之，在铜中加入锌或锡则膨胀系数增大，因为锌或锡的膨胀系数比铜更大。但铜中加入锑例外，锑的膨胀系数虽然比铜小，但它却使铜的膨胀系数增大，表现了锑的半金属特性。

多相合金若是多相的机械混合物，则膨胀系数介于这些相的膨胀系数之间，近似地符合直线规律，故可根据各相所占的体积分数按相加的方法粗略地估算多相合金的膨胀系数。总的来说，多相合金中组织分布状况对合金的膨胀系数影响不敏感。膨胀系数主要取决于组成相的性质及含量。

② 铁磁性转变　大多数金属和合金的热膨胀系数随温度的变化规律为正常膨胀。但对于铁磁性金属及合金，如铁、钴、镍及其某些合金，膨胀系数随温度的变化不符合上述规律，在正常的膨胀曲线上出现附加的膨胀峰，这些变化称为反常膨胀。

③ 组成物化学成分　化学成分是决定金属材料膨胀系数的主要因素。当成分一定时，加工及热处理等工艺因素对热膨胀也有影响，但这种影响不稳定，采用一定的工艺处理后可以消除这种影响。

④ 加工工艺　一般情况下，工艺因素对钢的膨胀系数影响较小，对于精密合金则影响较大。

6.2.2　热膨胀系数的测量方法

热膨胀系数的测量方法较多，归纳起来可分为接触法和非接触法两类。接触法是将物体的膨胀量用一根传递杆以接触的方式传递出来，再配用不同的检测仪器测得；非接触法则不采用任何传递机构。接触法主要有千分表法、光杠杆法、顶杆式测量法、机械杠杆法、电感法（差动变压器法）和电容法等；非接触法有光干涉法、X 射线法和直接观测法等。选用何种方法应根据测量的温度范围、试样的几何尺寸、膨胀系数的大小和所要求的测量精度等因素综合考虑。例如，棒状试样可采用顶杆式测量法；细丝、薄片试样适于采用直接观测法或某种特定的方法；线胀系数各向异性的试样适于采用 X 射线法；线胀系数较小或测量精度要求较高的试样应采用光干涉法等。

6.2.2.1　推杆式膨胀仪测量法

（1）测试装置及要求

采用步进式变温方式或缓慢恒速变温方式对温度进行控制，利用推杆式熔融石英膨胀仪检测固体材料试样相对于其载体的长度随温度的变化。

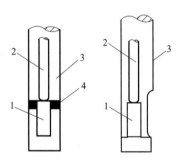

图 6-8　试样载体与推杆及试样
接触面的典型形状

1—试样；2—透明石英推杆；
3—透明石英外管；4—适宜的间隙

试样的载体与推杆（管）均由退火的熔融石英构成，它们将试样长度上的变化传输至传感器，推杆的形状和尺寸应保证将载荷作用到试样上，并且在需要的温度范围内在试样上不产生压痕。试样载体与推杆及试样接触面的典型形状如图 6-8 所示，试样载体和推杆应由同牌号的透明石英制成，两者热膨胀系数的差异应在 $\pm1\%$ 以内。

由于在试验温度范围内以受控速率均匀加热或冷却试样，低温可达 $-180℃$，高温可达 $900℃$，为保证试样温度的均匀性符合要求，放置试样的炉子或变温均匀区的长度应大于试样的长度。试样中的温度梯度与长度及直径的比值和炉子的热绝缘质量有关。调整炉子加热线圈的位置，使其由中心区移向试样端部，可使温度梯度减小。此外，对于高温下的试验，应使用重金属套管或辐射屏。在温度控制方面，要保证控温传感元件有与被测试样相同的温度（辐射加热炉），或使其很靠近加热元件（电阻加热炉）。

膨胀位移测量系统是由位移传感器将试样与其载体间的膨胀位移的差值转换为适宜输入到数据处理-记录仪的电、光信号的装置，如数字编码器、差动的或指针式的转换器等，其精度应满足性能检测要求。例如，在 $100\sim200℃$ 温度间隔内，要保证对长度 25mm、平均线胀系数 $1.0\times10^{-6}℃^{-1}$ 试样的检测精度要不超过 $\pm0.1\times10^{-6}℃^{-1}$，所用位移传感器的测量不确定度应不超过 ±85pm。位移传感器应保证因试验所致传感器中温度的最大变化对其示值无可见影响。由位移传感器、数据处理-记录仪、试样载体和推杆组成的膨胀位移测量系统应有稳定的零位示值。在系统使用的温度范围内，对与试样载体同质的参照试样测得的表观平均线胀系数的绝对值应不大于 $0.3\times10^{-6}℃^{-1}$。

温度测量系统由校正了的温度传感器件或器件组与人工的、电子的或其它等效的读出装置构成，要求被检温度示值的不确定度优于 $\pm0.5℃$ 或不大于整个温度范围的 $\pm1\%$。依温度区间的不同，可使用不同类型的传感器件，一般采用 JJG 141—2013、JJF 1637—2017 检定规程校正的丝状（$\phi 0.5\mathrm{mm}$ 或更细的丝）、箱状热电偶，以及 JJG 229—2010 规程校正的丝状电阻温度计。在 $190\sim350\,^\circ\mathrm{C}$ 范围内应使用 E 型或 T 型热电偶，在 $350\sim900\,^\circ\mathrm{C}$ 范围内应使用 K 型、S 型及 N 型热电偶。热电偶应定期进行校正检验，以保证在使用过程中不致受到污染或排除因接点处合金组元的迁移而产生的相变。当使用热电偶时，应借助冰水槽或不受周围环境温度变化影响的、等效的电子基准装置来保证其参照端为 $0\,^\circ\mathrm{C}$。

长度检测量具用来测定试样的原始与最终长度，一般用指针式千分尺或卡尺（或其它等效器件），保证测量的不确定度不大于 $\pm25\mathrm{pm}$。

（2）试样制备

被测试样应具有刚性固体特征，即在试验温度和仪器所确定的应力下（载荷），试样的蠕变或弹性应变速率是可忽略的，或者说不会对长度变化的测量产生可见的影响。

试样长度 L_0 应服从热膨胀 $\Delta L/L_0$ 检测精度的需要，试样的最小长度为 $(25\pm0.1)\mathrm{mm}$，横向尺寸为 $3\sim10\mathrm{mm}$。

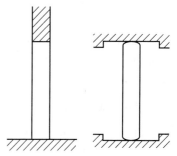

试样应轴向均匀，其端面（与载体、推杆间的接触面）的表面粗糙度值 Ra 应不大于 $10\mu\mathrm{m}$，端面间的平行度误差应小于 $25\mu\mathrm{m}$，试样与推杆端部如图 6-9 所示。不应采用具有尖端的试样，以防止在试验中试样产生变形。

增大试样的横截面积有助于防止升温时试样的非弹性蠕变。控制长试样中的温度梯度，保证试样上的温度不均匀性在 $\pm2\,^\circ\mathrm{C}/50\mathrm{mm}$ 以内。

图 6-9　试样与推杆端部的示意图

（3）装置的校正

① 检测前的准备，应确定测试装置的换算当量或校正常数。

② 位移传感器的校正需借助检测一组已经由精密螺旋测微器确定位移的量块或其它等效的装置实现；对于诸如数字编码器类的传感器可省去此步骤。

③ 温度测量系统的校正。按照 JJG 229—2010 规定的方法完成温度传感器的校正。对热机械分析仪（TMA）的温度校正；其误差应小于 $\pm1\,^\circ\mathrm{C}$，为此应将一种晶态材料以膨胀检测中所用的速率加热通过其熔点，通过观察施加规定负载的推杆产生压痕时的温度完成校正。可使用表 6-2 所示的材料（质量分数大于 99%）制作试样。

表 6-2　参照物及其熔点

参照物	In	Sn	Pb	Zn	Al
熔点/℃	156.6	232.0	327.5	419.6	660.4

④ 热膨胀测试系统的校正。对于整个系统的校正，应选择膨胀值已知，且与被测试样材料尽可能接近的一种参照材料。

校正用标准参照材料的热膨胀值如附表 1 所示。

满足一般使用要求的、工业用参照材料的线性膨胀值如附表 2 所示。其中，铂的数据可用至 $1300\,^\circ\mathrm{C}$；钨的数据，在空气中用至 $300\,^\circ\mathrm{C}$，在惰性气体中为 $1500\,^\circ\mathrm{C}$；铜的数据，在空气中用至 $300\,^\circ\mathrm{C}$，在惰性气体中为 $800\,^\circ\mathrm{C}$。

使用式（6-28）中的校正常数：

$$A = \left(\frac{\Delta L}{L_0}\right)_{\mathrm{t}} - \left(\frac{\Delta L}{L_0}\right)_{\mathrm{m}} \tag{6-28}$$

式中　A——校正常数；

$(\Delta L/L_0)_t$——标准参照材料真实的或被证实的热膨胀；

$(\Delta L/L_0)_m$——由膨胀仪测得的标准参照材料的热膨胀。

在 20～700℃间，透明石英平均线胀系数 $\overline{\alpha}_l = (0.52\pm0.02)\times10^{-6}℃^{-1}$，其它如表 6-3 所示。

表 6-3　透明石英的平均线胀系数

温度范围/℃	平均线胀系数/$10^{-6}℃^{-1}$	温度范围/℃	平均线胀系数/$10^{-6}℃^{-1}$
20～100	0.54	20～300	0.58
20～200	0.57	20～400	0.57

校正膨胀仪使用的试验条件、程序应与检测试样时相同，如试样长度、温度历程、环境气氛等。

显示试样与载体、推杆间热膨胀差值的观测值应予以修正。对于 TMA，此值被作为基线值或基线变化值，它可由不装设试样的空运行过程获得，最好由装入与推杆同质试样的测量运行过程获得。

（4）测试步骤

① 测试前的清洗。在 500℃以上受热的熔融石英将会因遭受碱性化合物的污染而产生晶化，为防止此种现象的发生，在每次测试前，石英组件应在质量分数为 10% 的氢氟酸水溶液中浸泡 1min，然后用蒸馏水彻底漂洗；为防止再受碱性化合物的污染，在测量结束前不得用手触及清洗后的石英组件。

② 测试前的准备。包括以下内容：

a. 在室温下测量试样热膨胀检测方向上的原始长度 L_0。

b. 在确认试样表面不受其它物质污染的前提下，将其置入膨胀仪，并保证其位置稳定。

c. 将温度传感器置于试样中部位置，应使其尽可能逼近试样，又不至于影响试样在载体中的运动。

d. 确保位移传感器、推杆、试样间有可靠的接触。

e. 将装配好的膨胀测量系统放入炉子、恒温器或它们的组合体中，使试样温度与其环境温度相平衡。

f. 应将适当的微量载荷作用在推杆上，以保证它与试样间的接触。这个力一般为 0.1～1N，如果可能减小，推荐取 30～50mN。为象征零负载，应采用精密地逐渐增加载荷的操作方法。

g. 记录温度传感器的初始读数 T_1，该读数对应于试样初始长度 L_0 时的温度。

③ 自动测量。推杆式热膨胀仪可以在整个需要的温度范围内测量试样的膨胀（收缩）值，直至最高温度。可采用速率不大于 5℃/min 的恒速加热或冷却的测录程序，在高精度的测试中，速率上限值应为 3℃/min。变温测量时试样中的平均温度一般与测得的温度不同（加热时低些，冷却时高些），但如果系统已用参照材料正确地校正过，测得的试样膨胀值仍是准确的，应连续记录温度和长度的变化值。

④ 精密测量。测量过程中采用阶梯式升温（或冷却）方式，各点保温时间由位移传感器达到示值稳定的时间决定，保温过程中的温度变化不得大于 ±2℃，试样内的温度梯度不得超过 0.5℃/cm，保温时间是膨胀测试装置与试样总的热质量（热容）的函数，并因温度

的不同而变化，在每个恒定的温度下，读取并记录温度 T_i 和试样变化了的相应长度 L_i。

⑤ 热机械分析仪（TMA）的应用。采用 TMA 进行测试前，在不装入试样的条件下，据前述方式，采用所选定的试验参数运行，检测并记录测量仪器的基线，特别是在低膨胀试样的检验中，试样 ΔL 的测量值一般必须经过仪器基线修正。当用 TMA 进行低膨胀材料的检测时，对一种材料一般应至少测试三个试样，仅对标准参照试样可重复检验。

（5）计算

① 计算试样线性热膨胀的公式如下：

$$\frac{\Delta L}{L_0} = \left(\frac{\Delta L}{L_0}\right)_0 + A \tag{6-29}$$

式中　　A——校正常数；

　　$\Delta L/L_0$——指定温度范围内试样的热膨胀；

　　$(\Delta L/L_0)_0$——指定温度范围内热膨胀仪的热膨胀测量值。

② 线性热膨胀的计算值除以相应的温度差 $\Delta T = T_2 - T_1$ 得到平均线胀系数：

$$\overline{\alpha}_l = (\Delta L/L_0)/\Delta T$$

（6）精度和偏差

① 推杆式膨胀仪测量法属于比较法，其测量精度低于属于绝对法的光干涉法，它通常用于线胀系数不小于 $0.5 \times 10^{-6} ℃^{-1}$ 材料的检测；如果传感器的精度及装置的稳定性满足要求，也可用本方法检测低膨胀材料。

② 热膨胀平均线胀系数的测量精度和偏差，与温度、长度相对应测量过程的同时性相关。

③ 测量不确定度一般由长度、温度重复测量中的精度和偏差构成，但也可能涉及可干扰测量的其它因素，如试样位置可重现性的变化、施加到传感器上的电压波动等。

④ 系统偏差较大并有多种来源，这包括长度与温度测量的准确度、试样平均温度与温度传感器指示温度间的偏差、由位移传感器的非线性所致的偏差、试样载体与推杆间及其与试样间的温度差异、熔融石英膨胀的假定值与实测值间的偏差以及试样与推杆间附加的表面接触的影响等。对于选定的位移传感器和温度传感器，可通过提高操作质量来减少随机因素的影响，而系统偏差只能借助对各独立组元及对整个系统的认真校正来消除或减小。

⑤ 平均线胀系数检测精度的估算值可由下式计算：

$$\frac{\delta \overline{\alpha}_l}{\overline{\alpha}_l} = \left(\frac{\delta \Delta L/L_0}{\Delta L/L_0} + \frac{\delta T}{\Delta T}\right) \times 100 \tag{6-30}$$

式中　$\dfrac{\delta \overline{\alpha}_l}{\overline{\alpha}_l}$——测量温度范围内平均线胀系数检测精度，%；

　　$\Delta L/L_0$——热膨胀测量不确定度；

　　δT——温度传感器检测不确定度，℃；

　　ΔT——测量温度范围，℃。

⑥ 采用符合规定并经仔细校正的熔融石英膨胀测试装置，在 25～400℃ 的温度范围内对硼硅酸盐玻璃、铜、钨等线性热膨胀材料 95% 置信水平的检测精度可达 4%。

⑦ 采用以氧化铝或石墨为推杆和载体的高温膨胀仪，在 2000℃ 以下，可获得相近的精

度和偏差。

⑧ 要确定热膨胀测量值的精度，必须用热膨胀值已知且可再现的参照材料对膨胀仪进行校正。

6.2.2.2 光杠杆法

（1）适用范围

光杠杆法适用于各种刚性固体材料，包括金属与非金属，测量的温度一般在 1000℃ 以下的中温区。

（2）测量原理

光杠杆法中试样热膨胀量通过一根传递杆引出，传递杆推动一个带小镜的光三脚架（或其它光杠杆机构）转动，将试样的膨胀量转换成反射光点的位移量，借助感光记录纸（板）或经光电转换由电学量测量而得。

（3）检测方法

① 经典光杠杆膨胀仪。经典光杠杆膨胀仪由膨胀计、记录仪、炉子及光源等部分组成，如图 6-10 所示。膨胀仪上有两个石英管 1 和 2，其中各放置标准试样 13 和被测试样 3，两样品尺寸要求相同（直径 3.5～4mm，长 50mm），它们的一端各自顶在两个石英管的封闭端，另一端分别与石英杆 12 和 4 相接触，两者的伸长量通过石英杆 12 和 4 及金属杆 11 和 5 传递到光杠杆 7 的可动支点上。光杠杆为直角三角形，三角形中部装有一反射镜 8，直角三角形背面三个角的顶点上有突出的尖点 10（直角顶点）、9 和 6；点 10 固定，点 9 和点 6 分别与标准试样和被测试样的顶杆相接触。当标准试样或被测试样膨胀时，光杠杆在它们的推动下发生偏转。标准试样或被测试样收缩时，则光杠杆在弹簧的反作用下作反方向偏转，反射镜 8 也随之转动，入射光投射到反射镜 8，光点经暗箱多次反射后落到感光板或映像纸上使之感光，即可得到光点移动的轨迹。标准试样伸缩时，光点沿 z 轴移动；被测试样伸缩时，光点沿 y 轴移动。

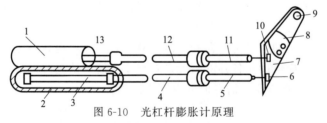

图 6-10 光杠杆膨胀计原理

1、2—石英管；3—被测试样；4、12—石英杆；5、11—金属杆；
6、9—尖点；7—光杠杆；8—反射镜；10—固定点；13—标准试样

标准试样的膨胀量经标定后可作为温度坐标。试样的平均线胀系数 $\bar{\alpha}_l$ 按下式计算：

$$\bar{\alpha}_l = \frac{\Delta L_m}{K L_0 (T - T_0)} \qquad (6\text{-}31)$$

式中　ΔL_m——感光纸上记录的试样膨胀量，mm；

　　　　K——光杠杆的放大倍数；

　　　　L_0——试样原始长度，mm；

　　　　T_0——初始温度，℃；

T——试样膨胀 ΔL_m 时的温度,℃。

标准试样用于指示待测试样的温度,在加热和冷却时,其位置应靠近待测试样。由于采用标准样品的膨胀量来表示待测试样的温度,故对照相记录膨胀曲线十分方便。对标准试样所用材料有如下要求:

a. 膨胀系数不随温度而变,且较大。

b. 在使用的温度范围内没有相变,不易氧化,与试样的热导率接近。

c. 在较低温度范围研究有色金属及合金时,常用纯铝和纯铜作标准试样。

d. 研究钢铁材料时,由于加热温度比较高,常用镍铬合金或皮洛斯合金作标准试样。

标准试样的形状和尺寸如图 6-11 所示,在标定标准试样膨胀量所对应的温度时,需将热电偶插入标准试样的小孔中。

待测试样的形状和尺寸最好与标准试样相同,但由于标准试样的形状复杂,加工较麻烦,故在实际测量时,在加热和冷却速度较慢的条件下,可采用简单的圆柱形试样,也能得到比较准确的测量结果。但在快速加热和冷却时,如试样与标准试样的形状相差大,吸热和散热情况就不同,待测试样和标准试样之间便会产生相当大的温差。

② 示差光杠杆膨胀仪。示差光杠杆膨胀仪所测量的膨胀量是标准试样与试样膨胀量的差,与经典光杠杆膨胀仪不同的是三脚架的形状不是等腰直角三角形,而是一个具有 30°角和 60°角的直角三角形,如图 6-12 所示。

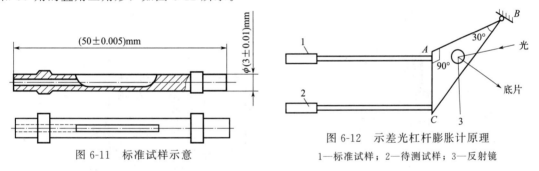

图 6-11　标准试样示意

图 6-12　示差光杠杆膨胀计原理

1—标准试样;2—待测试样;3—反射镜

按示差法工作时,标准试样的顶杆与光杠杆的直角三角形的直角顶点相触,试样的顶杆与光杠杆的一锐角顶点相触,另一锐角顶点固定。试样膨胀时光点仍按 y 轴方向移动,但标准试样膨胀时反射镜绕三角形的斜边转动,使光点与横坐标成 α 角(即 OA 方向)移动,如图 6-13 所示。

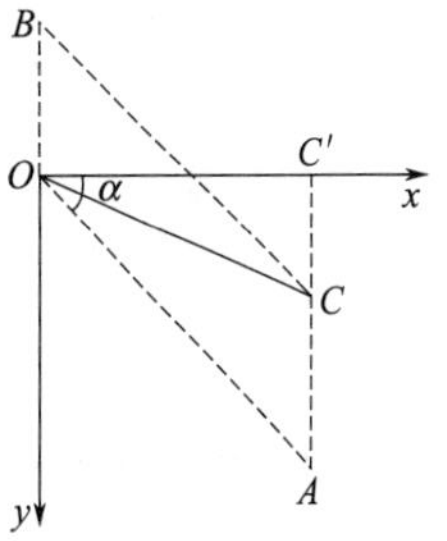

试样和标准试样两者同时膨胀时,光点沿 OC 方向移动。OC 在坐标纵轴上的投影 CC' 即为标准试样与试样的膨胀量之差,其值为 $\Delta L_m = OB = OA \sin\alpha - CC'$,试样的平均线胀系数 $\bar{\alpha}_l$ 为:

图 6-13　光杠杆示差法光点移动路径

$$\bar{\alpha}_l = \bar{\alpha}_{ls} - \frac{\Delta L_m}{KL_0(T-T_0)} \qquad (6-32)$$

式中　$\bar{\alpha}_l$——平均线胀系数,℃$^{-1}$;

$\bar{\alpha}_{ls}$——标准试样的平均线胀系数,℃$^{-1}$;

ΔL_m——感光纸上记录的试样膨胀量,mm;

K——光杠杆的放大倍数;

L_0——试样原始长度，mm；

T——试样膨胀 ΔL_m 时的温度。

示差法的优点是便于展示在相变过程中试样膨胀量的变化，可从膨胀量的变化确定材料的相变点，因此多用于测量有相变的材料；另外，由于抵消了石英的膨胀，故测量的准确度较高；同时，由于所测膨胀量为标准试样和待测试样的膨胀量的差值，当被测试样出现相变时反应更为灵敏，因此还可以用此法来测量相变点和相转变的速率。

③ 高灵敏度光杠杆膨胀仪。高灵敏度光杠杆膨胀仪适用于在低温范围内的高精度测量。它的特点不仅仅在于灵敏度高，而且在光杠杆系统的外面有一个方便的调节机构，如图6-14所示。图中一个小镜安置在两条弹性极好的铍青铜薄带之间，薄带朝一个方向扭转数圈，然后一端固定在恒温器的底上，另一端与试样相接；加热丝直接绕在试样上，当试样受热膨胀时，扭转的铍青铜带向与原扭转相反的方向转动，因而小镜跟随转动，转动的角位移量反映出试样长度的变化。角位移量由一套光杠杆机构检测，该机构包括入射光源、透镜组、光栅、微调器和光电池等。这种形式的光杠杆装置灵敏度极高，对于 $10^{-8}\mathrm{rad}$ 以上的角位移量均能检测。

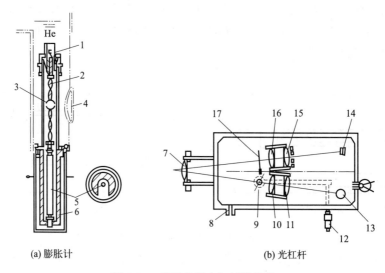

(a) 膨胀计   (b) 光杠杆

图 6-14　高灵敏度光杠杆膨胀仪

1—顶头；2—铍青铜带；3—小镜；4—窗口；5—试样；6—加热器；7、10、11—长焦距透镜；

8—真空抽口；9、17—光栅；12—测微器；13—光源；14—光电池；15、16—透镜

（4）标准试样的膨胀系数

定型生产的光杠杆膨胀仪一般均带有标准样品，有的用克罗林合金，其平均线胀系数如表6-4所示，有的用皮洛斯合金，其平均线胀系数如表6-5所示。

表 6-4　克罗林合金的平均线胀系数

$T/℃$	20～250	>250～500	>500～738
$\overline{a}_l/10^{-6}℃^{-1}$	13.96	16.02	18.88

表 6-5　皮洛斯合金的平均线胀系数

$T/℃$	25～100	>100～200	>200～300	>300～400	>400～500
$\bar{\alpha}_l/10^{-6}℃^{-1}$	13.20	>13.60	13.92	14.31	14.74
$T/℃$	>500～600	>600～700	>700～800	>800～900	>900～1000
$\bar{\alpha}_l/10^{-6}℃^{-1}$	15.35	15.73	16.03	16.35	16.64

（5）注意事项

使用光杠杆法测量膨胀系数时，为了减小误差，应注意以下事项：

① 安装试样时，必须保证试样与石英顶杆稳妥地接触，装完试样后轻轻振动膨胀计各部位，观察光点的位置是否发生变动；同时，试验过程中必须防止振动。

② 要选用特别的感光纸或感光板作记录，若采用普通照相纸记录，必须对其纵向和横向的收缩率分别进行标定。

③ 光点的大小和光线的强弱对测量精度均有影响，应尽量使光点细、圆，同时要有足够的强度，必要时使用氦氖激光器作光源。

④ 用热电偶测温时，热电偶的热端要插入试样中，但不得阻碍试样的自由膨胀。

⑤ 炉子温度要稳定，升温速度不宜超过 5℃/min。

6.2.2.3　千分表法

（1）适用范围

千分表法适用于测量有一定强度的棒状试样，要求试样长度约为 50mm。由于试样必须承受千分表及其顶杆的压力，因此试样直径不能过小，一般以 5～8mm 为宜。千分表法可使用温度范围较广，可低至液氮温区，高至 2500℃ 左右。

（2）检测方法

试样的膨胀量通过一根与试样载管材质相同且膨胀系数很小的顶杆传递出来，由千分表直接检测，如图 6-15 所示。

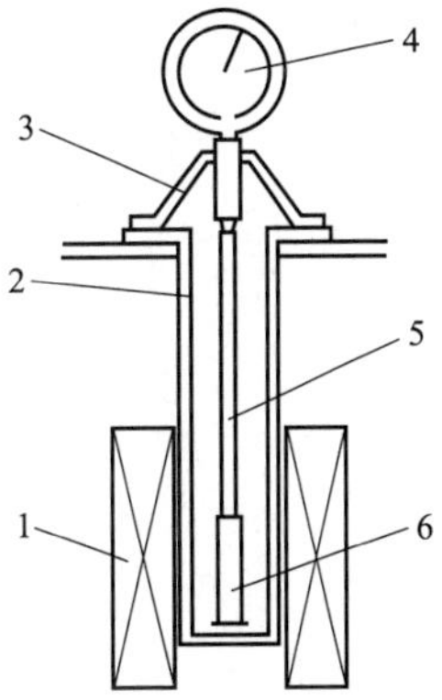

理论上，千分表测出的膨胀量 ΔL_M 是膨胀计中几部分膨胀量的代数和，试样的膨胀量按下式计算：

$$\Delta L = \Delta L_M - \Delta L_S - \Delta L_N \pm K_T \tag{6-33}$$

式中　ΔL——试样的膨胀量，mm；

ΔL_M——千分表测量的示值，mm；

ΔL_S——与试样等长试样载管的膨胀量，mm；

ΔL_N——支架的膨胀量，mm；

K_T——不同温度下顶杆和载管膨胀量之差，mm。

图 6-15　千分表膨胀仪示意
1—加热炉；2—载管；3—支架；
4—千分表；5—顶杆；6—试样

ΔL_S 与 ΔL_N 为已知，K_T 由试验校正得出。对每一台仪器而言，K_T 的绝对值越小越好（说明顶杆和载管之间的温差小，炉子温度场均匀）。试样的平均线胀系数按下式计算：

$$\bar{\alpha}_l = \frac{\Delta L}{L_0(T-T_0)}$$

千分表法的优点是设备结构简单，不需要其它膨胀量的放大机构，造价低廉，测量时不受电磁场干扰；缺点是试样膨胀量的测量需经多种修正，因而准确度不是很高，且难以实现

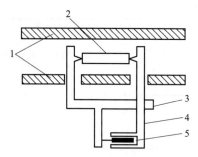

图 6-16 杠杆式千分表膨胀仪示意
1—加热炉；2—试样；3—支板；
4—顶杆；5—千分表

自动记录。

杠杆式千分表膨胀仪与上述类型千分表膨胀仪相比有很大的改进，其顶杆热膨胀的方向与试样热膨胀的方向垂直，如图 6-16 所示，顶杆的膨胀量不会叠加到试样上，千分表上的读数即为试样的膨胀量。

6.2.2.4 差动变压器法

（1）适用范围

差动变压器法适用于测量各种金属材料和非金属材料的膨胀系数，该类型仪器测量的温度范围较宽，试样的规格也允许有很大的变化范围。

（2）测量原理

差动变压器法将位移量的变化转换成电感量的变化，即应用互感型的传感器（差动变压器）测量试样热膨胀。差动变压器是由一个一次侧（励磁）线圈、两个绕制方向相反并互相串联的二次侧线圈和一个铁芯组成。试样通过顶杆与铁芯连接，置于线圈的中心。试样膨胀或收缩时，铁芯相对于线圈移动，使一次侧和二次侧线圈之间的互感系数发生变化，因而输出电压也相应变化，在较小的位移范围内，位移量与电感量成线性关系变化，因而膨胀或收缩量亦与电压成线性关系变化。

（3）检测方法

差动变压器式膨胀仪的结构如图 6-17 所示。

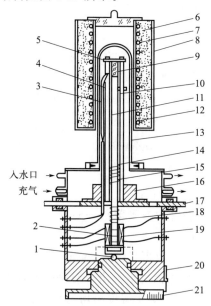

图 6-17 差动变压器式膨胀仪结构示意

1—接触球；2—磁芯棒；3—热电偶；4—银片导向环；5—银顶板；6—保温层；7—电炉丝；8—炉壳；9—试样；
10—钨支杆；11—钨顶杆；12—氧化铝炉管；13—氧化铝保护管；14、17—锻钢连接杆；15—导向弹簧；
16—支杆固定底座；18—导向弹簧；19—差动变压器线圈；20—微调指针；21—微调器

升温加热炉用 Pt-Rh30（Rh 的质量分数为 30%）丝绕成，电阻约为 4Ω。炉子内管为带螺纹的刚玉管，外管由氧化铝中空球制成。炉子在空气气氛下工作，最高工作温度为 1450℃。保温层是用氧化铝中空球做成，套层厚度为 40mm。膨胀计由两根钨支杆和一根钨顶杆组成，两支杆的顶端用一钼片连接，并用钼螺钉固定。为保证试样膨胀时顶杆和试样沿轴向做一维移动，在膨胀计的中部和下部分别装有导向弹簧，支杆底座上也装有定位套。钨顶杆和差动变压器的铁芯之间用一段导热性能差的石英杆连接，以防止差动变压器受热而引起输出电信号漂移。试样要求制作为 $\phi 5 \sim 6mm$、长 25mm 的圆棒，两端面抛光，其平行度误差不大于 $2 \sim 3mm$。测温用 Pt-Rh 热电偶。膨胀仪的测量回路如图 6-18 所示。

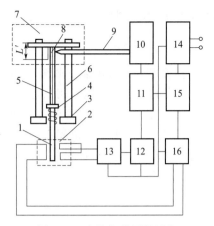

图 6-18　膨胀仪的测量回路
1—铁芯；2—差动变压器；3—固定座；
4—弹簧；5—顶杆；6—支杆；7—炉子；
8—试样；9—热电偶；10—双笔记录仪；
11—校正电路；12—检波器；
13—前置放大器；14—直流稳压器；
15—10kHz 振荡；16—功率放大器

图 6-18 中 5 为顶杆、6 为支杆，5 和 6 两者材料相同。L' 为顶杆的一段，要求其与试样长度 L_0 相等。若顶杆和支杆的受热状态完全一致（即每一横截面上对应的温度完全相等），则测量出的膨胀量 ΔL_k 即为试样的膨胀量 ΔL_0 与支杆膨胀量 $\Delta L'$ 的代数和（ΔL_0 与 $\Delta L'$ 方向相反）。但实际上，上述条件很难满足，因而顶杆和支杆之间的膨胀存在一个差值 K_T（K_T 因温度而异，其值由试验得出），因此试样的实际膨胀量 $\Delta L_0 = \Delta L_k + \Delta L' + K_T$，试样的平均线胀系数按下式计算：

$$\bar{\alpha}_l = \frac{\Delta L_k + \Delta L' + K_T}{L_0 \Delta T} \tag{6-34}$$

式中　$\bar{\alpha}_l$——试样的平均线胀系数，$℃^{-1}$；

　　　L_0——试样长度，mm；

　　　ΔL_k——膨胀量的测定值，mm；

　　　$\Delta L'$——与试样等长的钨支杆的膨胀量，mm；

　　　K_T——校正量，mm；

　　　ΔT——初始温度与终止温度间的差值，℃。

近年来，开发出了数字式膨胀仪和用于热膨胀测量的热机械分析仪（TMA），其测量温度最低约为 $-150℃$，最高可达 1500℃，试样尺寸允许有很大的变化范围，长度上限约 20mm，直径为 $2 \sim 15mm$；对非圆柱形试样亦可测量。TMA 的传感器为线性可变差动变压器（LVDT），其最大线性范围为 2mm，最高灵敏度为 $0.04\mu m$，对于线胀系数 $(1 \sim 200) \times 10^{-6}℃^{-1}$ 的材料均可测量。测量时试样上的接触压力可根据需要任意调节。TMA 除可测量固体材料的热膨胀系数、研究材料的相变过程并测定其相变点外，还可测量非晶体材料（陶瓷、玻璃、塑料、石蜡等）的软化温度，测定它们的成分变化等。

6.2.2.5 光干涉法

（1）方法综述

① 观测与试样膨胀（收缩）相对应的干涉条纹的变化，从而借助光的波长及亮度的变化来完成测量，属于绝对测量法。

② 采用菲佐光干涉法来完成测量：在柱形试样的顶部和底部分置两块光学平板，称为"干涉片"。上、下干涉片间有一定的夹角，投射的激光束经它们反射后发生干涉，形成干涉条纹；试样的膨胀或收缩导致光程差的变化，造成条纹移动，检测条纹的变化并转换成长度变化，即可完成测量。其工作原理如图 6-19 所示。

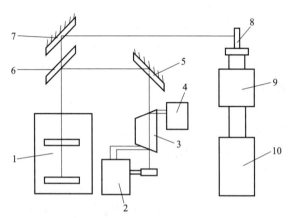

图 6-19 菲佐光干涉法测试原理示意

1—含有干涉仪的恒温槽；2—激光稳频装置；3—氦氖激光器；4—激光电源；
5、7—全反射镜；6—半反射镜；8—光电转换器；9—数据放大器；10—记录仪

（2）测试装置

① 长度测量装置。使用卧式测长仪或其它可满足要求的量具，测量环境温度 T 时的试样原始长度 L_0，其最小分度应不大于 0.01mm。干涉仪的光学平板由具有光学品质的透明石英制成，平板应抛光到可见光的 1/10 个波长，顶板与底板间应有 $15' \pm 5'$ 的夹角，顶板的下表面应经过研磨以消除反射，底板的上表面和顶板的下表面可涂敷反光材料以得到条纹的最佳能见度。使用波长已知的单色光源，推荐使用氦氖激光光源。可用游丝测微计或条纹记录器测量干涉条纹的移动，应读到 1/20 个条纹间距。

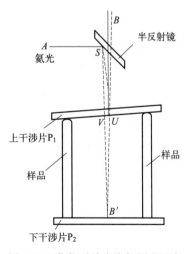

图 6-20 菲佐干涉膨胀仪原理示意

② 温度测量装置。用铂电阻温度计测量试样温度，测温灵敏度应大于 0.03℃。变温用恒温槽用电阻丝加热，用液氮或液氦制冷。在试样区内，横向温度的最大偏差应不大于 0.5℃，纵向温度的最大偏差应不大于 0.5℃。恒温槽的控温精度应不大于 ±0.2℃。

③ 膨胀仪。菲佐干涉膨胀仪如图 6-20 所示，光源的频率要求稳定，以保证测量条纹移动的偏差达到不大于 0.05 个条纹的水平。

（3）试样的制备

① 在严格的检测中，要求在被检材料的不同部位取样，加工成所需尺寸的试样。试样为棒状（或管状），以同一部位制取的三支试样为一组。在一般的检测中，对同一工艺下的样品只需一组试样。

② 推荐试样长度为 50mm，过短则测量灵敏度降低，过长则试样轴向温度不均匀性加大，具体可以参考使用设备的说明书要求。

③ 当试样长度取 50mm 时，直径应取 3～3.5mm。试样一端面为圆头，如图 6-21 所示。

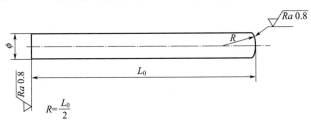

图 6-21　试样形状示意

④ 为获得可重现的测量结果，应消除与热膨胀行为无关的可导致长度附加变化的影响因素，因此测试前要对样品进行稳定化处理，例如：a. Fe-Ni36 及 Fe-Ni32Co4Cu 合金的稳定化热处理是先将样品在空气中加热到 830℃保温 20min，淬火达到均匀化，然后将样品在空气中加热到 310℃回火 1h，最后再将样品加热到 95～100℃，稳定化时效 48h；b. Fe-Co54Cr9.5 合金的稳定化热处理是先 900℃保温 1h，冷却至室温，再 450℃保温 5min；c. 含铜质量分数 99.97% 的无氧铜稳定化热处理工艺是在 530～540℃温度下退火。合金的稳定化处理要根据各类合金的特性做分别处理。

（4）校正

① 测试前必须对所使用的膨胀仪进行校正。

② 校正用参照试样的物理特征参数应与待测试样尽可能接近。

③ 膨胀仪的校准是将标准试样放入干涉仪内的装样夹具中，在需要的温度范围内将标准试样加热或冷却，将测量得出的计算值与标准试样的标称值比较，当测量的温度差为 50℃时，平均线胀系数的最大偏差应不大于 $6 \times 10^{-8} ℃^{-1}$，否则应进行维修。

（5）测试步骤

① 修磨同组接近等长的 3 支试样，直至置入装样夹具后能产生最佳的干涉条纹为止。

② 在基准温度 T 下测量 3 支试样的长度 L_0，安装好试样。

③ 抽真空，使真空度高于 1.3Pa。

④ 调整好光接收仪器。

⑤ 开始变温测量，变温速率应不大于 3℃/min。

（6）计算

① 在菲佐干涉膨胀仪中，热膨胀为：

$$\frac{\Delta L}{L_0} = \frac{N\lambda}{2L_0 n_2} + \frac{n_1 - n_2}{n_2} \tag{6-35}$$

式中　ΔL——从起始温度 T_0 至所需温度 T 间观测到的试样长度变化，mm；

L_0——环境温度 T 下试样的原始长度，mm；

N——温度由 T_1 变到 T_2 时，通过参考点读到的或条纹记录器接收到的干涉条纹数（含小数部分）；

λ——产生条纹的光在真空中的波长（要求 4 位有效数字以上），mm；

n_1——干涉仪内气体在温度 T_1 下的折射率；

n_2——干涉仪内气体在温度 T_2 下的折射率。

② 用下式计算平均线胀系数：

$$\overline{\alpha}_l = (\Delta L / L_0)/\Delta T \tag{6-36}$$

6.2.2.6 直接观测法

（1）适用范围

直接观测法应用范围很广，不仅适用于各种刚性固体材料，也适用于未经烧结的粉末压块。观测温度不限，取决于热源和材料本身可达到的温度。

（2）测量原理

其测量原理为：借助于某种精密测微器，在试样加热过程中对其特定部位进行膨胀量的直接观测，从而计算出材料的膨胀系数。这是一种最为直观而又非常简便的测量方法。

（3）检测方法

① 直接观测法测量膨胀系数时，可以用多种加热方式加热试样。一般温度下多采用电阻炉加热，炉温应便于调节和控制；在低温下如果对试样的均匀性要求很高时，可以直接浸泡在制冷液中，但观测的精度可能受到影响；在较高的温度（1000℃以上）可使用电感应炉、辐射炉或直接通电加热试样等方式。

② 该法对试样的形状不限，但装放的方法大不相同。一般都是把试样水平装放在试样托上，但也有悬挂在炉子中央的。一般使用长为 10～50mm、直径为 2～6mm 的柱状试样或相等横截面的矩形或正方形试样。测量时在试样上做两个标记。两标记间标距的位移量即为试样的膨胀量。

③ 在 1200℃ 以下的温度范围测量时，在试样上点焊两根平直的刚性细丝作为标记。但在更高的温度，标记的温度增高，其亮度难以与试样区分开。为克服这一困难，最简单的办法是将试样的两端加工成尖锐的形状，再将观测仪器的焦点聚集到尖端上，测量出两尖端之间的位移量。

（4）升温速度

试样的升温速度应依据材料特性、加热设备情况进行适当选择，最大的升温速度必须根据试样的热扩散率和试样的直径来确定。表 6-6 中列举了在定速加热下氧化锆和钨圆柱棒内的温度梯度。对于钨来说，当升温速度为 30℃/min 时，对于直径在 10mm 以下的试样所引起的温度梯度仍然可以忽略。但对于非金属材料，则 6℃/min 的升温速度就能引起显著的温差。

表 6-6 在定速加热下氧化锆和钨圆柱棒内的温度梯度 单位：℃

直径/cm		升温速度/(℃/min)				
		1	3	6	12	30
ZrO_2	1.0	1.0	3.1	6.3	12.5	31.2
	2.0	4.2	12.5	25.0	50.0	125.0

直径/cm		升温速度/(℃/min)				
		1	3	6	12	30
W	1.0	0.03	0.08	0.15	0.3	0.8
	2.0	0.11	0.38	0.67	1.2	3.3

注：ZrO_2 的热扩散率为 $0.004cm^2/s$，钨的热扩散率为 $0.150cm^2/s$。

6.2.2.7 X射线法

（1）适用范围

X射线法是一种微观测量方法，用它测量膨胀系数时，所测量的不是宏观尺寸的变化，而是晶胞内晶格常数的变化。该法所需的试样特别小，也不需其形状规则，对于稀贵材料以及不能加工的材料的测试最为适用。另外，X射线法直接测量的是试样点阵常数的变化，它能真实地反映被测晶体的热膨胀，不会因缺陷和夹杂物的存在而影响测量结果。可用于单晶或各向异性材料的热膨胀系数的测量，测量温度范围很广，$4.2\sim2500K$ 的温区均可适用。缺点是不能连续测量在温度变化过程中膨胀量的不连续变化。

（2）测量原理

X射线法不直接测量试样宏观尺寸的变化，而是通过测量晶体对特定波长的衍射角而求其点阵常数。对于特定辐射波长的入射X射线，其衍射角 2θ 所对应的面间距为：

$$\lambda = 2d_{hkl}\sin\theta \tag{6-37}$$

式中　d_{hkl}——晶面指数为 (hkl) 的点阵面间距，nm；

　　　λ——所用X射线的特征辐射波长，nm；

　　　θ——衍射半角，(°)。

面间距 d 与晶胞参数有如下关系：

$$d^2 = (1-\cos^2\alpha-\cos^2\beta-\cos^2\gamma+2\cos\alpha\cos\beta\cos\gamma)/\left[\left(\frac{h}{a}\right)^2\sin^2\alpha\right.$$
$$+\left(\frac{k}{b}\right)^2\sin^2\beta+\left(\frac{l}{c}\right)^2\sin^2\gamma+\frac{2kh}{ab}(\cos\alpha\cos\beta-\cos\gamma)$$
$$\left.+\frac{2hl}{ac}(\cos\alpha\cos\gamma-\cos\beta)+\frac{2kl}{bc}(\cos\beta\cos\gamma-\cos\alpha)\right] \tag{6-38}$$

式中　a、b、c——点阵常数，nm；

　　　α、β、γ——晶轴间的夹角，(°)；

　　　h、k、l——晶面指数。

对于立方晶系，因为 $a=b=c$，$\alpha=\beta=\gamma=90°$，所以：

$$a = d\sqrt{(h^2+k^2+l^2)}$$

（3）检测方法

对衍射图进行一系列数学处理，计算出特定衍射角所对应的面间距 d，从而计算出点阵常数 a、b、c。试样的膨胀系数亦可通过点阵常数的变化来计算，对于各向同性的材料，其平均线胀系数为：

$$\bar{\alpha}_l = \frac{\Delta a}{a \Delta T} = \frac{\Delta b}{b \Delta T} = \frac{\Delta c}{c \Delta T} \qquad (6\text{-}39)$$

式中　　　$\bar{\alpha}_l$——平均线胀系数，$℃^{-1}$；

　　　　　ΔT——温度间隔，$℃$；

　a、b、c——点阵常数，nm；

Δa、Δb、Δc——在 ΔT 内点阵常数的增量，nm。

用 X 射线衍射仪测量膨胀系数时，被测试样一般为粉末状，用胶体（不产生附加衍射峰的黏性物质）将其粘成均匀的薄片（15mm×20mm），安置在特制的试样架上。粉末的粒度不宜过大，以 $\phi40\sim50\mu m$ 为宜。试样安装时应特别注意将其严格对准衍射仪测角器的中心，并使之与测角器轴线平行，防止试样偏离轴线。

6.3　综合热分析方法

6.3.1　综合热分析方法概述

热分析或综合热分析技术是在程序控制温度下，测量物质的物理性质与温度之间关系的一类技术，即测量物质在加热过程中发生相变或物理化学变化时的质量、温度、能量和尺寸等一系列变化的热谱图，是物理化学分析的基本方法之一。

热分析方法的种类是多种多样的，根据国际热分析及量热学大会（ICTAC）的归纳和分类，目前的热分析方法共分为九类十七种（表 6-7），在这些热分析技术中，热重法（TG）、差热分析（DTA）、差示扫描量热法（DSC）和热机械分析（TMA）应用得最为广泛。对同一物质来说，上述几种方法所涉及的热变化可以同时产生，也可能只是产生其中之一二。

表 6-7　热分析方法的分类

物理性质	热分析技术名称	缩写
质量	热重法	TG
	等压质量变化测定	
	逸出气检测	
	逸出气分析	EGA
	反射热分析	RTA
	热微粒分析	
温度	升温曲线测定	
	差热分析	DTA
热量	差示扫描量热法	DSC
尺寸	热膨胀法	

功能材料性能测试方法

物理性质	热分析技术名称	缩写
力学特性	热机械分析	TMA
	动态热机械法	DMA
光学特性	热光学法	
电学特性	热电学法	
磁学特性	热磁学法	
声学特性	热发声法	
	热传声法	

6.3.2 差热分析

差热分析（DTA）是在程序控制温度下，测量物质与参比物之间的温度差与温度关系的一种技术。差热分析曲线描述了样品与参比物之间的温度差（ΔT）随温度或时间的变化关系。

物质在加热和冷却过程中，由于内部能量的变化而引起吸热或放热效应，如发生熔化、凝固、晶型转变、分解、化合、脱水或两种混合物发生固相反应时都会伴随有焓的改变，产生吸热和放热效应。差热分析的目的就是要准确测量发生这些变化时的温度，研究所得的热谱图，达到对物质进行定性或定量分析的目的，掌握物质变化规律。

差热分析是将样品与一种基准物质，例如经过高温煅烧的物料 $\alpha\text{-}Al_2O_3$ 或 MgO 等（该物质在加热过程中没有任何热效应产生，而比热容又和样品基本一致），在相同的条件下进行加热，当样品发生物理或化学变化时，伴随有热效应的产生，这时样品与基准物质的温度有一个微小的差别，即它们之间温度差的变化是由于吸热或放热效应引起的。一般来说，相转变、脱氢还原和一些分解反应产生吸热效应；而结晶、氧化和一些分解反应产生放热效应。利用一对反向的热电偶（即两对热电偶的一组相同极），连接于一台灵敏检流计或自动电位差计上，把这个微小的变化记录下来得到热谱图形。试验时，将样品和基准物质在相同条件下加热，如果样品没有发生变化，样品和基准物质的温度是一致的；若样品发生变化，则伴随产生的热效应会引起样品和基准物质间的温度变化，差热曲线便出现转折，在吸热效应发生时，样品的温度稍低于基准物质的温度，当放热效应发生时，样品的温度稍高于基准物质的温度，当样品反应结束时，两者的温度差经过热的平衡过程，温度趋向一致，温差就消失了，差热曲线即恢复原状。

若以 $\Delta T = T_s - T_r$（T_s、T_r 表示试样和参比物的温度），对 t 作图，所得曲线为差热曲线（DTA 曲线）。如图 6-22 所示，随着温度的升高，试样产生了热效应，与参比物间的温差变大，在 DTA 曲线中表现为峰。曲线开始转折的温度称为开始反应（即开始脱水或开始发生晶型转变或开始化学反应等）温度，曲线最高或最低点的温度称为反应终了温度。但应注意，测得的

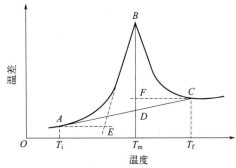

图 6-22　差热曲线（DTA 曲线）

开始反应温度并不能准确地代表真实开始反应的温度，而往往总是偏高一些，偏差的程度与升温速度、样品与基准物质的等热情况、炉子保温效果等有关。

从差热图（DTA）上可清晰地看到差热峰的数目、位置、方向、宽度、高度、对称性以及峰面积等。如图 6-22 为一实际的放热峰，反应起始点为 A，温度为 T_i；B 为峰顶，温度为 T_m，主要反应结束于此，但反应全部终止实际是 C，温度为 T_f。BD 为峰高，表示试样与参比物之间的最大温差。ABC 所包围的面积称为峰面积。峰的数目表示物质发生物理化学变化的次数；峰的位置表示物质发生变化的转化温度；峰的方向表明体系发生热效应的正负性；峰面积说明热效应的大小；相同条件下，峰面积大的表示热效应也大。在相同的测定条件下，许多物质的热谱图具有特征性，即一定的物质就有一定的差热峰的数目、位置、方向和峰温等，所以，可通过与已知的热谱图的比较来鉴别样品的种类、相变温度、热效应等物理化学性质。

6.3.3 热重法

物质在加热过程中产生热效应的同时，往往伴随着质量的变化和体积的变化，因此，欲准确判断热效应出现的原因，必须对伴随产生的质量与体积变化加以联系考虑。

热重分析（TG 或 TGA）是指在程序控制温度下，测量待测样品的质量与温度关系的一种热分析技术，可用来研究材料的热稳定性和组分。如可利用热重分析从质量的变化来估计脱水、有机物烧失、碳酸盐分解等现象的快慢，这些试验数据对决定升温速率与烧成曲线方面具有重要的参考价值。热重分析在实际的材料分析中经常与其它分析方法连用，进行综合热分析，进而全面准确分析材料。

热重分析的结果用热重曲线或微商热重（DTG）曲线表示，如图 6-23 所示。在热重试验中，试样质量 W 作为温度 T 的函数被连续地记录下来，TG 曲线表示加热过程中样品失重累积量（如图 6-23 粗曲线），为积分型曲线。微商热重（DTG）曲线是 TG 曲线对温度的一阶导数（如图 6-23 虚线），即质量变化率 dW/dT。DTG 能精确反映出起始反应温度、最大反应速率温度和反应终止的温度，能更清楚地区分相继发生的热重变化反应。其曲线峰面积精确地对应着变化了的样品质量，能方便地为反应动力学计算提供反应速率（dW/dt）数据。

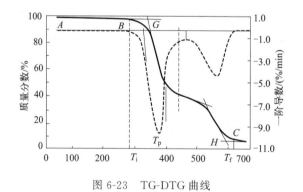

图 6-23　TG-DTG 曲线

热重分析仪主要由天平、炉子、程序控温系统、记录系统等几个部分构成。最常用的测量原理有两种：变位法和零位法。所谓变位法，是根据天平梁倾斜度与质量变化成比例的关系，用差动变压器等检知倾斜度，并自动记录。零位法是采用差动变压器法、光学法测定天平梁的倾斜度，然后去调整安装在天平系统和磁场中线圈的电流，使线圈转动消除天平梁的倾斜。由于线圈转动所施加的力与质量变化成比例，这个力又与线圈中的电流成比例，因此只需测量并记录电流的变化，便可得到质量变化的曲线。通过记录物料在加热过程中的质量损失，并将其与温度对应绘成曲线，可以分析物料在加热过程中的变化情况及其组成。

6.3.4　差示扫描量热法

差示扫描量热法（DSC）是在程序控制温度下，测量物质和参比物质之间的功率差与温度关系的一种技术。差示扫描量热法根据测量方法的不同，又分为功率补偿型 DSC 和热流型 DSC 两种类型。常用的功率补偿型 DSC 是在程序控温下，使测试物和参比物的温度相等，测量每单位时间输给两者的热能功率差与温度的关系的一种方法。DSC 与 DTA 测定原理不同，DSC 是在控制温度变化情况下，以温度（或时间）为横坐标，以样品与参比物间温差为零所需供给的热量为纵坐标得到扫描曲线，即 DSC 是保持 $\Delta T = 0$，测定 $\Delta H\text{-}T$ 的关系，而 DTA 是测量 $\Delta T\text{-}T$ 的关系。两者最大的差别是 DTA 只能定性或半定量，而 DSC 的结果可用于定量分析。DSC 是为了弥补 DTA 定量分析不良的缺陷，在 1960 年前后应运而生的。

DSC 和 DTA 仪器装置相似，所不同的是在试样和参比物容器下装有两组补偿加热丝，当试样在加热过程中由于热效应与参比物之间出现温差 ΔT 时，通过差热放大电路和差动热量补偿放大器，使流入补偿电热丝的电流发生变化，当试样吸热时，补偿放大器使试样一边的电流立即增大；反之，当试样放热时则使参比物一边的电流增大，直到两边热量平衡，温差 ΔT 消失为止。换句话说，试样在热反应时发生的热量变化，由于及时输入电功率而得到补偿，所以实际记录的是试样和参比物下面两个电热补偿的热功率之差随时间 t 的变化关系，如果升温速率恒定，记录的也就是热功率之差随温度 T 的变化关系。

差示扫描量热仪测定时记录的结果称为 DSC 曲线，见图 6-24，其纵坐标是试样与参比物的功率差 dH/dt，也称作热流率，单位为 mV，横坐标为温度 T 或时间 t。在 DSC 与 DTA 曲线中，峰谷所表示的含义不同。在 DTA 曲线中，吸热效应用谷（负峰）来表示，放热效应用正向峰来表示；在 DSC 曲线中，吸热效应用凸起正向的峰表示，热焓增加，放热效应用凹下的谷（负峰）表示，热焓减少。

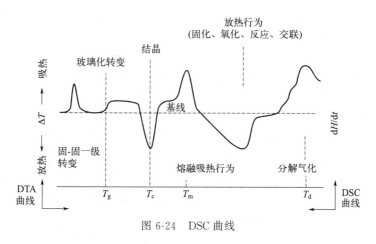

图 6-24　DSC 曲线

6.3.5 影响综合热分析测定结果的因素

影响综合热分析测定结果的主要因素如下。

① 升温速率　升温速率越大,热滞后越严重,易导致起始温度和终止温度偏高,峰分离能力下降,甚至不利于中间产物的测出,对 DSC 造成基线漂移较大,但能提高灵敏度。慢速升温有利于 DTA、DSC、DTG 相邻峰的分离和 TG 相邻失重平台的分离,DSC 基线漂移较小,但灵敏度下降。

② 气氛控制　常见的气氛有空气、O_2、N_2、He、H_2、CO_2、Cl_2 和水蒸气等。样品所处气氛不同,导致反应机理不同。气氛与样品发生反应,则 TG 曲线形状受到影响。

③ 试样用量、粒度、热性质及装填方式等　试样用量大,吸、放热引起的温度偏差大,且不利于热扩散和热传递。粒度细,反应速率快,反应起始和终止温度降低,反应区间变窄;粒度粗则反应较慢,反应滞后。装填紧密,试样颗粒间接触好,利于热传导,但不利于气体扩散。要求装填薄而均匀,同批试验样品,每一样品的粒度和装填紧密程度要一致。

④ 坩埚类型　坩埚的材质有玻璃、陶瓷、金属等,常用的有 Al、Al_2O_3 和 PtRh,应注意坩埚对试样、中间产物和最终产物应是惰性的。

⑤ 温度测量的影响　利用具特征分解温度的高纯化合物或具特征居里点温度的强磁性材料进行温度标定。

6.4 动态热机械性能测试方法

动态热机械法(DMA)是研究物质结构及其化学与物理性质最常用的物理方法之一,分析表征力学松弛和分子运动对温度或频率的依赖性,主要用于评价高聚物材料的使用性能、研究材料结构与性能的关系、研究高聚物的相互作用、表征高聚物的共混相容性、研究高聚物的热转变行为等,主要包括:①高聚物的玻璃化转变以及熔融行为;②高聚物的热分解或裂解以及热氧化降解;③新的或未知高聚物的鉴别;④释放挥发物的固态反应及其反应动力学研究;⑤高聚物吸水性和脱水性研究,以及对水、挥发组分和灰分等的定量分析;⑥高聚物的结晶行为和结晶度;⑦共聚物与共混物的组成、形态以及相互作用和共混相容性的研究。

DMA 测量的物理量为力/应力的振幅、位移/应变的振幅和力/应力与位移/应变信号间的相位差。为测量物质的动态力学性能,通常在试样上施加一个固定温度、变化频率或固定频率、变化温度,从而测量材料的模量和力学阻尼随频率或温度变化的一类方法,统称为动态力学方法。根据测试材料的时间-温度等效原理,固定温度、升高频率或固定频率、升高温度具有等效的作用。但实现前者要比实现后者困难得多,故后者被广泛应用,动态热机械分析仪(DMA)就是根据后者原理制成的。动态热机械分析仪是在程序温度控制下,测量物质在承受振荡性负荷(如正弦负荷)时动态模量和力学阻尼与温度或频率关系的一种技术(仪器)。到 20 世纪 80 年代初,DMA 逐渐发展完善,加之采用计算机的自动数据处理方法,使用方便,操作简单。它在测量分子结构单元的运动,特别是在低温时,比其它分析方法更为灵敏,更为有用。

动态热机械分析仪可分为下列几种类型。

① 共振式　典型仪器为振动笛仪和 DuPont 公司早期生产的 DMA 等。

② 非共振的强迫振动式　近年来大多数厂商生产的 DMA 仪器都属于此种类型。如 Perkin-Elmer 公司的 Diamond DMA；TA 仪器公司的 Q800 和 2980 的 DMA；图 6-25 所示的德国耐驰公司 DMA 242 E 型；图 6-26 所示的梅特勒-托利多公司的 DMA/SDTA861e。

 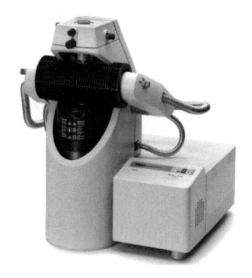

图 6-25　德国耐驰公司 DMA 242 E　　　　图 6-26　梅特勒-托利多公司的 DMA/SDTA861e

材料的应变速率不同时，其力学性能往往是不相同的。一般情况下，随着应变速率的提高，材料的延伸率降低，屈服极限和强度极限提高；此外，材料的力学性能还与应变历史有关，材料的应变速率不同，所伴随的热和机械功不同，它们反过来又影响材料的力学性能和化学性能。所以，材料的动态响应研究具有自己的特点，与静态力学有着很大的区别，而且不同的动态力学方法测量的结果往往不尽相同，这就需要操作人员具有一定的试验技巧，特别是安装试样的经验，标准试样的调校，仪器校正因子的确定以及试验人员的分析能力等。动态力学方法能测量试样的动态模量和内耗（力学阻尼），而内耗科学在金属、高分子和生物体方面发展较为突出，同时在钢铁、橡胶、合成纤维和涂料等方面应用很广，如测量钢铁中微量元素对其力学性能的影响，尤为突出的是内耗对聚合物的固化、交联、结晶、玻璃化转变、热稳定等的影响。

6.4.1　DMA 原理

微观角度上，DMA 通过分子运动的状态来表征材料的特性，分子运动和物理形态决定了动态模量（刚度）和阻尼（样品在振动中损耗的能量）。对样品施加一个可变振幅的正弦交变应力作用时，将产生一个预选振幅的正弦应变，对黏弹性样品的应变响应会滞后一定的相位角 δ。DMA 技术把材料黏弹性分为两个模量：一是储能模量 E'，E' 与试样在每周期中贮存的最大弹性成正比，反映材料黏弹性中的弹性成分，表征材料的刚度；二是损耗模量 E''，E'' 与试样在每周期中以热的形式消耗的能量成正比，反映材料黏弹性中的黏性成分，表征材料的阻尼。材料的阻尼也称力学内耗，用 $\tan\delta$ 表示。材料在每周期中损耗的能量与最大弹性储能之比，等于材料的损耗模量 E'' 与储能模量 E' 之比。DMA 采用升温扫描，由辅助环境温度升至最终熔融温度，$\tan\delta$ 展示出一系列的峰，每个峰都会对应一个特定的松弛过程。由 DMA 可测出 tanδ、损耗模量 E'' 与储能模量 E' 随温度、频率或时间变化的曲线，不仅给出宽广的温度、频率范围的力学性能，还可检测材料的玻璃化转变、低温转变和次级松弛过程。具体如下。

如果施加在试样上的交变应力为 $σ$，则产生的应变为 $ε$，由于材料（例如高聚物）黏弹性的关系，其应变将滞后于应力，则 $ε$、$σ$ 分别以下式表示：

$$ε = ε_0 e^{iωt}$$
$$σ = σ_0 e^{i(ωt + δ)}$$

(6-40)

式中　$ε_0$、$σ_0$——分别为应变和应力的最大振幅；

　　　$ω$——交变力的角频率；

　　　$δ$——滞后相位角。

定义复数模量：

$$E^* = \frac{σ}{ε} = \frac{σ_0}{ε_0} e^{iδ} = \frac{σ_0}{ε_0}(\cosδ + i\sinδ)$$
$$= E' + iE'' = E'(1 + i\tanδ)$$

(6-41)

式中，E^* 为复数模量；$E' = σ_0 \cosδ / ε_0$ 为实数模量，即模量的储能部分；$E'' = σ_0 i\sinδ / ε_0$ 表示与应变相差 $π/2$ 的虚数模量，是能量损耗部分。另外还有用内耗因子 Q^{-1} 或介电损耗角正切 $\tanδ$ 来表示损耗（阻尼），即 $Q^{-1} = \tanδ = E''/E'$（或 $\tanδ = G''/G'$，G 为切变模量）。如图 6-27 所示为黏弹性物质在正弦交变载荷下的应力应变响应。

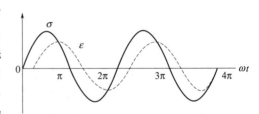

图 6-27　黏弹性物质在正弦交变载荷下的应力应变响应

因此在程序控制的条件下，不断地测定材料的 E''、E' 和 $\tanδ$ 值，可以得到如图 6-28 所示的动态力学-温度谱（动态热机械分析图谱、DMA 谱）。尽管图中所示的曲线是典型复合高聚物样例材料的，但实际测出的高聚物谱图曲线在形状上与之十分相似。从图 6-28 中看到实数模量呈阶梯状下降，而在阶梯下降相对应的温度区 E'' 和 $\tanδ$ 则出现高峰，表明在这些温度区复合高聚物分子运动发生某种转变，即某种运动的"解冻"，其中对非晶态高聚物而言，最主要的转变当然是玻璃化转变，所以模量明显下降，同时分子链段克服环境黏性运动而消耗能量，从而出现与损耗有关的 E'' 和 $\tanδ$ 的高峰。为了方便起见，将 T_g 以下（包括 T_g）所出现的峰按温度由高到低分别以 α、β、γ、δ、ε…命名，但这种命名并不表示其转变本质。

6.4.2　DMA 基本构造与设计

如图 6-29 所示为传统 DMA（a）和梅特勒-托利多 DMA/SDTA861e（b）的结构示意图。

① 基座坚实稳固，在驱动马达产生力作用时本身的形变可忽略不计。

② 高度调节装置调节驱动马达位置。

③ 驱动马达以设定的频率、力或位移驱动驱动轴。

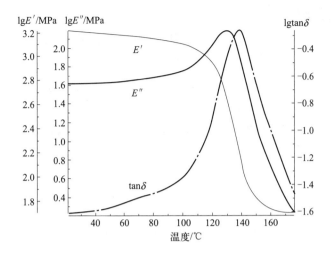

图 6-28　典型的复合高聚物动态力学-温度谱

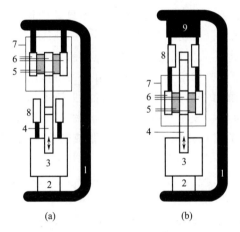

图 6-29　传统 DMA（a）和梅特勒-托利多 DMA/SDTA861e（b）示意图

1—基座；2—高度调节装置；3—驱动马达；4—驱动轴；5—（剪切）试样；6—（剪切）试样夹具；

7—炉体；8—位移传感器（LVDT）；9—力传感器（仅 DMA/SDTA861e）

④ 驱动轴将振动传输至样品和位移传感器。

⑤ 图 6-29 中所示为安装于剪切夹具中的样品。

⑥ 图 6-29 中所示为三明治式剪切夹具。

⑦ 炉体控制样品服从设定的温度程序。

⑧ 位移传感器测量正弦变化的位移的振幅和相位。振幅范围一般在 $0.1\sim1000\mu m$。

⑨ 力传感器测量正弦变化的力的振幅和相位。没有力传感器的仪器，由传输至驱动马达的交流电来测定力和相位。

普通的 DMA 中，因驱动轴和基座降低了仪器的刚度，因此无法测量非常刚硬的样品。

6.4.3 DMA 测量模式

每种 DMA 测量模式均有专门的应用范围和限制。如图 6-30 所示为几种重要的 DMA 测量模式。

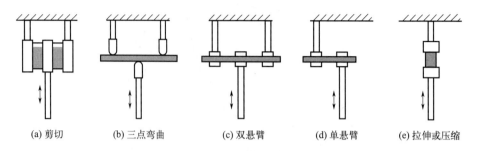

(a) 剪切　　(b) 三点弯曲　　(c) 双悬臂　　(d) 单悬臂　　(e) 拉伸或压缩

图 6-30　几种重要的 DMA 测量模式

① 剪切模式　唯一可测定剪切模量 G 的模式。模量范围：0.1kPa～5GPa。

② 三点弯曲模式　在样品上施加预应力（必须），使之在测量过程保持与三点支架接触。变软的样品可能由于所施加的预应力而发生相当显著的形变。该模式适合高模量样品，例如纤维增强聚合物、金属和陶瓷材料。模量范围：100kPa～1000GPa。

③ 双悬臂模式　要求将样品稳固地夹持在三点夹具中，加热时不太能自由膨胀。冷却时样品可能弯曲，从而遭受额外的应力。此外，由于夹持作用，不容易测定样品的有效自由长度。考虑到机械应力作用下的样品有效长度比自由夹持下的长度更长，应作长度修正。这些效应可能导致模量值不准确。模量范围：10kPa～100GPa。

④ 单悬臂模式　避免了双悬臂模式限制热膨胀或热收缩的问题，然而同样不易测定样品的自由长度。模量范围：10kPa～100GPa。

⑤ 拉伸模式　须在样品上施加预应力以防弯曲。拉伸模式适合薄膜、纤维和薄条形状的样品。模量范围：1kPa～200GPa。

⑥ 压缩模式　须在样品上施加预应力以确保样品始终与夹持板接触。模量范围：0.1kPa～1GPa。

DMA 测量通常或在预先设定的力振幅下、或在预先设定的位移振幅下进行，前者称为力控制的试验，后者称为位移控制的试验。梅特勒-托利多的 DMA/SDTA861e 可在试验过程中由力控制自动切换到位移控制，反之亦然。这样可确保材料测量是在预设的力和位移范围内。位移或力振幅选择不合适会对测量的精确性产生负面影响，若位移振幅不会超过样品尺寸的 1%，则选择位移振幅 $0.5～50\mu m$、力振幅 50mN～5N 是最佳的。

DMA 测量产生误差的一般原因如下。

① 夹持误差　除了三点弯曲和压缩模式，其它模式都有可能由于试样夹持不均衡、太紧或太松而造成误差。低于室温的试验尤其可能发生夹持太松的情况。

② 由于机械摩擦而产生的误差　单悬臂模式测量时，试样膨胀可能使 LVDT 的铁芯移动碰到铁芯盒。在低于 0℃ 测量时，可能在移动部件与固定部件间由于结冰问题形成"桥"。

③ 由于振幅太小而产生的误差　试样太硬则位移振幅可能太小；试样太软则力振幅可能太小。

6.4.4　DMA 样品制备

DMA 样品的几何形状要求符合测量模式，推荐的样品加工尺寸如下：

① 剪切样品　厚度 0.5～1mm 的正方形或圆形试样。

② 弯曲样品　双边平行的扁平样条，厚度 0.1～3mm，宽度 2～4mm，长度 90mm（单悬臂 50mm）。

③ 拉伸样品　厚度 0.005～0.5mm 的薄膜或纤维。

④ 压缩样品　平面平行的立方体或圆柱体试样。

为了防止严重的测量误差，试样平面要求平行。试样表面应平滑（打磨、磨光），这样，力就不会仅作用在表面凸出点上。在试样制备过程中，样品性能不应发生变化。尤其是塑料样品在机械加工过程中温度不可升到 40℃以上。薄膜可用打孔器冲压或用刀切割。对于软性的扁平材料，用锐利的冲模可冲出保持很好平面平行性的试样，冲模最好安装在立式打孔机上。

6.5　测试及分析实例

6.5.1　热膨胀测试及分析实例

6.5.1.1　确定钢的组织转变温度分析

（1）相变转变点的测定

试样在加热或冷却过程中几何尺寸（长度）的变化来自两个方面：单纯由温度变化引起的膨胀、收缩和金属组织转变产生的体积效应。在组织转变之前或转变之后，试样的膨胀或收缩是单纯由温度变化引起的。在组织转变的温度范围内，除单纯由温度引起的长度变化外，又附加了组织转变所带来的体积效应，由于附加的膨胀效应，膨胀曲线偏离一般规律，因此在组织转变开始和终了时，曲线便出现了拐折，拐折点即对应转变的开始或终了温度。

获得膨胀曲线之后，如何从膨胀曲线上正确地确定组织转变的临界点也是很重要的。因为相变研究是材料学中一项基础研究工作，而相变临近点的测定对于每一个新材料（新钢种、新合金）总是不可缺少的。

确定钢的转变点有以下两种方法。

第一种方法是取膨胀曲线上偏离单纯热膨胀规律的开始点，即切离点为拐折点。以亚共析钢为例，膨胀曲线见图 6-31。图中曲线上的拐折点 a、b、c 和 d 分别对应图 6-32 中 A_{c1}、A_{c3}、A_{r3} 和 A_{r1} 点。这种方法从理论上讲是正确的，但其缺点是判断切离点时易受主观因素的影响，为了减少目测误差，须用高精度膨胀仪完成测量，得到细而清晰的膨胀曲线，以提高判断切离点的准确性。

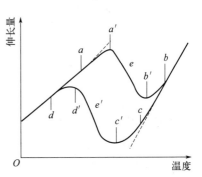

图 6-31　亚共析钢膨胀
曲线上的切离点和峰值

第二种方法是取膨胀曲线上四个极值 a'、b'、c' 和 d' 所对应图 6-31 中的温度分别作为对应图 6-32 中 A_{c1}、A_{c3}、A_{r3} 和 A_{r1} 点，这种方法的优点是峰值温度容易判断，缺点是与实际转变温度之间存在着一定的误差。在研究合金钢的原始组织以及加热或冷却速率等因素对转变温度的影响时，做对比分析可采用此法。

（2）碳钢膨胀曲线的分析

从图 6-31 可以看到，亚共析钢的加热膨胀曲线分为共析转变和自由铁素体溶解两个阶段。由于奥氏体的质量热容比珠光体小，因此组织转变使试样的长度产生明显的收缩，导致曲线下降。曲线上的 $a'e$ 段相当于珠光体转变为奥氏体的过程，它所对应的温度范围很窄，几乎是陡直变化，这是因为加热时，它在一个温度区间内逐渐完成，因此表现为曲线相对缓慢地降低。

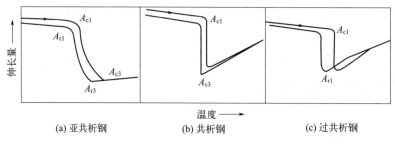

图 6-32　钢的示差膨胀曲线

图 6-32 共析钢加热膨胀曲线上的陡直下降十分显著，说明珠光体转变为奥氏体的数量增多，体积收缩效应也随之增大。过共析钢中因为二次渗碳体的存在，所以在膨胀曲线的高温区出现了明显的拐折，拐折点的温度对应于图 6-33 中的 A_{ccm} 和 A_{rcm} 点，见图 6-33（c）。珠光体转变为奥氏体以后的曲线斜率增大，这是由于奥氏体的膨胀系数比珠光体大。此外，对应于 A_{ccm} 和 A_{rcm} 点拐折的两旁曲线的斜率有明显的不同，这是二次渗碳体不断溶解，使奥氏体的含碳量不断增高，比容积不断增大的结果。

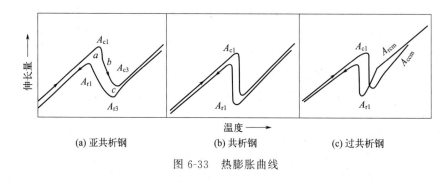

图 6-33　热膨胀曲线

在确定钢的组织转变临界点时，为了测试结果准确而有可比性，除对钢的成分有严格要求外，还对钢的原始组织、加热和冷却速率、奥氏体化温度及保温时间等有下列要求。

① 钢的原始组织应当相同，一般采用退火组织，并且有相同的晶粒度；

② 采用相同的加热及冷却速率，一般要小于 200℃/h，对于高合金钢，冷却速率要小于 120℃/h；

③ 奥氏体化温度和保温时间按给定要求保持一致。

6.5.1.2 马氏体转变点 M_S 的测定

由于马氏体是奥氏体经淬火得到的,淬火过程引入大量缺陷,所以奥氏体变为马氏体时所产生的体积效应极大,因此用膨胀法测定 M_S 点的效果很好。测定 M_S 点的原理与预测定 A_r 点的原理相同,但对多数钢来说测定 M_S 点需要很高的冷却速率,因此膨胀仪必须具有淬火机构和快速记录装置,通常采用光学膨胀仪和全自动快速膨胀仪进行测量。马氏体转变的膨胀曲线示于图 6-34,图中 $ABDE$ 为测得的膨胀曲线,B 和 D 是膨胀曲线上的拐折点,它们对应的温度分别为 M_S 和 M_f 点。

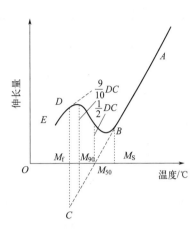

图 6-34　马氏体转变膨胀曲线

如果要确定马氏体在 M_S 和 M_f 点之间的转变则需要考虑以下因素,即由于温度下降引起的试样体积收缩、奥氏体转变为马氏体产生的膨胀效应,实测曲线的变化是由于上述两种因素综合影响的结果。若假定马氏体和奥氏体的膨胀系数相差不多,转变量与膨胀量成正比,则可用下述方法确定马氏体的数量:做 AB 的延长线,用来表示奥氏体单纯受温度影响产生收缩的情况,线段 BD 即对应于马氏体最大转变量,实际转变数量可借助于 X 射线衍射分析或定量金相法进行标定;假定 DC 线段相当于马氏体体积分数 $\varphi_M = 100\%$,则 $\frac{9}{10}DC$、$\frac{1}{2}DC$ 可分别为 90% 和 50% 的马氏体体积分数,但是由于实际上马氏体和奥氏体膨胀系数并不相等,所以这种方法存在着一定误差。

6.5.1.3 热循环对材料的影响

热循环特别是在相变内重复的热循环,在材料内部将产生缺陷和内应力,带来肉眼可见的变形,这种情况在焊接过程中常常碰到。此外,经过热循环的材料,内部结构也将发生变化,这必然在性能上带来某种影响。显然,一台可以进行快速加热和冷却的膨胀仪是进行这一现象研究的有力工具。例如,对铁镍钴合金进行热循环时加热和冷却速率为 20℃/s,可达到的最高温度为 750℃[略高于奥氏体转变终了点(A_f 点)],正如平时所观察到的,冷却到 M_S 和 A_f 点之间将发生马氏体相变,而加热到 A_S 和 A_f 点之间时,马氏体又逆变为奥氏体。

随着热循环次数的增加,将看到由于相变引起的膨胀幅度有规律地减小,最终完全消失,如图 6-35 中曲线(1)、(2)、(3)所示。这是由于材料内部原子扩散等松弛应力的作用,马氏体和奥氏体都趋于亚稳定状态。必须指出,只要进行更高温度的加热,这种混合组织的亚稳定状态就可以解除。图 6-35 中曲线(4)表示在第 19 循环过程中,由于加热到 750℃ + Δ℃,从前的多次循环稳定下来的马氏体在较高的 A_S' 点开始转变,在随后的冷却过程中,还可以观察到标准的马氏体相变,

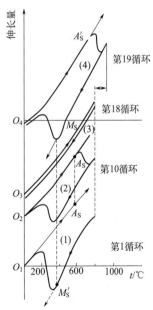

图 6-35　热循环对铁基合金 $FeNi_{20}Co_9$ 的稳定化作用

其 M_S 点与第一次循环所观察到的完全相同。

6.5.2 综合热分析测试及分析实例

6.5.2.1 测定并建立合金相图

热分析是测定和建立相图的主要方法之一。热分析法的测定温度范围宽，可以达到 2000℃以上，所以其可测量任何转变的热效应，包括液态/固态相变。示差热分析法不仅测量方便而且测量的精度较高，所以用得最多。建立相图首先要确定合金的液相线、固相线、共晶线及包晶线等，然后再确定相区。例如，建立一个简单的二元合金相图，取某一成分的合金，用差热分析法测出它的 DTA 曲线，见图 6-36（a）。试样从液相开始冷却，当到达 x 处时便开始凝固，由于放热熔化热曲线向上拐折，拐折的特点是陡直上升，随后逐渐减小，直到接近共晶温度时，DTA 曲线接近基线。在共晶温度处，由于试样集中放出热量，所以出现了一个陡直的放热峰，待共晶转变完成后，DTA 曲线重新回到基线。绘制相图时，取宽峰的起始点温度 T_1 和窄峰的峰值所对应的温度 T_2 分别代表凝固和共晶转变温度。按照上述方法测出不同成分合金的 DTA 曲线，将宽峰的起始点和窄峰的峰值温度分别连成光滑曲线，即可获得液态线和共晶线，见图 6-36（b）。按规定，测定相图时所用的加热或冷却速率应小于 5℃/min，并在一定的气氛（一般为惰性气体）中进行测量。为了消除过冷现象的影响，常在加热过程中测量 DTA 曲线，曲线的特征与冷却测量曲线相似，但拐折方向相反。一般相图根据热分析法确定之后，再用金相法进行验证，以保证相图的准确性。

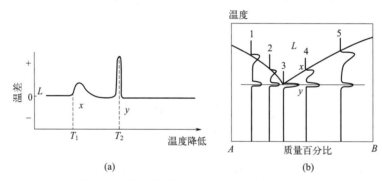

图 6-36　差热分析曲线（a）及合金相图（b）

6.5.2.2 热弹性马氏体相变的研究

形状记忆合金和超弹性合金均具有可逆的热弹性马氏体相变，但由于这种相变的界面共格和自协调效应，在未经冷加工前所发生的体积效应很小，膨胀法往往难以进行探测，电阻法固然可以灵敏地探测到这一相变过程，但在马氏体点的判断上存在较大的人为误差，而利用示差扫描量热法（DSC），则可以高准确度地获得相变温度等信息，而成为有效的马氏体相变的研究测试方法。

图 6-37 为 Ti-Ni（Ni 原子分数为 49.2%）合金的 DSC 测量结果。由图可见，在升（降）温过程中热弹性马氏体的可逆转变都出现显著的吸热或放热峰，可以准确地判断相变开始及终了温度。随着热处理（退火）温度的变化，相变点发生移动的同时出现潜热峰的分裂，显示了两种相变的独立性。

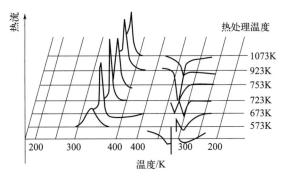

图 6-37　Ti-Ni 合金 DSC 测量结果

6.5.2.3　有序-无序转变的研究

图 6-38 为 Ni_3Fe 合金加热过程中质量热容的变化。Fe-Ni 坡莫合金是一种软磁材料，但是这种合金接近 Ni_3Fe 成分范围时既存在有序-无序转变，又存在铁磁-顺磁转变，它们都将出现热容峰。图 6-38 中曲线（a）表示合金加热前为无序态，加热到 $350\sim470℃$，合金发生部分有序化并放出相变潜热使 c_p 降低，这个热效应的大小正比于虚线下部阴影部分的面积；加热到 $470℃$ 以上发生吸热的无序转变，热效应大小可按虚线上部面积定量。曲线（b）表示加热前为有序态，质量热容显著增高表示从完全有序到完全无序过程的吸热效应。在 $590℃$ 被有序化热效应掩盖的热容峰为磁性转变。如果不存在有序-无序转变，则质量热容将按虚线表示的热容变化，显然完全有序的 Ni_3Fe 合金更难发现磁性转变的热容峰。

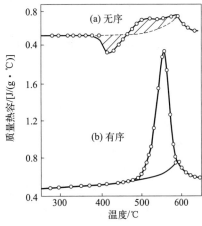

图 6-38　Ni_3Fe 合金加热时
质量热容的变化

6.5.2.4　化学反应动力学研究

利用热分析可以帮助确定反应产物，找出化学反应随时间的变化规律，是研究化学反应动力学的重要手段。如利用 TGA 和 DTG 并结合 X 射线衍射（XRD）分析，对 W 和 Si_3N_4 混合粉料在不同温度、不同 N_2 分压下（$P_{N_2}=0Pa$、25331.25Pa、50662.5Pa、75993.75Pa、101325Pa）的反应产物和界面反应的动力学规律进行了研究，发现反应温度、气氛、时间对产物物相均有影响，并据此建立了体系界面反应的动力学模型，获得了 Si 在不同温度下的产物层中的扩散系数。

6.5.2.5　烧结动力学的研究

在陶瓷材料的烧结动力学研究中，需要测量材料的线收缩率随烧结温度和保温时间的变化规律。如果采用点测量，不但费时而且准确度较差。热分析技术中的 TMA 是在程序温度下测量物质在非振动负荷下的形变与温度的关系的技术，它可以通过模拟烧结过程进行原位测试，获得不同烧结温度和保温时间的线收缩率，因此可以进一步进行材料的烧结动力学研究。

在新型无机非金属材料的研究过程中，经常会遇到一些与热量的吸收和释放、质量的增减以及几何尺寸的伸缩等有关的化学或物理变化，如分解反应、相转变、熔融、结晶和热膨胀等。为了探索合理的制备工艺和深入了解材料的化学物理性质，离不开热分析技术。热分析技术为材料的研究提供了一种动态的分析手段，它简明实用，目的性强，往往能够得出有价值的分析结果。由差热曲线上峰的数目、位置、方向和峰面积的大小，可以确定在测定温度范围内试样发生物理化学变化的次数、温度、热效应的吸热放热和大小，因此可用来分析物质的变化规律。再结合其它手段如失重分析、X 射线物相分析等，可对被测物质进行动力学、热力学的研究；还可进行结构与物理性能关系的研究，通过热分析数据辅助确定材料合理的制备工艺参数。

在热分析技术的实际应用中，应当针对具体的研究问题作具体分析，如果能够将热分析技术与其它知识相结合，或与其它分析技术［如 XRD 和红外吸收光谱法（IR）等）］配合使用，效果会更加理想，因此热分析技术已经成为材料研究中不可缺少的一种分析手段。

6.5.3 动态热机械性能测试及分析实例

6.5.3.1 研究高聚物的玻璃化转变温度

高聚物在适当的温度和外力作用条件下会发生滞后现象，即内耗。这种滞后与其本身的化学结构有关，更与外界条件的作用有关。在玻璃化转变温度以下，由于温度还不足以使大的运动单元——链段运动，只发生键角、键长改变引起的小形变，形变可以跟得上外力的变化，属于弹性形变，因此内耗很小，材料表现出完全弹性性质，储能模量 E' 大，为 103～104MPa，$\tan\delta$ 小，力学状态为玻璃态；在玻璃化转变温度附近，外力以适中的频率作用下，高分子链段可以运动，但又不太跟得上外力的变化，形变落后于应力一个相位角 δ，出现比较明显的内耗，阻尼 $\tan\delta$ 达到峰值时的温度即为玻璃化转变温度，比实际的玻璃化转变温度要高 20～30℃。在高弹态时，温度高到使大的运动单元——链段能自由运动时，链段的运动可以跟得上外力的变化，内耗也小；随着温度进一步升高，到达黏弹态 T_f 时，整个大分子都能运动，储能模量 E' 迅速下降，发生不可逆转的永久形变，曲线急剧上升，随后基本保持平台，完全跟不上外力的变化，因此内耗变大。T_f 是高弹态与黏流态转变温度，也是高分子材料的重要特征温度，此时阻尼增加，模量再次表现出迅速的下降。

玻璃化转变温度 T_g 是度量高聚物链段运动的特征温度，也是聚合物性能的重要表征参数。T_g 是塑料的最高使用温度，也是橡胶的最低使用温度。材料的 T_g 与温度、频率、升温速率有着密切的关系。从玻璃化转变峰的高度和宽度可以分析高分子材料的松弛特性。如果 T_g 峰高，说明链段松弛转变困难，需要更大的能量，T_g 峰宽，反映了链段运动的分散性大，表明链段松弛与不同组分的相互作用、界面及相容性有关。

6.5.3.2 研究共混材料的相容性

共混改性是高分子材料，特别是工程塑料，用于提高物理性能以适应不同需要的有效方法。共混物的动态力学性能主要由参与共混的聚合物的相容性所决定。如果完全相容，则共混物的性质和具有相同组成的无规共聚物几乎相同；如果不相容，则共混物将形成多相，这时动态模量-温度曲线上将出现多个台阶，损耗温度曲线出现多个损耗峰，每个峰均对应其中一种组分的玻璃化转变温度。共混物玻璃化转变的特征主要取决于两组分的混容性，两组分完全不混容则有两个分别对应于两组分的玻璃化转变温度，若两组分完全混容，则只有一个玻璃化转变温度。

6.5.3.3 研究高聚物的低温性能和分子链上的次级反应

聚合物材料本质上来讲处于"玻璃态""晶态＋玻璃态"或"晶态＋橡胶态"。塑料之所以不像小分子玻璃那么脆，是因为许多塑料在使用条件下，虽然处于主键链段运动被"冻结"的状态，但某些小于链段的小分子单元仍具有运动能力，因此在外力的作用下，可产生比小分子玻璃大得多的变形而吸收能量。高聚物的力学性能本质上是分子运动状态的反映，而分子运动状态取决于分子运动的松弛时间。由于高聚物的长链结构，且分子量高，具有多分散性，此外还可以带有不同的侧基，加上支化、交联、结晶、取向、共聚等，高分子运动单元具有多重松弛过程。研究聚合物的多重转变，对于评价材料的性能（如抗低温冲击性能）是很有用的。在聚合物材料的力学内耗温度谱上，低温内耗峰温度越低，其峰值越高，低温抗冲击性能就越好，从测试谱图可反映聚合物材料能量吸收的大小。材料的耐低温性主要决定于它在低温下是否存在一定的运动单元。对于不同温度下使用的弹性材料，可以存在几个松弛过程，它们与某些具有能量吸收的分子运动过程有关。

思考题

参考答案

1. 何为热导率？影响热导率的因素有哪些？
2. 简述材料热导率的测量方法有哪些。
3. 简述线胀系数和体胀系数的表达式及两者关系，并证明 $\alpha_V = \alpha_a + \alpha_b + \alpha_c$。
4. 影响材料热膨胀系数的因素有哪些？
5. 常用的热膨胀系数测定方法有哪些？各方法又有哪些主要特征与注意事项？
6. 什么是 DTA 和 DSC？DTA 和 DSC 的主要差别是什么？
7. 如何根据 DTA 曲线判断相变的发生及热效应（吸热或放热）？
8. 简述热分析技术在材料研究中的应用。
9. 基于 DSC 曲线可以得到哪些材料结构转变的信息？
10. 简述 DMA 基本原理，举例说明其在现代材料研究中的应用。

参考文献

[1] 连法增. 材料物理性能[M]. 沈阳：东北大学出版社，2005.
[2] 高智勇，隋解和，孟祥龙. 材料物理性能及其分析测试方法[M]. 哈尔滨：哈尔滨工业大学出版社，2015.
[3] 吴音，刘蓉翾. 新型无机非金属材料制备与性能测试表征[M]. 北京：清华大学出版社，2016.
[4] 李立碑，孙玉福. 金属材料物理性能手册[M]. 北京：机械工业出版社，2011.
[5] 李志林. 材料物理[M]. 3 版. 北京：化学工业出版社，2024.

［6］ 陈敬菊，曲阳丽，曹婕. DMA 在材料研究中的应用［C］//中国空间科学学会空间材料专业委员会 2009 学术交流会. 中国空间科学学会空间材料专业委员会 2009 学术交流会论文集. 长沙：中国空间科学会，2009：307.

［7］ 张云霞. TC4 钛合金微弧氧化膜层动态热机械性能研究［D］. 西安：长安大学，2016.

［8］ 邹涛，赵瑾，郭姝，等. 浅谈国内热分析技术的发展与应用［J］. 分析仪器，2019(6)：9-12.

［9］ 王家龙，骆东淼，姜著成. 我国热分析仪的现状和发展［J］. 中国仪器仪表，2008(10)：28-30.

［10］ Matthias Wagner. 热分析应用基础［M］. 陆立明，译. 上海：东华大学出版社，2011.

功能材料性能测试方法

第 7 章

电化学测试方法

7.1 电化学性能基本参数

电化学测试中涉及的性能参数较多，且体系十分复杂。相较于常见的电化学理论研究，电化学测试更是一个灵活多变的体系。一般电化学测试要涉及的性能参数有电压（V）、电流（i）、密度（ρ）等这些常见的物理量，但这些常见的物理量并不能完全满足电化学性能测试的研究。综合以上因素考虑，国际机构、国际学术期刊及会议报告中逐渐引入了一些新的物理量，如法拉第电流（i_F）、非法拉第电流（i_{nF}）和瞬间的电位（E_λ）。这些新物理量相较于常见的理论知识更贴近实际，同时也能反映出电化学的机理变化。但是在实际测试的一些应用中，还是要根据测试条件或者是实际需求进行符号的变换。如韦伯阻抗可以看作由反应物扩散阻抗（Z_{WO}）和产物扩散阻抗（Z_{WR}）两项构成，这样可以更方便地帮助我们了解阻抗。表 7-1 列出本章中出现的部分关键性能参数，为读者提供参考。

表 7-1 本章中出现的部分关键性能参数对照表

符号	中文释义
V	电动势
i	电流
ρ	密度
φ	电极电位
φ_W	工作电极电位
φ_R	参比电极电位
i_M	反应过程中的电流
R_M	回路电阻
$\Delta\varphi_P$	极化的电压降
R_I	电压测量仪阻抗
i_F	法拉第电流
i_{nF}	非法拉第电流
C_{dl}	双电层电容
φ	零电荷为零点的电位
D	扩散系数
R	电阻

符号	中文释义
R_{ct}	电荷转移电阻
R_S	溶液内阻
E_p	电位峰值
Z_{Re}	阻抗实部
Z_{Im}	阻抗虚部
ω	角频率

7.2 稳态测试法

7.2.1 稳态法的特点

在指定的一段时间内，如果电化学测量系统中被研究的参数（如电极电势、电流密度、电极界面状态、电极界面附近粒子浓度分布等）变化缓慢或基本保持不变，那么这种状态称为电化学稳态。

需要指出的是，稳态不能等同于平衡态，平衡态是稳态的一个特殊状态。如金属铁（Fe）电极插入铁盐溶液（如 $FeCl_2$）中，当铁电极表面发生铁溶解反应即 $Fe \longrightarrow Fe^{2+} + 2e^-$（氧化反应）的速度与电极表面铁沉积反应即 $Fe^{2+} + 2e^- \longrightarrow Fe$（还原反应）的速度相等时，电极便处于平衡态。在平衡态下，没有净物质转移，没有净电流的流通，电极表面发生的电子得失反应的速度相等，得失电子数相等。而在一般情况下，在铁阳极溶解过程即 $Fe \longrightarrow Fe^{2+} + 2e^-$ 中，当电极达到稳态时，铁的氧化反应速度大于亚铁离子的还原反应的速度，两个反应的速度差为一个稳定值，即存在一个稳定的阳极电流。最终在电极界面处，铁通过氧化反应以一定的速度溶解到铁盐溶液中，电极界面附近的 Fe^{2+} 浓度逐渐增加。与此同时，Fe^{2+} 以扩散、电迁移以及对流作用等方式转移到溶液的内部。当系统达到稳态时，位于电极界面处的 Fe^{2+} 浓度保持不变，表明铁阳极的溶解速度和 Fe^{2+} 的转移速度恰好相等，从而表现出反应物浓度、电流和电位均不变的稳态。

事实上绝对的稳态并不存在。就比如在铁阳极的溶解过程 $Fe \longrightarrow Fe^{2+} + 2e^-$ 中，铁的不断溶解势必会造成溶液中 Fe^{2+} 的浓度有所增加，只不过增加的幅度很微弱，并不显著。在最初状态时，铁阳极的溶解速度大于 Fe^{2+} 的转移速度，Fe^{2+} 在电极界面处的浓度上升，电极电位向正方向移动。经过一段时间后，电极界面处的铁阳极的溶解速度和 Fe^{2+} 的转移速度逐渐趋于一致，电极界面处 Fe^{2+} 的浓度基本不再发生变化，电极的电位也不再发生显著移动，此时系统进入稳态。而在达到稳态之前的那一段过渡状态称为暂态。

因此，稳态和暂态是一组相对的概念。稳态和暂态的划分标准是参数是否发生显著变化。这个划分标准亦是相对的，它会随着条件的不同而发生改变。如测试仪器的灵敏度，对于同一个对象，不同灵敏度的测试仪器会显示出不同的结果。当该对象的变化量很小时，低灵敏度的仪器很难监测其变化，而高灵敏度的仪器则能够监测出显著的变化。因此，只要所研究的参数在一段时间间隔内不超过一定值，那么这种状态就能够称为稳态，反之则是暂态。

7.2.2　电流和电位的测定

稳态测试法就是在稳态下测量电极电位和电流密度之间的关系，获得稳态极化曲线。稳态极化曲线需要同时测量电极的电位和通过电极的电流（极化电流）。通常采用三电极体系来测量电极的电位和极化电流，三电极体系的简化测量电路如图 7-1 所示。工作电极、参比电极和辅助电极（也称对电极）是三电极体系中的重要组成部分，下面首先对三个电极进行介绍。

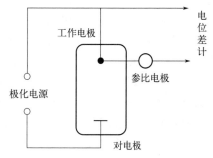

图 7-1　三电极体系的简化测量电路

7.2.2.1　工作电极

工作电极（working electrode，WE）是在测量过程中发生电化学反应的电极，也是我们所要研究的电极。工作电极需要具有良好的信噪比和可重复性，因此在工作电极的材料选择、制备和处理方面都有较高的要求。

在工作电极材料的选择上，需要对各方面因素进行全面地考量，如电导率、电位窗口、力学性能、成本及毒性等。不同材料的工作电极对电极上电化学反应的测量影响很大。根据工作电极在所研究的电化学反应中的职能不同，可以将工作电极分为两类：

① 工作电极本身作为研究对象，以研究电极本身的电化学性能为主要目的。如各类电池的正负极（锂离子电池、钠离子电池等），在光照下具有电化学活性的半导体电极等。这类电极可以直接置于适当的溶剂中进行测量。

② 研究对象为溶液中的化学物质或从外部导入的气体，以研究溶液或气体的特性为主要目的。这类电极仅作为研究的载体而不能参与特定的电化学反应。因此这类电极应为惰性电极，在电化学测定中能够稳定地工作，如铂、金等金属电极。

固体金属电极导电性好、灵敏度高且易于制作和抛光，是电化学测试中使用最多的工作电极。固体金属电极在制备时，可以根据需要将电极制备成各种各样的形状，但需要注意的是，制备的电极应具有确定的、易于计算的表面积，同时需要与导线紧密相连。

工作电极表面的清洁程度在电化学测试中至关重要。当工作电极为固体金属电极时，为了获得尽可能清洁的电极表面，在进行测试前一般会对电极进行三步表面处理，依次为机械处理、化学处理和电化学处理。

在对电极表面进行机械处理时，首先需要使用从粗到细的砂纸逐级打磨金属表面，然后用抛光粉、抛光膏等抛光材料逐级抛光，直至金属电极表面光亮无划痕为止。当划痕较多时，可以根据实际情况适当延长抛光时间。在抛光步骤完成后，需要用适当的溶剂对电极表面进行冲洗，以去除残留的抛光材料。

在机械处理完成后，对固体金属电极进行化学处理。化学处理步骤主要针对的是那些易于钝化的金属。某些金属不仅在预处理过程中会产生氧化膜，甚至在打磨完成后停放在空气中也会产生氧化膜。对于这类金属电极，需要在机械处理步骤完成后对其进行除油和清洗处理。除油通常采用有机溶剂，包括甲醇、丙酮等。金电极一般需要使用热硝酸清洗，铂电极则需要使用王水和热硝酸进行清洗。

在电化学测试前，需要对固体金属电极进行最后的电化学处理。电化学处理就是将金属电极置于与电化学测试用溶液相同组分的溶液中进行电位扫描。通常会依次对金属电极进行阳极极化和阴极极化。阳极极化期间金属或非金属离子从电极表面溶解，而阴极极化期间溶液中的电活性离子则还原到金属电极表面。反复操作几遍后能够保证金属电极具有良好的工作状态，而需要注意的是电化学处理的最后一步一般为阴极极化。

由于电极表面是电化学反应发生的主要场所，因此电极表面积是电化学测试中的一个关键因素。基于液态金属汞构建的汞电极是极易计算表面积的电极，而除了汞电极外，其它电极很难计算出其表面积，这是由于电极表面粗糙度各异，很难对电极表面进行量化处理，因此通常除汞以外的电极只能通过其表观尺寸来计算表面积。对于铂金属电极而言，可以将磨得非常平滑的铂电极静置，在扩散控制的电位范围内恒电位水解 1s 以上，则可以得到扩散层的厚度为 $d = (Dt)^{1/2}$（D 为扩散系数，t 为水解时间），这时扩散层的厚度将大于铂电极表面的粗糙度，即可以直接通过千分尺来计算铂电极的表面积。而在某些情况下，需要更加精确地知道铂电极的表面积，这时则需要通过氢离子吸附峰的解析来计算。

除金属电极外，碳电极是另一种常用的工作电极。通常在碳电极表面的电子转移速率要低于金属电极表面，但碳电极具有电位窗口宽、来源广泛、制备简单以及物理化学性质稳定等优点。碳电极一般可以分为石墨电极、玻碳电极等。不同形貌、不同处理步骤的碳电极会形成不同反应活性的电极表面，在电化学测试中对测试结果产生重要影响。

① 石墨电极　石墨电极根据结构不同可以分为两类。一类是天然的多孔性石墨电极，这类电极通常会浸入石蜡，以确保电解液或气体不会进入石墨层间而影响测试结果。但是其自身疏松的多孔结构，导致仍然存在较大的残余电流。此外，多孔石墨电极由于浸入石蜡的原因，表面呈现疏水性，若要获得亲水性表面，可以通过用含有表面活性剂的水溶液处理电极表面来获得。另一类是通过在 2000℃ 以上热解碳水化合物而产生的致密性石墨电极，这种方法获得的石墨电极呈现出各向异性，与天然石墨相比密度更高，这会阻碍电解液或气体以及金属杂质进入石墨层间，从而减小残余电流。但是一般热解石墨电极也需要进行浸入石蜡预处理，这是由于小部分液体等会通过石墨边缘进入层间从而影响测试效果。若电极表面长久不用或被污染，可以通过用研磨或砂纸打磨的方式来获得新的石墨电极表面。由于石墨的层间相互作用较弱，也可以通过机械剥离的方式获得新的石墨电极表面。当对热解石墨进行高压热处理，会提升热解石墨的各向异性，将热解石墨转变为高度有序的热解石墨，这种石墨具有更加优异的重现性能。

② 玻碳电极　玻碳电极是通过将酚醛树脂或聚丙烯腈在惰性气氛（氮气或氩气等）下加热至 1000～3000℃ 加压碳化而获得的。玻碳电极与石墨电极不同，表现出高度无序的各向同性。玻碳电极导电性高，物理化学稳定性好，紧密的结构能够有效抑制气体进入电极内部，确保了测试结果的准确性。与玻碳电极类似的还有网状玻碳电极，这类电极可以通过在 2200～3000℃ 下热解热固性树脂来获得。网状玻碳电极在重金属离子（Cr、Cd 等）的吸附方面有着广阔的应用前景。

7.2.2.2　参比电极

参比电极（reference electrode，RE）在电化学测试中作为比较标准，对电化学测试的结果影响很大，不同的参比电极所获得的电化学测量结果存在较大差异。因此，需要根据实际情况来合理选择适当的参比电极。在参比电极的选择上，需要满足以下要求。

① 参比电极须为可逆电极，电化学反应应处于平衡状态，能通过能斯特方程计算其电位。同时参比电极不应是极化电极，当电流流过参比电极时其电位不应发生改变，以确保标准的恒定。

② 参比电极需要具有良好的重现性能。不同批次制备的参比电极需要保证具有相同的电极电位，每批次参比电极稳定后的电位差应小于 1mV。

③ 参比电极需要具有良好的稳定性和恢复性。当外界环境变化（温度改变、电流突然通过等）时，参比电极的电极电位会发生相应的变化，但当恢复初始环境条件时，参比电极应快速恢复到原有的电极电位。

④ 在选择参比电极时应当考虑其是否与溶液体系相匹配。一般情况下尽可能选择与溶液离子相同的参比电极。如在氯离子溶液和硫酸根离子溶液中分别会采用甘汞参比电极和汞-硫酸亚汞参比电极。

⑤ 选用的参比电极应当制备简单，使用方便，同时易于储存和维护。

目前，常用的参比电极可分为三类，分别是：①金属单质或可溶化合物与其对应离子组成的平衡体系，如 H^+/H_2（Pt）和 Ag^+/Ag 等；②金属单质与其难溶化合物所电离出的微量离子形成的平衡体系，如 $Ag/AgCl$、HgO/Hg 和 Hg_2Cl_2/Hg 等；③以玻璃电极或离子选择电极为代表的其它参比电极体系。下面对几种常见的参比电极进行介绍。

（1）氢电极

氢电极的可逆性非常好，是公认的电极电位的基准。氢电极发生的反应如下：

$$H_2 \rightleftharpoons 2H^+ + 2e^- \tag{7-1}$$

需要指出的是，氢电极并不是纯的氢气。由于氢气本身不导电，因此不能作为电极来使用。通常是以铂片作为载体，将氢吸附在金属铂的表面，而氢则在铂片上发生电极反应。为了能够增加铂片的电化学活性及接触面积，减少铂片的极化，可以在铂片表面镀上一层铂黑。将镀有铂黑的电极浸入氢离子活度为 $1[\alpha(H^+)=1]$ 的溶液中，往溶液中通入 100kPa 的氢气 $[p(H_2)=100kPa]$，使溶液中的氢气流过铂片并达到饱和，这时所得的氢电极电位被定为零（$\varphi^{\ominus}_{H^+/H_2}=0$），称为标准氢电极。标准氢电极在测量电极电位时被作为标准电极来使用。在一般情况下，氢电极的电极电位可以通过能斯特方程来计算：

$$\varphi_{H^+/H_2} = \varphi^{\ominus}_{H^+/H_2} + \frac{RT}{F}\ln\frac{\alpha_{H^+}}{(p_{H_2}/p^{\ominus})^{1/2}} \tag{7-2}$$

式中，R 为摩尔气体常数；T 为热力学温度；F 为法拉第常数；$p^{\ominus}$ 为标准压力。

将标准氢电极电位 $\varphi^{\ominus}_{H^+/H_2}=0$，氢气压力 $p(H_2)=100kPa$ 代入式（7-2），则在 25℃ 下得到氢电极电位与溶液酸碱度（pH）的关系：

$$\varphi_{H^+/H_2} = -0.05916pH \tag{7-3}$$

氢电极结构简单，电极电位稳定，重现性好，是一类优质的参比电极。但是氢电极会涉及氢气的使用，给操作和使用带来不便。此外，氢电极对电解液的纯度以及测试体系也有较高的要求。电解液纯度过低会导致杂质吸附于铂片的表面而降低电极的寿命。含强氧化剂的测试体系会导致其离子在铂片上被还原，从而降低铂黑的活性，影响氢电极的性能。

（2）甘汞电极

甘汞电极是试验室中最常用的参比电极之一。甘汞电极由甘汞（Hg_2Cl_2）、汞（Hg）以及 KCl 溶液组成，其中 KCl 有三种浓度，分别为 $0.1mol/L$、$1.0mol/L$ 和饱和溶液，分别对应 $0.1mol/L$ 甘汞电极、$1.0mol/L$ 甘汞电极以及饱和甘汞电极。甘汞电极的结构一般记为 $Hg\,|\,Hg_2Cl_2\,|\,KCl$，其电极反应为：

$$Hg_2Cl_2(s) + 2e^- \rightleftharpoons 2Hg(l) + 2Cl^-(aq) \qquad (7\text{-}4)$$

电极电位可通过下式计算：

$$\varphi_{Hg_2Cl_2/Hg} = \varphi^{\ominus}_{Hg_2Cl_2/Hg} - \frac{RT}{F}\ln\alpha_{Cl^-} \qquad (7\text{-}5)$$

式中，$\varphi^{\ominus}_{Hg_2Cl_2/Hg}$ 在 25℃时为 $0.2680V$。因此可以求得三种 KCl 溶液浓度下的甘汞电极的电位（25℃）分别为：$0.3337V$（$0.1mol/L\ KCl$）、$0.2801V$（$1.0mol/L\ KCl$）和 $0.2444V$（饱和 KCl）。

甘汞电极极易制备且稳定性佳，这是其应用广泛的重要原因。通常可以先将干燥后的汞与氯化亚汞粉末摇动混合，氧化亚汞会在汞的表面形成薄层。再将一定浓度的氯化钾溶液缓慢倒在顶部而制成甘汞电极。这种自制的甘汞电极亦能表现出优异的性能。但值得注意的是，甘汞电极（特别是饱和甘汞电极）对温度和溶液的 pH 值较为敏感。当温度变化时，电极电位会发生较大的波动。当在 pH 值较高的碱性溶液中，碱性溶液会进入甘汞电极并使其发生氧化，因此不能将甘汞电极直接插入碱性待测溶液中。

（3）银/氯化银电极（Ag/AgCl）

$Ag/AgCl$ 电极是另一种应用广泛的参比电极。$Ag/AgCl$ 电极由涂有 $AgCl$ 的 Ag 单质和 KCl 溶液组成。具体制备方法是：将银丝（线）的表面用 $3mol/L\ HNO_3$ 溶液清洗干净后置于 $0.1mol/L\ HCl$ 溶液中，以一定的电流密度对其进行一段时间的阳极电解，从而制得 $Ag/AgCl$ 电极。$Ag/AgCl$ 电极的电极反应如下所示：

$$AgCl(s) + e^- \rightleftharpoons Ag(s) + Cl^-(aq) \qquad (7\text{-}6)$$

和甘汞电极类似，$Ag/AgCl$ 电极对温度也很敏感，温度变化会显著影响 $Ag/AgCl$ 电极的电位。同时电极电位也会随着 KCl 溶液的浓度而发生变化。电极电位可通过能斯特方程求得，公式如下：

$$\varphi_{AgCl/Ag} = \varphi^{\ominus}_{AgCl/Ag} - \frac{RT}{F}\ln\alpha_{Cl^-} \qquad (7\text{-}7)$$

当温度为 25℃时，求得不同 KCl 溶液浓度的电极电位分别为：$0.2880V$（$0.1mol/L\ KCl$）、$0.2223V$（$1.0mol/L\ KCl$）和 $0.199V$（饱和 KCl）。

$Ag/AgCl$ 电极制备、使用方便，由于不含汞因此更加环保，同时具有较稳定、可重现的电极电位。此外相较于甘汞电极，$Ag/AgCl$ 电极具有更宽的温度使用区间，在 100℃下仍能正常使用。

7.2.2.3 辅助电极

辅助电极（counter electrode，CE）亦称为对电极。在三电极体系中，辅助电极与工作电极相连，组成一个串联回路，其目的是保证回路上的电流畅通。在对工作电极进行研究时，经常会遇到反方向的电流从工作电极流过的情况，这时为了保证反向电流能够流畅地通过辅助电极，便要求辅助电极应具有尽可能小的内阻，同时不易产生极化。此外，辅助电极发生反应产生的产物不应对工作电极产生影响，否则会直接影响测试结果的准确性。因此在辅助电极的材料选择方面，通常会使用铂金属电极或者碳电极。

在三电极体系中，除了工作电极、参比电极和辅助电极外，盐桥和电解池也是关键的组成部分，在三电极体系中至关重要。

在测量电极电位时，往往会出现参比电极体系的溶液与被研究体系溶液成分不同的情况，这时若参比电极直接插入被研究体系的溶液中，在两种溶液的界面处会产生一个接界面。不同溶液中离子扩散速率的差异，会导致在接界面处产生一个电位差，这个电位差称为液体接界电位。液体接界电位的存在会导致电化学测试出现误差，因此必须消除液体接界电位，而消除液体接界电位的最有效的方法就是使用盐桥。

7.2.2.4 盐桥

盐桥通常是一个装满电解质溶液的 U 形玻璃管，玻璃管的两头分别插入研究体系溶液和参比电极体系溶液中，两种溶液通过盐桥相互连接。盐桥除了能够降低液体接界电位外，还能够减少或防止工作电极体系溶液和参比电极体系溶液之间的相互污染。盐桥电解液的选择有如下几点要求。

① 所选电解质溶液中阴阳离子的扩散速率要尽可能接近，同时应当尽可能选择高浓度的电解质。这是为了保证使盐桥中的电解液向两个体系中扩散，同时盐桥中的阴阳离子扩散速率基本一致，从而能够避免产生过大的电位差，降低液体接界电位。在水系溶液中，通常选择 KCl 或 NH_4NO_3 作为盐桥中的电解质。而在有机溶液中通常可以选择苦味酸四乙基铵溶液或高氯酸季铵盐溶液，其阴阳离子扩散速率近似相等，非常适合作为盐桥电解液。

② 盐桥溶液中的离子不应与相接触的两个体系中的溶液发生反应，也不应影响到工作电极的测试过程。如在研究金属腐蚀的过程中，或者在含有 Ag^+ 的体系中，由于 Cl^- 会对某些金属（包括 Ag^+）阳极的电化学过程产生明显影响，因此需要避免使用 KCl 溶液作为盐桥溶液。

7.2.2.5 电解池

电解池在电化学测量中至关重要，特别是在恒电位极化测试中，电解池更是起着运算放大器反馈电路的作用。由于电解池的结构对电化学测量影响较大，因此需要对电解池的结构进行合理的设计和组装。图 7-2 为一种 H 型电解池。

物理化学性能稳定是对电解池的基本要求。物化性能的稳定能够避免电解池在长期的服役过程中发生分解和反应而产生杂质，从而确保电解液的纯净和测试结果的准确。目前电解池最常用的材料是玻璃。玻璃能够在大部分有机或无机溶液中保持稳定，同时玻璃的使用温度区间很宽，能够在几百摄氏度的环境下稳定使用。除玻璃外，很多合成材料也被应用于电解池的制造当中，如聚四氟乙烯等。

在对电解池进行设计时，需要满足以下几点要求。

① 设计的电解池要具有适当的体积。过小的体积容易导致电解液的浓度发生变化，从而影响测试结果的准确性。

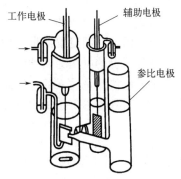

图 7-2　三电极体系 H 型
电解池示意

而过大的体积则会延长某些反应的时间，同时也会造成电解池材料和电解液的浪费。

② 辅助电极体系和工作电极体系需要分隔开，以防止辅助电极体系的电化学产物影响工作电极体系的测试结果。此外，还需要考虑辅助电极的形状、大小和位置。一般情况下辅助电极的面积需要大于工作电极。辅助电极应当位于与工作电极对称的位置上，在某些电化学测试中，还需要将辅助电极的电极面对准工作电极的电极面，以保证电流密度的均匀分布。

③ 有些电极体系的测试需要用到惰性气体保护，因此在设计电解池的时候需要留有进（出）气口。

7.2.3 极化电流与电极电位的测量

7.2.3.1 极化电流的测量

在测量极化电流时，由于辅助电极（对电极）与工作电极串联，当电流通过回路时辅助电极会被极化，这时便需要额外的参比电极来作为电位标准。因此，通常选择三电极体系来测量极化电流。

在稳态下对极化电流进行测量时，通常会在极化回路（辅助电极和工作电极的回路）上串联一个具有合理精度和量程的电流表（毫安表或微安表）。在某些情况下可以先将极化电流处理成其它形式再进行测量。比如在测定半对数极化曲线时，可以采用对数转换电路先将极化电流转换成对数的形式后再进行测量。

7.2.3.2 电极电位的测量

绝对的电极电位是无法测得的，只能依据参比电极的标准电位来计算所研究电极的电位，所测得的电位是相对电极电位。1953 年，国际纯粹化学和应用化学联合会（IUPAC）在斯德哥尔摩大会对相对电极电位的定义为：任一电极与标准氢参比电极组成无液面接界电位的电池，那么电池的电动势即为该电极的标准电极电势。因此，要测定某电极的电位，就需要将该电极与参比电极通过盐桥相连，组成测试电池，通过电压测量仪测定测试电池的电动势，来计算该电极的电位。在三电极体系中，测试电池的电动势 V 为：

$$V = |\varphi_W - \varphi_R| \tag{7-8}$$

式中　φ_W——工作电极的电位；

　　　φ_R——参比电极的电位。

当使用电压测量仪测量工作电极和参比电极之间的电极电位时，若测量电路中无电流通过，则所测得的电压为测试电池的开路电压，则该值即为工作电极的电极电位 φ。事实上使用电压测量仪测量体系的电压时必然会产生微小的电流，因而测得的电压是端路电压而非开路电压，则其值不等于工作电极的电极电位，即：

$$V = |\varphi_W - \varphi_R| - i_M R_M - |\Delta\varphi_P| \neq \varphi \tag{7-9}$$

式中　V——电压测量仪测得的电压；

　　　i_M——测量过程中流过的电流；

　　　R_M——回路电阻；

$\Delta\varphi_P$——测试过程中极化造成的电位降。

因此，只有当R_M和$\Delta\varphi_P$忽略不计时，即：

$$i_M R_M = 0; \Delta\varphi_P = 0 \qquad (7\text{-}10)$$

才能保证所测电压V等于工作电极的电位φ。通常在电化学测量过程中，只要仪器测得的电压V和工作电极的电位φ差别小于1mV，就可以认为$V=\varphi$。

由欧姆定律可知：

$$i_M \approx |\varphi_W - \varphi_R| / (R_M + R_I) \qquad (7\text{-}11)$$

式中　R_I——电压测量仪的阻抗。

只有当$R_I \gg R_M$时，R_M才可忽略不计，即：

$$i_M \approx |\varphi_W - \varphi_R| / R_I \qquad (7\text{-}12)$$

因此，在测量电池电动势时，需要采用具有高阻抗的电压测量仪来测定。如果用普通的伏特表来测定电池电动势，伏特表的阻抗很低，导致回路中流过的电流很大，在经过工作电极和参比电极时会导致较大的极化，从而显著影响测试的结果。通常只要能够保证测试仪器内的阻抗大于$10^7\Omega$，便可将回路电阻忽略，从而获得更准确的工作电极电位。试验室中的直流数字电压表、真空管伏特计等仪器的阻抗均大于$10^7\Omega$，可以作为电极电位的测量仪器。

此外，在极化电流和电极电位的测试中，对使用的仪器还要考虑以下几点。

① 测量时要选择适当的量程。一般情况下，参比电极和工作电极之间的电位差很少超过2V，但某些特殊情况下电位差也会超过2V。比如在测量一些合金的腐蚀性能时，电位的测量范围可能会超过2V；当测量Al、Ta等金属的阳极氧化行为时，在电极表面会生成一层不导电的氧化膜，导致电位的测量范围高达几十伏。但除上述特殊情况外，测试仪器的量程通常选定为2V。

② 测量时需要根据实际情况选择合适的精度。并非每一种测试都需要极高精度的仪器，比如在测量腐蚀金属电极的电位时，受周围环境因素影响，其电位会随着时间发生不同程度的变化（最大能达到几十毫伏）。因此，选择精度为0.5mV或1mV的测量仪器便能够适用。而在一些诸如10～20mV的小极化区间进行测量时，需要对微小的电位变化进行区分，因此需要选择精确度为0.1mV甚至更高的测试仪器。

③ 在稳态下测试时，由于体系条件基本不发生变化，因此测试仪器能够准确读出相应的测试数值。但当体系条件处于非稳态（暂态）时，便需要考虑仪器的响应速度对结果的影响。响应速度指的是测试仪器跟踪测量并记录瞬时电位的能力，响应速度越高，仪器显示的读数便越准确。目前通常使用数字存储装置来提高仪器的响应速度。数字存储装置需要先进行模数转换，而不同价位的仪器其模数转换的速度和精度也各不相同。

7.2.4　恒电流法和恒电位法

稳态法就是测定稳态极化曲线的方法。稳态极化曲线指的是描述电流密度与电极电位之间关系的曲线。稳态法可以分为控制电位法和控制电流法，也称为恒电位法和恒电流法。

恒电位法就是通过恒电位仪来控制电极电位，测试不同电位下的电流密度，从而获得电位与电流密度的关系的方法。恒电流法是指在电极反应达到稳态后，通过改变工作电极的外加电流来调节电流密度，并测定各电流密度下的电位值，从而获得电流密度与电位的关系的方法。在每一个电流密度下，工作电极都必须达到稳态才能进行电极电位的测定，而工作电极达到稳态的快慢与电极表面情况、工作电极电位的偏移程度等因素密切相关。在某一电流密度下通常要经过几分钟才能达到稳态，而达到稳态后也会发生个别因素的微小波动，因此没有绝对的稳态。研究者可以结合试验具体情况来决定在该电流密度下达到稳态的等待时间，一般选择 0.5mV/s 或 1mV/s。

7.2.5　稳态测试法的应用

稳态极化曲线是研究电极电化学过程最重要也是最基本的方法，在电化学基础研究、电化学能源、金属腐蚀、电镀电解等方面都有着广泛的应用。

在电化学基础研究方面，稳态极化曲线可用于判断电极过程的反应机理和控制条件，并可以从极化曲线中测定电化学反应的动力学参数，如电流密度、扩散系数等。此外，稳态极化曲线也适用于多步骤的复杂反应的分析。

在电化学能源方面，化学能源的工作电压由电池的总极化决定，电池极化越高，电压效率越低。通过稳态法测定正负电极的极化曲线，可以分析正负电极的极化程度，进而探究正负电极对电化学性能的影响，并指导我们选择和制备合适的电极材料。

在金属腐蚀方面，稳态极化曲线可以测定阴极保护电位、阳极保护的致钝电位、致钝电流、维钝电流、击穿电位、再钝化电位等。通过测量阴极和阳极的极化曲线，可以分析腐蚀的控制、影响因素和机理，同时也可以用来研究局部腐蚀。此外，通过采用强、弱极化区和线性极化区的方法，可以快速测定金属腐蚀速率，从而能够高效筛选金属材料和缓蚀剂。

在电解、电镀等方面，通过测定阴极和阳极的极化曲线，还可对电解液和电流进行分析，研究成分组成对极化曲线的影响，从而确定电解液的制备参数。此外，还能够通过研究主副反应的极化曲线来测定电流效率。

7.3　暂态测试法

7.3.1　暂态及其特征

在上一节中，我们对稳态测试法进行了探讨。当所探究的参数在一段时间内不随时间而变化，那么可以称电极过程进入了稳态。那么当某些条件改变时，电极过程的稳态随之被打破，反应的进程、速率等参量均会发生改变直至达到新的稳态，而在新旧稳态之间的阶段我们称之为暂态。

当电极处在暂态状态时，其每一步的反应过程（电化学反应、离子迁移、传质过程等）和各项参数（电流密度、电极电位等）均会随着时间而发生变化。因此，相对于稳态而言，暂态增加了一个时间变量，因此电极过程更加复杂，但暂态能够提供更多稳态提供不了的信息。

暂态电流是暂态的一个重要特征。暂态电流可以根据是否发生了电化学反应而分为两种电流。一种是在法拉第过程中产生的法拉第电流（i_F），其满足法拉第定律，来源于发生在电极表面的电化学反应引发的电荷传递。另一种是非法拉第电流（i_{nF}），其不满足法拉第定律，来源于双电层电荷的改变。需要指出的是，法拉第电流在稳态时也能存在，而非法拉第电流则不能存在于稳态中。

在暂态状态下，双电层电荷发生改变满足式（7-13）：

$$i_{nF} = \frac{dQ}{dt} = \frac{d(C_{dl}\varphi)}{dt} = C_{dl}\frac{d\varphi}{dt} + \varphi\frac{dC_{dl}}{dt} \tag{7-13}$$

式中　C_{dl}——双电层电容；

φ——以零电荷作为零点的电位。

当电极电位改变时会引发双电层充放电电流，即式（7-13）等号右边第一项。当双电层电容改变时也会引发双电层充放电电流，即式（7-13）等号右边的第二项。双电层电容来源于电极表面的离子吸（脱）附现象，特别地，如果电极表面不发生离子吸（脱）附时，式（7-13）等号右边的第二项便接近于零，那么式（7-13）可以简化为：

$$i_{nF} = C_{dl}\frac{d\varphi}{dt} \tag{7-14}$$

根据式（7-14），若能够确定非法拉第电流的值，则可以测定出电极的双电层电容，并进一步计算出电极的活性面积。通常可以通过电位线性扫描的方法来测定非法拉第电流的响应。当电极表面发生显著的离子吸（脱）附现象时，则可能会产生很大的双电层电容。当电极过程处于稳态时，双电层电容和电极电位均不发生变化，即 $C_{dl}\frac{d\varphi}{dt}$ 和 $\varphi\frac{dC_{dl}}{dt}$ 均为零，则非法拉第电流 i_{nF} 也为零。

因此，除时间变量外，非法拉第电流是电极处于暂态状态下的另一个变量。根据时间变量，可以获得更多动力学（如传质动力学等）的信息。根据非法拉第电流变量，可以获得更多双电层电容、吸脱附行为等电极表面信息。

7.3.2　暂态测试法的分类

当电极过程中条件发生变化时，电化学反应体系便进入了暂态状态。这种电极过程中条件的改变可以来源于电极电化学过程的变化，抑或是来源于外部条件的扰动。以下所要讨论的暂态测试法指的是通过对电极过程施加电信号扰动来检测体系电信号响应的一种技术。

暂态测试法根据施加电信号的不同可以分为恒电流法、恒电位法和恒电量法。其中，恒电位法测试的响应信号是电流，而恒电流法和恒电量法测试的响应信号是电位。因此根据测试的响应信号不同，暂态测试法亦可分为暂态电位测试法和暂态电流测试法。在测试过程中，施加于电极过程的扰动信号可以根据扰动的形式分为两类。一类称为阶跃扰动，比如电位阶跃和电流阶跃等；另一类称为连续扰动，比如方波电流和电位扫描等。在阶跃扰动下，电极的电位或电流突然被调整为一个恒定的值并保持该值不变，这样电化学体系能够进入一个新的稳态。而连续扰动由于电极的电位或电流每时每刻都在发生着变化，因此可能无法达到一个新的稳态。暂态测试法亦可根据电化学行为的不同，分为扩散控制体系、电化学控制体系以及扩散和电化学混合控制体系的测量。在扩散控制的体系中，测得的数据主要反映电极过程中与反应物和产物扩散方面相关的信息。而在电化学控制的体系中，则反映的是电极过程中与电化学动力学相关的信息。由于电化学行为不同，因此三种控制体系的分析方法也存在较大差别。扩散控制体系和混合控制体系主要采用解扩散方程的分析方法，而电化学控制体系主要采用的是等效电路的分析方法。以下将对两种分析方法进行简单介绍。

7.3.2.1 解扩散方程法

考虑在阴极上发生的还原反应,即:$O+ne^- \longrightarrow R$。当电极过程处于扩散控制时,若电极过程发生的是一维扩散并忽略对流时,在扩散传质中反应物的流量可表示为 $-D_O \frac{\partial c_O(x,t)}{\partial x}$,则可计算扩散电流密度,有:

$$i = nFD_O \left[\frac{\partial c_O(x,t)}{\partial x} \right] \bigg|_{x=0} \qquad (7\text{-}15)$$

式中,n 为反应中转移的电子数;F 表示法拉第常数;D_O 表示反应物的扩散系数;$c_O(x,t)$ 为反应物的浓度,其为距离(x)和时间(t)的函数。

暂态扩散中反应物的扩散服从菲克第二定律,则反应物浓度的表达式为:

$$\frac{\partial c_O(x,t)}{\partial t} = D_O \frac{\partial^2 c_O(x,t)}{\partial x^2} \qquad (7\text{-}16)$$

据此可以同时得到产物的表达式,即:

$$\frac{\partial c_R(x,t)}{\partial t} = D_R \frac{\partial^2 c_R(x,t)}{\partial x^2} \qquad (7\text{-}17)$$

通常假设扩散系数不随体系中反应物(生成物)浓度的变化而变化,即反应物的扩散系数 D_O 和生成物的扩散系数 D_R 均为常数。并考虑扩散前瞬间的初始条件:

$$c_O(x,0) = c_O^B \qquad (7\text{-}18)$$

$$c_R(x,0) = c_R^B \qquad (7\text{-}19)$$

式中　c_O^B,c_R^B——还未发生扩散时溶液本身含有的反应物和生成物的浓度。

当溶液体积足够大时,可以认为 c_O^B 和 c_R^B 服从半无限扩散,即:

$$c_O(\infty,t) = c_O^B \qquad (7\text{-}20)$$

$$c_R(\infty,t) = c_R^B \qquad (7\text{-}21)$$

但在考虑边界条件时,则需要针对不同的测量方法、不同的体系分别进行讨论。

7.3.2.2 等效电路法

等效电路法的思想来源于电工学中处理数据的方法。等效电路指的是在暂态测试中,可以构建一个与被测电极体系的电信号扰动响应相同的电路,则该电路称为待测电极体系的等效电路,其中等效电路中所用的元件称为等效元件。

在构建等效电路时,所构建的电路根据电极过程中各子过程之间的关系可以分为串联、并联和耦合。当电极过程分为诸个子过程后,若这些子过程是依次发生的,则认为这些子过程是串联的,若这些子过程是同时发生且互不干扰的,则认为这些子过程是并联的。电极过程与其子过程之间的串并联关系分别与等效电路中等效元件的串并联关系相对应。而耦合涉及在同一电极上分别发生阳极反应和阴极反应,因此情况较为复杂,需要用其它方法进行分析处理。

在一个简单的电极过程中，体系中的欧姆降统一用一个电阻来表示，记为 R_S。体系中通过的暂态电流是法拉第电流和非法拉第电流之和，因此法拉第电流和非法拉第电流之间是并联关系。其中非法拉第电流来源于双电层电荷的改变，因此可将非法拉第电流流过的元件用电容来表示。而法拉第电流来源于发生在电极表面的电化学反应引发的电荷传递，因此其流过的元件需要用阻抗来表示，而不能是简单的电阻或电容。经过上述等效转换，得到的等效电路图如图 7-3 所示。

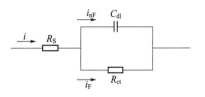

图 7-3　电极过程的等效电路示意图

法拉第电流流过的阻抗元件可以用一个电阻来描述，这个电阻称为电化学反应电阻。而电化学反应的实质是电极与电解液的界面处发生的电荷转移，因此该电阻又称为电荷转移电阻，记作 R_{ct}。在单位面积电极（量纲为 $\Omega \cdot cm^2$）的情形下，有：

$$R_{ct} = \frac{dE_e}{di_F} \tag{7-22}$$

式中　E_e——扣除溶液内阻所致的压降后电极与电解液界面上的电位差；

　　　　i_F——法拉第电流密度。

基于巴特勒-福尔默（Bulter-Volmer，B-V）方程，逆反应在强极化区可以忽略，即在强极化区有 $E_e \propto \lg i_F$，因此在强阴极极化区有：

$$R_{ct} = \frac{RT}{\alpha nF} \times \frac{1}{i_F} \tag{7-23}$$

在强阳极极化区有：

$$R_{ct} = \frac{RT}{\beta nF} \times \frac{1}{i_F} \tag{7-24}$$

式中，α，β 为传递系数。

在弱极化区有 $E_e \propto i_F$，R_{ct} 为常数。R_{ct} 与电极反应的反应速率成反比，因此能够反映电化学进行的难易程度。但是 R_{ct} 和普通电阻不同，不满足欧姆定律。

7.3.3　控制电流法

控制电流法指的是通过对电流信号的控制，测量所研究的电极参数与时间之间相互关系的一种方法。控制电流法通常采用三电极体系，用恒电流仪控制流过工作电极（以及辅助电极）的电流，来获得工作电极其它参数（通常是电位）与时间的相互关系。

控制电流法可以分为控制直流法和控制交流法。控制直流法的电流信号可以分为两类，一类是当电化学体系处于开路状态时，给体系施加一个恒电流阶跃信号，并同时测量电极电位随时间的变化，这种方式称为恒电流阶跃法，又称计时电位法，其电流信号如图 7-4（a）所示。另一类是当电化学体系处于恒电流极化时，突然改变电流信号并保持恒定，此时测量电极电位随时间的变化，这类方式称为阶梯电流阶跃法，如图 7-4（b）所示。控制交流法的电流信号通常可以分为方波信号和正弦波信号。下面将对这几种方法分别进行介绍。

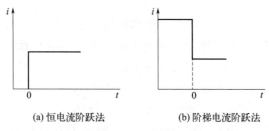

(a) 恒电流阶跃法　　　　　(b) 阶梯电流阶跃法

图 7-4　直流控制电流暂态测量技术

7.3.3.1　恒电流阶跃法

恒电流阶跃法是应用最为广泛的暂态测量法之一。电流阶跃信号的大小和持续时间的长短对电极过程的控制有较大影响。若电流阶跃信号的强度很小、持续时间很短时，电极表面电化学反应消耗的反应物及其生成物的量很少，反应物和生成物的浓度基本保持不变，此时可以认为是电化学控制下的可逆电极过程。若电流阶跃信号强度很高、持续时间很长时，电极表面反应物浓度迅速降低，生成物浓度迅速升高，此时可以认为是扩散控制下的可逆电极过程。下面将对上述两种情形进行介绍。

（1）电化学控制下的电极过程

根据上一节等效电路的相关内容，对于仅有一个电化学反应的简单过程，电化学控制下电极的电流等于法拉第电流 i_F 和非法拉第电流 i_{nF} 之和，即：

$$i = i_F + i_{nF} \tag{7-25}$$

若设电极的电位响应为 ΔE，且 C_{dl} 为定值时，则有：

$$i = \frac{\Delta E - iR_S}{R_{ct}} + C_{dl} \frac{d(\Delta E - iR_S)}{dt} \tag{7-26}$$

当施加阶跃电流信号时 $t=0$，式（7-26）右边第二项为零，加在双电层上的电位差亦为零。此时电极的电位响应 ΔE 仅受溶液内阻 R_S 影响。即可得到自然边界条件：

$$\Delta E \big|_{t=0} = iR_S \tag{7-27}$$

根据式（7-27），溶液内阻 R_S 可以根据在施加阶跃电流信号的瞬间（即 $t=0$）时电极的电位响应值 ΔE 来计算。根据式（7-25）和式（7-26），可以进一步得出：

$$\Delta E = iR_S + iR_{ct}(1 - e^{\frac{t}{R_{ct}C_{dl}}}) \tag{7-28}$$

其中，由于 $R_{ct}C_{dl}$ 的乘积的单位为 s，故将 $R_{ct}C_{dl}$ 的乘积称为恒电流阶跃法的时间常数，记为 τ_i，并有：

$$\tau_i = R_{ct}C_{dl} \tag{7-29}$$

故当 $t=0$ 时，有自然边界条件：

$$\frac{d\Delta E}{dt}\Big|_{t=0} = \frac{i}{C_{dl}} \tag{7-30}$$

此时法拉第电流为零，即 $i_F=0$，双电层电容 C_{dl} 则可以通过 $\dfrac{d\Delta E}{dt}\Big|_{t=0}$，即 $t=0$ 时 ΔE-t 曲线的斜率来求得。若时间足够长，即 $t\to\infty$ 时，有：

$$\Delta E\big|_{t=\infty}=i(R_S+R_{ct}) \tag{7-31}$$

此时非法拉第电流为零，即 $i_{nF}=0$，同时根据式（7-27）求得的溶液内阻 R_S 来计算出电荷转移电阻 R_{ct}。

从以上分析可以看出，电化学控制下的恒电流阶跃法操作简便，相关计算也很简单。但需要指出的是，在实际测量中，由于仪器需要一定的响应时间，而响应时间随不同的仪器也各不相同，因此在初始状态下（即 $t=0$）计算得出的电位响应值 ΔE 和 $\dfrac{d\Delta E}{dt}\Big|_{t=0}$ 通常是不准确的，导致使用式（7-27）和式（7-30）计算出的电荷转移电阻 R_{ct} 以及双电层电容 C_{dl} 也是不准确的。此外，在某些电化学测试体系中，要满足式（7-31）的要求，实际测量中通常需要等待很长时间，在这期间必然会产生浓差极化使得结果并不准确。因此，电化学控制下的电流阶跃法在实际测量中很难得到广泛应用。但我们也可以通过对式（7-28）使用更为准确的最小二乘法拟合来计算溶液电阻 R_S、电荷转移电阻 R_{ct} 以及双电层电容 C_{dl}。

（2）扩散控制下的可逆电极过程

在一维扩散下，考虑电极的阴极反应（还原反应）$O+ne^-\longrightarrow R$。在恒电流跃迁时，极化电流 i 为定值（$t>0$），此时若忽略双电层充电，有：

$$\left[\frac{\partial c_O(x,t)}{\partial x}\right]\Bigg|_{x=0} \tag{7-32}$$

将式（7-32）作为 7.3.2 中求解菲克第二定律［即式（7-16）］的边界条件，结合式（7-18）和式（7-20），可以对式（7-16）求解得：

$$c_O(x,t)=c_O^B-\frac{i}{nFD_O}\left[2\sqrt{\frac{D_Ot}{\pi}}\,e^{\frac{x^2}{4D_Ot}}-x\,\mathrm{erfc}\left(\frac{x}{2\sqrt{D_Ot}}\right)\right] \tag{7-33}$$

式中，"erfc"是高斯误差函数"erf"的共轭函数，即：

$$\mathrm{erfc}(x)=1-\mathrm{erf}(x) \tag{7-34}$$

误差函数的表达式为：

$$\mathrm{erf}(x)=\frac{2}{\sqrt{\pi}}\int_0^x e^{-y^2}\,dy \tag{7-35}$$

此误差函数具有如下性质：

$$\mathrm{erf}(0)=0 \tag{7-36}$$

$$\mathrm{erf}(x)=\frac{2x}{\sqrt{\pi}}\,(x<0.2) \tag{7-37}$$

$$\mathrm{erf}(x)=1\,(x\geqslant 2) \tag{7-38}$$

由式（7-33）可以计算体系中反应物浓度随时间变化的关系式，即：

$$c_O(0,t)=c_O^B-\frac{2i}{nF}\sqrt{\frac{t}{\pi D_O}} \tag{7-39}$$

根据上述推导过程，同理可得生成物的浓度随时间变化的关系式，即：

$$c_R(0,t) = \frac{2i}{nF}\sqrt{\frac{t}{\pi D_R}} \qquad (7\text{-}40)$$

式（7-39）表明，电极表面反应物的浓度和电流极化时间成反比。即随着电流极化时间的增长，电极表面反应物的浓度逐渐下降，直至在某一时刻降为零。当反应物浓度降为零时，有：

$$t = \frac{n^2 F^2 \pi D_O (C_O^B)^2}{4i^2} \equiv \tau \qquad (7\text{-}41)$$

在此之后，若想使流过电极的电流保持不变，则需要其它的电化学反应来提供电流，电极电位则会发生突跃。在此定义过渡时间（τ）为初始状态（恒电流阶跃开始）至电位发生突跃时所用的时间。式（7-41）称为 Sand 方程。将式（7-41）代入式（7-39）和式（7-40）中，可以得到：

$$\frac{c_O(0,t)}{c_O^B} = 1 - \sqrt{\frac{t}{\tau}} \qquad (7\text{-}42)$$

$$\frac{c_R(0,t)}{c_R^B} = \xi\sqrt{\frac{t}{\tau}} \qquad (7\text{-}43)$$

式中，$\xi = \dfrac{\sqrt{D_O}}{\sqrt{D_R}}$。

在可逆体系下，电极过程满足能斯特方程，因此有：

$$\Delta E = E_{平} + \frac{RT}{nF}\ln\frac{c_O(0,t)}{c_R(0,t)} \qquad (7\text{-}44)$$

式中，$E_{平}$ 为平衡电位。

将式（7-42）、式（7-43）与式（7-44）联立，有：

$$\Delta E = E_{平} + \frac{RT}{nF}\ln\frac{\sqrt{D_R}}{\sqrt{D_O}} + \frac{RT}{nF}\ln\frac{\sqrt{\tau}-\sqrt{t}}{\sqrt{t}} \qquad (7\text{-}45)$$

进一步计算后式（7-45）可以改写为：

$$\Delta E = E_{\frac{1}{2}} + \frac{RT}{nF}\ln\frac{\sqrt{\tau}-\sqrt{t}}{\sqrt{t}} \qquad (7\text{-}46)$$

$$E_{\frac{1}{2}} \equiv E_{平} + \frac{RT}{nF}\ln\frac{\sqrt{D_R}}{\sqrt{D_O}} \qquad (7\text{-}47)$$

式中，$E_{\frac{1}{2}}$ 是稳态极化曲线的半波电位。

当 $t = \dfrac{\tau}{4}$ 时所对应的电位为 $E_{\frac{\tau}{4}} = E_{\frac{1}{2}}$，$E_{\frac{\tau}{4}}$ 称为四分之一电位。$E_{\frac{\tau}{4}}$ 与电流 i 无关，这是可逆电极体系的特征。

用 $E - \lg \dfrac{\sqrt{\tau} - \sqrt{t}}{\sqrt{t}}$ 作图，可以得到一条带有斜率和截距的直线。其中通过截距可以求出 $E_{\frac{1}{2}}$，并依此可获得 $E_平$ 的近似值；通过斜率可以求出得失电子数 n。此外，直线的斜率可以作为电极过程可逆性的判据。具体而言，若电极过程可逆，则斜率应为 $2.303\dfrac{RT}{nF}$，或 $\dfrac{59.1}{n}$ mV（25℃）。还可以通过 $\left| E_{\frac{\tau}{4}} - E_{\frac{3\tau}{4}} \right|$ 的值来判断电极过程是否可逆，即对于可逆反应有等式成立：$\left| E_{\frac{\tau}{4}} - E_{\frac{3\tau}{4}} \right| = \dfrac{47.9}{n}$。

7.3.3.2 电化学控制下的对称方波电流法

对称方波电流法指的是在电极体系上施加一个对称方波电流信号来测定电位随时间变化的方法。对称方波信号在 y 轴的正负半区上的幅值、持续时间均相等。电化学控制下的对称方波电流信号示意图如图 7-5 所示。

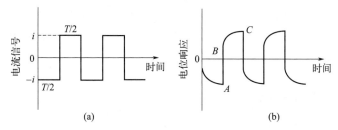

图 7-5 对称方波电流法电流信号（a）及电化学控制下的电位响应（b）

由电化学控制下的恒电流阶跃，可以得到溶液内阻 R_S 和双电层电容 C_{dl}：

$$R_S = \frac{|\Delta E_B - \Delta E_A|}{2i} \tag{7-48}$$

$$C_{dl} = \frac{2i}{\left| \dfrac{\mathrm{d}\Delta E}{\mathrm{d}t} \big|_B \right|} \tag{7-49}$$

式中 ΔE_B——图 7-5（b）中 B 点的电位响应值；

ΔE_A——A 点的电位响应值。

若在 C 点处达到电化学稳态，则有电荷转移电阻 R_{ct} 为：

$$R_{ct} = \frac{|\Delta E_C - \Delta E_B|}{2i} \tag{7-50}$$

式中 ΔE_C——C 点的电位响应值。

由于方波的频率对测量有较大影响，因此需要根据实际情况的不同需求来选择合适的方波频率。在实际情况中若要测量溶液内阻 R_S，由式（7-28）可得，当方波周期远小于电极体系的时间常数 τ_i 时，电极电位 ΔE 仅对溶液内阻 R_S 响应，此时图 7-5（b）中的 BC 段近似与横轴平行，电位响应转变为同频率方波，其幅值为 iR_S，基于此便可求出溶液内阻 R_S。因此，在测量溶液内阻 R_S 时，需要选择尽可能高的频率。若要测量电荷转移电阻 R_{ct}，则

需要保证图 7-5（b）中 C 点已经达到稳态，因此需要选择较低的频率。但需要指出的是，选用的频率如果过低，会导致电化学体系中产生浓差极化而影响到测量过程，因此需要选择合适的频率。通常电流信号的周期 T 需要满足 $\frac{T}{2} \geqslant 5\tau_i$，即选择的电流信号频率 f 需要满足 $f \leqslant \frac{1}{10R_{ct}C_{dl}}$。若要测定双电层电容 C_{dl}，则需要尽可能使图 7-5（b）中 BC 段为一直线，即保证在 B 点处的导数 $\frac{d\Delta E}{dt}\big|_B$ 为一常数，从而方便计算。因此在选择方波和溶液时需要尽可能使电极接近理想极化状态，此时不发生电化学反应，即 $R_{ct} \to \infty$。此外，为了凸显双电层初始充电的状态，需要将方波的电流信号频率提高。

7.3.3.3 电化学控制下的双脉冲电流法

通过前几节的分析我们知道，当在进行恒电流跃迁测量时，若电流信号的频率过慢，会导致电化学体系中产生浓差极化而影响测试精度与结果，因此在测量时通常会选择缩短极化时间来尽可能消除浓差极化的影响。然而当在某些电极体系中，电化学反应速率过快，导致极化时间近似等于电化学反应时间常数（τ_i），这时双电层电流不能忽略，其存在会导致测量误差的增大。基于此，提出了双脉冲电流法。双脉冲电流信号曲线和电化学控制下的电位响应曲线如图 7-6 所示。

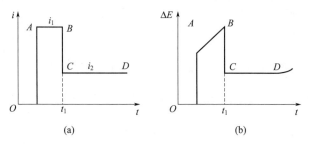

图 7-6　双脉冲电流法电流信号（a）及电化学控制下的电位响应（b）

在初始时刻（即 $t=0$），在电极两侧施加一个较大的电流 i_1，此时双电层开始充电，当时间到达 t_1 时（即 $t=t_1$），降低电流密度至 i_2。若此时电极在 i_2 电流密度下重新达到稳态时所需的双电层电量恰好等于双电层充电（即 $0 \sim t_1$ 阶段）的电量，则表明电流全部作用于电化学反应过程，那么在电位响应曲线中将出现一段平台［即图 7-6（b）的 CD 段］。据此可以对电化学反应中的溶液电阻 R_S、电荷转移电阻 R_{ct} 以及双电层电容 C_{dl} 进行计算，有：

$$R_S = \frac{|\Delta E_A|}{i_1} = \frac{|\Delta E_B - \Delta E_C|}{i_1 - i_2} \tag{7-51}$$

$$R_{ct} = \frac{|\Delta E_C|}{i_2} - R_S \tag{7-52}$$

$$C_{dl} = \frac{i_1 t_1}{|\Delta E_B - \Delta E_A|} \tag{7-53}$$

在式（7-53）中，t_1 通常取得很小，以尽可能消除电化学反应速率过快而产生的浓差极化。

此外，若想要使电极在 i_2 电流密度下重新达到稳态时所需的双电层电量恰好能够等于双电层充电（即 $0\sim t_1$ 阶段）的电量，则需要对前后两个电流密度之比 $\left(\dfrac{i_1}{i_2}\right)$ 和初始电流密度持续时间（t_1）进行反复尝试和调整。在实际测量中，可以根据图 7-6（b）中 CD 段的升降来调整 $\dfrac{i_1}{i_2}$ 和 t_1 的值。若图 7-6（b）中 CD 段上升，表明 $0\sim t_1$ 阶段双电层充电的电量小于电极在 i_2 电流密度下重新达到稳态时所需的双电层电量；若图 7-6（b）中 CD 段下降，则表明 $0\sim t_1$ 阶段双电层充电的电量大于电极在 i_2 电流密度下重新达到稳态时所需的双电层电量，即发生了过充现象。

7.3.4　控制电位法

　　控制电位法指的是通过对电极电位信号的控制，测量所研究的电极参数（通常是电流）与时间之间相互关系的一种方法。控制电位法仍然采用三电极体系。由于恒电流仪不仅能够控制电流，也能够控制电位，因此可以采用恒电流仪控制工作电极相对于参比电极的电位，以此来获得电流与时间的相互关系。

　　与控制电流法类似，控制电位法也可以分为控制直流电位法和控制交流电位法。控制直流电位法的电信号如图 7-7 所示。控制直流电位法的电流信号可以分为三类。一类是当电化学体系处于开路状态时，给体系施加一个恒电极电位阶跃信号，并同时测量流过工作电极的电流随时间的变化，这种方式称为恒电位阶跃法，又称计时电位法，其电流信号如图 7-7（a）所示。还有一类是当电化学体系处于恒电极电位极化时，突然改变电极电位信号并保持恒定，此时测量流过工作电极的电流随时间的变化，这类方式称为阶梯电位阶跃法，如图 7-7（b）所示。最后一类是给电化学体系施加一个电极电位随时间线性变化的信号，并同时测量流过工作电极的电流随时间的变化，这种方式称为线性电位扫描，如图 7-7（c）所示。控制交流电位法的电流信号通常可以分为方波信号、三角波信号和正弦波信号，如图 7-8 所示。

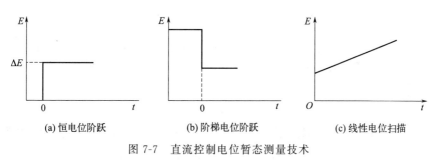

(a) 恒电位阶跃　　　　　　(b) 阶梯电位阶跃　　　　　　(c) 线性电位扫描

图 7-7　直流控制电位暂态测量技术

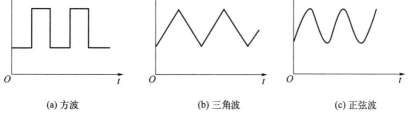

(a) 方波　　　　　　　　(b) 三角波　　　　　　　　(c) 正弦波

图 7-8　交流控制电位暂态测量技术

在控制电位法中，除了能够测定流过工作电极的电流随时间的变化，还能测定流过工作电极的电流随电极电位的变化。而测定电流随时间的变化的方法又可分为恒电位阶跃法、阶梯电位阶跃法和方波电位法。测定流过工作电极的电流随电极电位的变化的方法又称为伏安法，可分为线性电位扫描法、方波扫描伏安法和三角波电位扫描法等。下面将对这几种方法分别进行介绍。

7.3.4.1 恒电位阶跃法

恒电位阶跃法是应用最为广泛的暂态测量法之一。与电流阶跃法类似，阶跃电位信号的大小和持续时间的长短对电极过程的控制有较大影响。若阶跃电位信号的强度很小、持续时间很短，电极表面电化学反应消耗的反应物及其生成物的量很少，反应物和生成物的浓度基本保持不变，此时可以认为是电化学控制下的电极过程。若阶跃电位信号强度很高、持续时间很长时，电极表面反应物浓度迅速降低，生成物浓度迅速升高，此时可以认为是扩散控制下的电极过程。下面将对电化学控制和扩散控制下的可逆反应两种情形进行简单介绍。

（1）电化学控制下的电极过程

对于仅有一个电化学反应的简单过程，电化学控制下的阶跃电位被分为两个部分，其中一部分施加于溶液内阻上，另一部分为电化学界面上的电位差。同时电极的电流也分为法拉第电流（i_F）和非法拉第电流（i_{nF}），即：

$$\Delta E = i R_S + (i - i_{nF}) R_{ct} \tag{7-54}$$

同时，

$$i_{nF} = C_{dl} \frac{d(\Delta E - i R_S)}{dt} = -R_S C_{dl} \frac{di}{dt} \tag{7-55}$$

将式（7-55）代入式（7-54），有：

$$\Delta E = i(R_S + R_{ct}) + R_S R_{ct} C_{dl} \frac{di}{dt} \tag{7-56}$$

由于双电层充电需要一定的时间，因此在初始状态下（即 $t=0$），在双电层上施加的阶跃电位为零，阶跃电位全部施加于溶液内阻上，因此可得电流响应的边界条件：

$$i\big|_{t=0} = \frac{\Delta E}{R_S} \tag{7-57}$$

进一步地，可以基于初始状态下（$t=0$）的瞬时电流响应值，求得电化学体系的溶液内阻 R_S。将式（7-56）和式（7-57）联立，可以求得电流响应 i：

$$i = \frac{\Delta E}{R_S + R_{ct}} \left[1 + \frac{R_{ct}}{R_S} e^{-\frac{(R_S + R_{ct})t}{R_S R_{ct} C_{dl}}} \right] \tag{7-58}$$

对应的电流响应与时间的曲线如图 7-9 所示。当 $t \to \infty$ 时，式（7-58）中指数部分无限接近于零，可得 $t \to \infty$ 时的电流响应为：

$$i\big|_{t=\infty} = \frac{\Delta E}{R_S + R_{ct}} \tag{7-59}$$

若时间足够长（即 $t \to \infty$），可认为双电层充电已完成，电极过程达到稳态，即电流响应为一定值。由于已计算出溶液内阻 R_S，因此可以求得电荷转移电阻 R_{ct}。此外，从电流

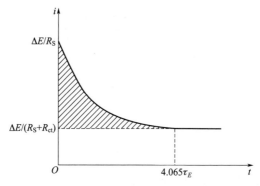

图 7-9　电化学控制下的恒电位阶跃测量的电流响应曲线

响应曲线（图 7-9）中可以看出，双电层充电的电量为图中阴影部分面积，即 $\int_0^\infty (i - i\mid_{t=\infty})\mathrm{d}t$。又由于是恒电位阶跃，因此可以计算电极的双电层电容 C_{dl}：

$$C_{dl} = \frac{\int_0^\infty (i - i\mid_{t=\infty})\mathrm{d}t}{\Delta E} \tag{7-60}$$

由式（7-58）可知，电极达到稳态的时间取决于 $\dfrac{R_S R_{ct} C_{dl}}{R_S + R_{ct}}$，因此可以将恒电位阶跃法的时间常数记为 τ_E，并有：

$$\tau_E = \frac{R_S R_{ct} C_{dl}}{R_S + R_{ct}} \tag{7-61}$$

与恒电流阶跃法的时间常数类似，τ_E 的单位也为 s。因此，当 $t \geqslant 4.065\tau_E$ 时，i 的数值将无限接近于 $i\mid_{t=\infty}$，两者之间的误差小于 1%，而这常作为电极是否达到稳态的判据。然而，恒电位阶跃法的时间常数 τ_E 除了与体系中的 R_{ct} 和 C_{dl} 有关外，还与溶液内阻 R_S 有关。这表明随着 R_S 的不同，也即体系的测量装置的自身参数变化时，得到的电流响应曲线也将随之改变。

除此之外，还可以通过以 $\ln(i - i\mid_{t=\infty})$ 对 t 作图的方法来判断电极过程是否达到稳态。以图 7-10 为例，若 $i\mid_{t=\infty}$ 选择适当，则根据式（7-58）可以得到一条斜率为 $-\dfrac{1}{\tau_E}$、截距为 $\ln\dfrac{R_{ct}}{R_S} + \ln(i\mid_{t=\infty})$ 的直线，此条直线上的点均表示达到稳态下的真实值。而若选择的 $i\mid_{t=\infty}$ 大于真实值，则得到一条向下弯曲的曲线；反之若选择的 $i\mid_{t=\infty}$ 小于真实值，则得到一条向上弯曲的曲线。实际上，可以直接通过计算机对式子进行拟合，便可轻松求出电极过程的各项参数。

（2）极限扩散控制下的可逆电极过程

针对扩散控制下的电极反应过程，即 $O + ne^- \Longleftrightarrow R$，当采用恒电位阶跃法测试时，若施加的阶跃电位信号强度很高、持续时间很长时，电极表面反应物浓度就会迅速降低。假使电位信号足够大，则电极表面反应物的浓度可以近似为零，此时即为扩散控制下的电极过程。同时有：

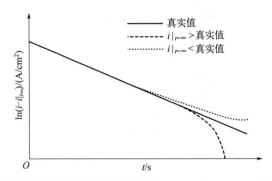

图 7-10　电化学控制下的恒电位阶跃测量 $\ln(i-i\mid_{t=\infty})-t$ 的曲线示意图

$$c_O(0,t)=0 \tag{7-62}$$

将其作为式 (7-16) 的边界条件，并结合式 (7-18) 和式 (7-20)，则可计算反应物的浓度，即：

$$c_O(x,t)=c_O^B\,\mathrm{erf}\left(\frac{x}{2\sqrt{D_O t}}\right) \tag{7-63}$$

由误差函数的性质式 (7-38)，当 $\frac{x}{2\sqrt{D_O t}}\geqslant 2$，即 $x\geqslant 4\sqrt{D_O t}$ 时，$c_O(x,t)\approx c_O^B$。因此，可以认为电极扩散层在 t 时刻下的厚度近似为 $4\sqrt{D_O t}$。因此，电极扩散层的厚度与扩散时间的平方根成正比。即扩散时间越长，扩散层的厚度越厚。当 $\frac{x}{2\sqrt{D_O t}}<0.2$ 时，即满足误差函数性质 $\mathrm{erf}(x)=\frac{2x}{\sqrt{\pi}}$（$x<0.2$），则可以获得如下近似关系：

$$\mathrm{erf}\left(\frac{x}{2\sqrt{D_O t}}\right)\approx\frac{2}{\sqrt{\pi}}\left(\frac{x}{2\sqrt{D_O t}}\right)=\frac{x}{\sqrt{\pi D_O t}} \tag{7-64}$$

将式 (7-64) 代入式 (7-63) 中，并在 $x=0$ 处对 x 求偏导，可得：

$$\frac{\partial c_O(x,t)}{\partial x}\bigg|_{x=0}=\frac{c_O^B}{\sqrt{\pi D_O t}} \tag{7-65}$$

再将式 (7-65) 代入式 (7-33)，可以得到电流 i 的表达式，即：

$$i=nFc_O^B\sqrt{\frac{D_O}{\pi t}} \tag{7-66}$$

式 (7-66) 又称为 Cottrell 方程。由 Cottrell 方程，恒电位阶跃法测定的电流响应与扩散时间倒数的平方根成正比（$i\propto\frac{1}{\sqrt{t}}$），即随着扩散时间的增加，电流响应值随之减小。除此之外亦可得出电流响应与溶液初始反应物浓度成正比（$i\propto c_O^B$）。

除 Cottrell 方程外，恒电位阶跃下的电流响应可以用更一般的公式来表达。这里考虑扩散控制下的电极可逆反应 $O+ne^-\rightleftharpoons R$。假定电位在发生阶跃前电极体系处于稳态，则初始状态下施加在电极上的电位为电化学体系平衡电位。电位在发生阶跃后，由能斯特方程有：

$$\frac{c_O(0,t)}{c_R(0,t)} = e^{\frac{nF\Delta E}{RT}} \equiv \theta \tag{7-67}$$

在扩散控制下，反应物和生成物均不在电极表面累积，即电极表面反应物和生成物的总流量为零，即：

$$D_O \frac{\partial c_O(x,t)}{\partial x}\Big|_{x=0} + D_R \frac{\partial c_R(x,t)}{\partial x}\Big|_{x=0} = 0 \tag{7-68}$$

将式（7-68）作为边界条件，结合初始条件并与式（7-32）联立，可以得到电流响应的一般表达式，即：

$$i = \frac{nFc_O^B}{1+\theta\sqrt{\dfrac{D_O}{D_R}}}\sqrt{\frac{D_O}{\pi t}} \tag{7-69}$$

根据此电流响应表达式可得，体系中的电流响应值 i 与 θ 成反比，而 θ 值由阶跃电位确定。特别地，当电极电位足够大且距离平衡电位足够远时，$\Delta E \to -\infty$，则 $\theta \to 0$，即此时电极表面反应物浓度趋近于零，表明电化学体系受极限扩散控制，式（7-69）即变为 Cottrell 方程。

7.3.4.2 电化学控制下的对称方波电位法

和对称方波电流法类似，对称方波电位法指的是在电极体系上施加一个对称方波电位信号来测定流过电极体系的电流随时间变化的方法。对称方波信号在 y 轴的正负半区上的幅值、持续时间均相等。电化学控制下的对称方波电位信号示意图如图 7-11 所示。

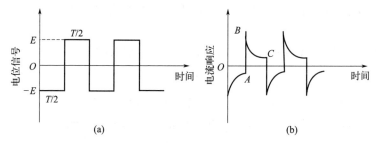

图 7-11　对称方波电位法的电位信号（a）及电化学控制下的电流响应（b）

由式（7-58），电化学体系中的溶液内阻 R_S 为：

$$R_S = \frac{2E}{|i_B - i_A|} \tag{7-70}$$

设图 7-11 中的 C 点在电位 E 下达到电化学稳态，则 A 点便是在 $-E$ 电位下达到电化学稳态，那么便有：

$$R_{ct} = \frac{2E}{|i_C - i_A|} - R_S \tag{7-71}$$

$$C_{dl} = \frac{1}{2E}\left(\int_B^C i\,dt - \frac{i_C T}{2}\right) \tag{7-72}$$

若要使上述两式成立，则对方波周期有一定的要求，须使 $\frac{T}{2} \geqslant 5\tau_E$，即方波的频率须满足 $f \leqslant \frac{R_S + R_{ct}}{10R_S R_{ct} C_{dl}}$。但需要注意的是，频率过低会导致浓差极化从而影响测试结果，因此为了避免浓差极化，频率通常不能取太低。

7.3.4.3 线性电位扫描法

与恒电位阶跃法类似，线性电位扫描法同样是通过控制电极电位来测定流过电极的电流。但不同的是，电极电位在电化学过程中以恒定的速率发生线性变化，即满足线性方程 $E = E_0 + vt$（v 为扫描速率，为一常数）。由上式可知，电极电位的扫描速率对线性扫描法的测试结果影响很大，当扫描速率发生变化时所测定的电极电位也随之改变。特别地，当扫描速率足够小时，可以近似认为电极电位不随时间变化，为一恒定值，即：$E = E_0$。此时可以近似得到电极的稳态极化曲线。

在线性扫描过程中，流过电极的电流可以分为法拉第电流（电化学反应电流）和非法拉第电流（双电层电容充放电电流）两部分。由于线性扫描过程中，电极的电位持续发生变化，因此电极的双电层电容每一时刻的充放电状态都随之改变。当双电层充电或者放电时，就会产生非法拉第电流流过电极，因此非法拉第电流总是存在。当电极上发生电化学反应时，就会产生法拉第电流流过电极，此时流过电极的总电流为两部分电流之和。

当线性扫描开始时，电位发生线性变化，则非法拉第电流随电位同时发生变化。此时若有电化学反应发生，便会产生法拉第电流，流过电极的电流增加。当电位持续向负（正）方向扫描时，电极上还原反应（氧化反应）的速度将持续增加，导致反应物的消耗量持续增加。电极表面反应物浓度的降低有可能会导致电流的降低，因此在电流降低的瞬间电流达到最大值，即出现电流峰。然而，并非所有的电化学反应过程都会产生电流峰。电流峰的产生以及峰的性质与电位扫描速率、电化学反应动力学等都有密切关系。以下将分三种情况进行讨论。

假设电位往负方向进行扫描（即发生还原反应），电位满足：

$$E = E_0 - vt \tag{7-73}$$

若反应过程为可逆反应，即 $O + ne^- \rightleftharpoons R$。此时电极过程由扩散控制，在电极表面不发生反应物和生成物的累积，即反应物和生成物的流量为零。由能斯特方程有：

$$\frac{c_O(0,t)}{c_R(0,t)} = e^{\frac{nF(E_0 - vt - E_{\Psi})}{RT}} \tag{7-74}$$

以式（7-74）和式（7-68）作为边界条件，并与式（7-32）联立，可得电流响应表达式：

$$i = nFc_O^B (\pi D_O a)^{\frac{1}{2}} \chi(at) \tag{7-75}$$

式中，$a \equiv \frac{nFv}{RT}$。$\chi(x)$ 的解可由如下积分方程确定：

$$\int_0^{at} \frac{\chi(x)\mathrm{d}x}{\sqrt{at-x}} = \frac{1}{1 + \sqrt{\frac{D_O}{D_R}} e^{\frac{nF(E_0 - vt - E_{\Psi})}{RT}}} \tag{7-76}$$

需要指出的是，这个积分方程无法获得 $\chi(x)$ 的解析表达式，其解只能通过数值法求出。

具体方法是以无量纲的电流函数 $\pi^{\frac{1}{2}}\chi(at)$ 代替电流，以无量纲电位函数 $n(E-E_{\frac{1}{2}})$ 代替电位，以无量纲电位函数作为横轴，无量纲电流函数作为纵轴作曲线图，如图 7-12 所示。

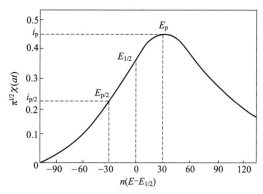

图 7-12　无量纲电流函数表示的可逆体系理论线性电位扫描伏安曲线

定义 $E_{\frac{1}{2}}$ 为半波电位，即：

$$E_{\frac{1}{2}}=E_{\mp}+\frac{RT}{2nF}\ln\frac{D_R}{D_O} \qquad (7\text{-}77)$$

由图 7-12 得知，无量纲电流函数 $\pi^{\frac{1}{2}}\chi(at)$ 存在一个极大值 0.4463，表明随电位变化，电流能够取到峰值。结合电流响应表达式［即（式 7-75）］，峰值电流 i_p 可以表示为：

$$i_p=0.4463nFc_O^B\left(\frac{nFD_Ov}{RT}\right)^{\frac{1}{2}} \qquad (7\text{-}78)$$

在 25℃下峰值电流可以表示为：

$$i_p=(2.69\times10^5)n^{\frac{3}{2}}D_O^{\frac{1}{2}}v^{\frac{1}{2}}c_O^B \qquad (7\text{-}79)$$

用线性电位扫描法处理可逆反应体系时，峰电流与溶液中初始反应物浓度成正比，并正比于扫描速率的平方根，即 $i_p\propto v^{\frac{1}{2}}$。若其它条件已知，不仅可以根据式（7-78）来分析反应物浓度，还可以计算电极反应中的电子迁移数 n。

此时，对应的电位峰值 E_p 可以表示为：

$$E_p=E_{\frac{1}{2}}-1.109\frac{RT}{nF} \qquad (7\text{-}80)$$

事实上，在扫描曲线上很难得到准确的电位峰值 E_p，因此通常定义半峰电位 $E_{\frac{p}{2}}$ 来作为电位峰值的参考点。半峰电位指的是 $i=\frac{i_p}{2}$ 时对应的电位值。因此有：

$$E_{\frac{p}{2}}-E_{\frac{1}{2}}=1.09\frac{RT}{nF} \qquad (7\text{-}81)$$

$$\left|E_p-E_{\frac{p}{2}}\right|=2.2\frac{RT}{nF} \qquad (7\text{-}82)$$

需要指出的是，电位峰值 E_p 与扫描速率 v 无关，因此可以以此作为电化学反应可逆性的判断依据。

7.3.4.4　三角波电位扫描法

电极电位以三角波的扫描形式来测定流过电极电流的方法称为三角波电位扫描法。三角波电位扫描法通常可以分为两类：一类是小幅度三角波电位扫描法，用来表征电流随时间的变化规律，通常小幅度三角波电位扫描法电位的模 $|\Delta E|\leqslant10\text{mV}$。另一类是大幅度三角

波电位扫描法，用来表征电流随电位的变化规律，故又称为循环伏安法。两类三角波电位扫描法的电位信号波形如图 7-13 所示，以下将对两类三角波电位扫描法分别进行介绍。

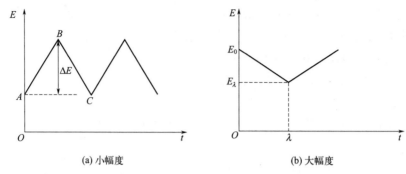

(a) 小幅度   (b) 大幅度

图 7-13　三角波电位扫描法电位信号

（1）电化学控制下的小幅度三角波电位扫描法

当采用小幅度三角波电位扫描法进行测量时，若三角波频率较高，表明单向极化持续时间很短，则浓差极化几乎不会对电极过程产生影响。此时电极体系受电化学控制，因此可以通过转换为等效电路的方法来表征电极反应过程的各项参数。一般电极反应过程可以分为三类，以下将分别进行讨论。

① 电位扫描范围内无电化学反应发生，且可忽略溶液内阻。在此情形下，电极过程处于理想极化状态。电极过程的等效电路中的电荷转移电阻 R_{ct} 和溶液内阻 R_S 均可忽略，等效电路中仅有一个双电层电容 C_{dl}。由于电位变化幅度很小，因此 C_{dl} 为一个定值。在图 7-13（a）中，AB 段的斜率 $\left.\dfrac{dE}{dt}\right|_{A\to B}$，$BC$ 段斜率为 $\left.\dfrac{dE}{dt}\right|_{B\to C}$，则 $\left.\dfrac{dE}{dt}\right|_{A\to B}=-\left.\dfrac{dE}{dt}\right|_{B\to C}$，因此，$AB$ 段和 BC 段的电流响应大小相等且方向相反。即：

$$i\,|_{A\to B}=C_{dl}\left.\frac{dE}{dt}\right|_{A\to B}=C_{dl}v \tag{7-83}$$

$$i\,|_{B\to C}=C_{dl}\left.\frac{dE}{dt}\right|_{B\to C}=-C_{dl}v \tag{7-84}$$

上述过程对应于 B 点处电流从 $C_{dl}v$ 突跃为 $-C_{dl}v$，如图 7-14 所示。

此时，一个电位变化周期内，电流响应的变化值为：

$$\Delta i = 2C_{dl}v \tag{7-85}$$

因此，即可求出双电层电容 C_{dl}：

$$C_{dl}=\frac{\Delta i}{2v}=\frac{T\Delta i}{4\Delta E} \tag{7-86}$$

式中，T 为三角波电位信号的周期。

② 电位扫描范围内有电化学反应发生，且可忽略溶液内阻。在此情形下，电极过程的等效电路变为电荷转移电阻 R_{ct} 与双电层电容 C_{dl} 并联。此时总的电流响应为法拉第电流和非法拉第电流之和，即：

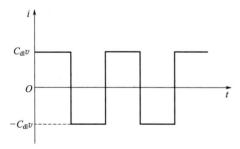

图 7-14　电化学控制下的小幅度
三角波电位扫描法电流响应
（溶液内阻可忽略，无电化学反应发生）

$$i = \frac{E}{R_{ct}} + C_{dl} \frac{dE}{dt} \tag{7-87}$$

在单程电位扫描中，非法拉第电流 $C_{dl} \frac{dE}{dt} = C_{dl}v$，其值为一定值，则总电流由法拉第电流控制。由于电位随时间线性变化，且由式（7-87）可知法拉第电流与电极电位成正比，则法拉第电流随时间也遵循线性变化，即图 7-15 中 AB 段。

由此可得电荷转移电阻 R_{ct} 为：

$$R_{ct} = \left| \frac{\Delta E}{i_B - i_A} \right| \tag{7-88}$$

在电极电位转向瞬间，电位值没有发生变化，由于法拉第电流与电极电位成正比，因此法拉第电流也未发生变化，则电流的突跃仅由非法拉第电流引起。因此双电层电容仍然可以由公式 $\Delta i = 2C_{dl}v$（$\Delta i = | i_B - i_{B'} |$）求出。

③ 电位扫描范围内有电化学反应发生，且不可忽略溶液内阻。在此情形下，溶液内阻 R_S、电荷转移电阻 R_{ct} 和双电层电容 C_{dl} 均存在，因此等效电路图即为图 7-3 所示，其电流响应图则如图 7-16 所示。

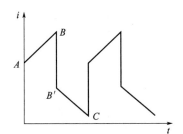

图 7-15　电化学控制下的小幅度
三角波电位扫描法电流响应
（溶液内阻可忽略，有电化学反应发生）

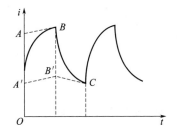

图 7-16　电化学控制下的小幅度
三角波电位扫描法电流响应
（溶液内阻不可忽略，有电化学反应发生）

此时可以利用作图外推法得到 A'、B' 等点位，并据此计算双电层电容 C_{dl} 和电荷转移电阻 R_{ct}。其中 C_{dl} 仍然可以通过公式 $\Delta i = 2C_{dl}v$ 求出。而 R_{ct} 满足下述等式：

$$R_{ct} = \left| \frac{\Delta E}{i_B - i_{A'}} \right| - R_S \tag{7-89}$$

由式（7-89）可知，当溶液内阻较小时，所得出的 C_{dl} 和 R_{ct} 的误差均较小。若溶液内阻过大时，则不能通过此方法来计算 C_{dl} 和 R_{ct}。因此，为了保证 C_{dl} 和 R_{ct} 的精度，溶液内阻一定要尽可能小或者能够补偿。补偿后的电流随时间的曲线则如图 7-15 所示。

（2）大幅度三角波电位扫描法

大幅度三角波电位扫描法又称为循环伏安法。作为一个典型过程，记录初始电位为 E_0，控制电位从 E_0 开始以恒定的速率向负方向扫描，定义电位到达换向瞬间的时刻为 λ_0，此时的电位为 E_λ，在 $t = \lambda_0$ 时电位发生转向并回扫至起始电位 E_0。然后电位再次转向，如此循环往复，这种测试方法就称为循环伏安法，所记录的电流-电位曲线称为循环伏安曲线。循环伏安法是电化学测量中应用最为广泛的研究方法。

以一个电位扫描周期为例，假设电位先向负方向扫描（即正向扫描），再转向正方向扫描，则电极的电位可以表示为：

$$E = E_0 - vt \, (0 \leqslant t \leqslant \lambda) \tag{7-90}$$

$$E = E_0 - v\lambda + (t - \lambda)v = E_0 - 2v\lambda + vt \, (\lambda \leqslant t \leqslant 2\lambda) \tag{7-91}$$

由上述两式可知，当 $0 \leqslant t \leqslant \lambda$ 时，由于电极电位变化与单向的线性电位扫描相同，因此正向扫描过程中的电流响应可以用单向的线性电位扫描来处理。当 $\lambda \leqslant t \leqslant 2\lambda$ 时，也可以用线性电位扫描来处理。即将 $E = E_0 - vt$ 用式（7-91）替换，再根据反应类型的不同来分别推导即可。

① 可逆反应。对于可逆反应 $O + ne^- \rightleftharpoons R$，由式（7-91）代入能斯特方程可推出扩散方程的边界条件：

$$\frac{c_O(0,t)}{c_R(0,t)} = e^{\frac{nF(E_0 - 2v\lambda + vt - E_{\Psi})}{RT}} \tag{7-92}$$

将式（7-92）、式（7-68）作为边界条件，并与式（7-32）联立，便可得到电流的数值表达式。典型的可逆反应循环伏安曲线如图 7-17 所示。

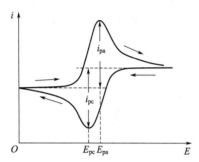

图 7-17　典型的可逆反应循环伏安曲线

在循环伏安曲线中有两个重要参数，分别为阴极峰和阳极峰峰电流的比值 $\left| \dfrac{i_{pa}}{i_{pc}} \right|$ 与峰电位间距（或阴、阳极峰值的电位差）$| E_{pa} - E_{pc} |$。在产物稳定的体系下，有：

$$\left| \frac{i_{pa}}{i_{pc}} \right| = 1 \tag{7-93}$$

$$| E_{pa} - E_{pc} | \approx \frac{2.3RT}{nF} \tag{7-94}$$

从式（7-93）可知，阴极峰和阳极峰峰电流的比值与扫描速率、换向电位、扩散系数均无关。$| E_{pa} - E_{pc} |$ 通常为一个定值，与扫描速率无关。但式（7-94）仅为近似表达式，这是由于 $| E_{pa} - E_{pc} |$ 还与电位转向瞬间的电位 E_{λ} 有关，而当转向位置离出峰位置足够远时，E_{λ} 对 $| E_{pa} - E_{pc} |$ 的影响甚微，通常可以将其忽略。一般在可逆体系下，E_{λ} 至少应比阴极峰的电位小 $\dfrac{35}{n}$ mV。

在实际测量中，阴极峰和阳极峰峰电流的比值 $\left| \dfrac{i_{pa}}{i_{pc}} \right|$ 往往存在很大误差，这是由于基线难以确定，从而导致 i_{pa} 和 i_{pc} 通常很难精确测量。但 $\left| \dfrac{i_{pa}}{i_{pc}} \right|$ 也可以通过下式进行确定，即：

$$\left| \frac{i_{pa}}{i_{pc}} \right| = \left| \frac{(i_{pa})_0}{i_{pc}} \right| + \left| \frac{0.485 i_{\lambda}}{i_{pc}} \right| + 0.086 \tag{7-95}$$

式中　$(i_{pa})_0$——相对于零基线的阳极峰值电流；

　　　i_{λ}——电位方向转换时的电流。

需要指出的是，循环伏安法是一种半定量的研究方法，并不能精确地计算相关参数。但其作为强大的定性分析手段，常常利用循环伏安曲线对电化学过程进行定性分析，探究电化学反应的机理。

② 准可逆反应。准可逆体系也可以通过和可逆体系相似的方法来求解。所不同的是，

准可逆体系的循环伏安曲线及相关参数与 υ、k_s（标准速率常数）、α（电荷转移系数）、E_λ 等因素均有关。在准可逆体系下，阴极峰的峰电流与阳极峰的峰电流不相等，即 $|\,i_{pa}\,| \neq |\,i_{pc}\,|$，同时电流峰值随扫描速率的变化而变化。$E_\lambda$ 至少应比阴极峰的电位小 $\dfrac{90}{n}\,\mathrm{mV}$。此时 E_λ 所带来的影响可忽略不计。此外，准可逆体系下的峰电位间距 $|\,E_{pa}-E_{pc}\,|$ 会伴随着扫描速率的增加而增加。

③ 不可逆反应。在不可逆反应体系下，当电位往负方向扫描（即正向扫描）时，还原产物基本上是瞬间就转变为稳定的第二相，因此在回扫时不发生逆反应，在循环伏安曲线上不出现电流峰。

通常 $|\,E_{pa}-E_{pc}\,|$ 可以作为是否为可逆反应以及可逆程度的判据。当 $|\,E_{pa}-E_{pc}\,| \approx \dfrac{2.3RT}{nF}$ 且不随扫描速率变化时，表明体系是可逆的。当 $|\,E_{pa}-E_{pc}\,| > \dfrac{2.3RT}{nF}$ 且随着扫描速率变化时，表明体系是准可逆或者不可逆的。$|\,E_{pa}-E_{pc}\,|$ 值越大，则表明不可逆的程度越大。

7.3.5　暂态测试法的应用

暂态测量技术在金属阳极氧化、金属腐蚀、电极表面吸附等方面有着广泛的应用，同时也为化学电源机理的研究提供了重要支持。在众多暂态的技术中，循环伏安法是电化学研究中应用最多、适用领域最广的测试方法之一。从循环伏安曲线上能够获得很多有用的信息，包括曲线的形状、峰电流、峰电位、出峰位置以及峰位移等，利用这些信息可以对电化学反应过程进行较为全面的分析。

循环伏安曲线常用来研究电化学过程中有机物或无机物在电极表面上发生的吸脱附行为。其原理是通过观察在循环伏安曲线上出现的电流峰的变化，来确定该物质对电化学反应的作用机理。如图 7-18 所示，当铂黑电极插入 0.5mol/L 的硫酸溶液中，会在循环伏安曲线的正扫曲线（1.0V 附近出现的峰）和回扫曲线（0.7V 附近出现的峰）上分别出现一个峰，这两个峰分别对应着 H_2O 的电化学氧化产生的氧吸附行为以及吸附氧的还原脱附行为。当吸附氧的吸脱附曲线离得较远时，则表明该电极过程不可逆的程度较大。而若在体系中加入苯，苯和氧都会在铂黑电极上发生吸附，因此会导致吸附氧的减少，则在循环伏安曲线上表现出氧吸附峰（峰 1）的减弱，同时吸附苯会发生电化学反应，从而会在循环伏安曲线上出现一个新的电流峰（1.5V 附近的峰）。在回扫曲线上观察不到

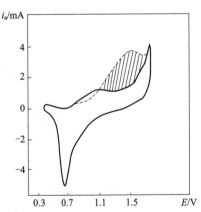

图 7-18　铂黑电极在 0.5mol/L 硫酸溶液中的循环伏安曲线

虚线表示在体系中加入苯后的循环伏安曲线；
实线表示当铂黑电极插入 0.5mol/L 的
硫酸溶液中的循环伏安曲线

苯的脱附峰，这就表明苯发生的电化学反应属于不可逆反应。我们也可以通过曲线上阴影部分的面积来确定苯在铂黑电极上的吸附量和吸附覆盖度。

图 7-19 为光滑铂电极在硫酸溶液中的循环伏安曲线。整个循环伏安曲线可以分为三个区域，分别为氢区、双电层区和氧区。各部分充分反映了氢、氧的吸脱附行为以及析氢和析

氧时电极反应过程的特征。其中，在氢区内，铂电极发生氢的吸脱附行为；在氧区内发生氧的吸脱附以及吸附的氧或氧化物发生的还原反应；在双电层区内发生的仅是双电层的充放电过程，并未发生氧化还原反应。

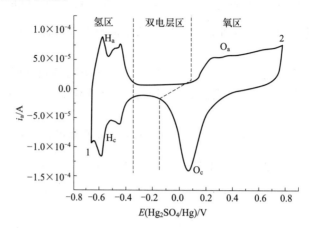

图 7-19　铂电极在硫酸溶液中的循环伏安曲线

扫描时先从左至右进行扫描，即正向扫描。在正向扫描中能够得到体系的氧化反应曲线。在氧化反应曲线中，首先在氢区发生的是吸附氢的氧化吸附行为，当电位扫描过双电层区时，由于不发生吸附电化学反应，因此电流很小。当扫描信号到达氧区时，先发生的是 H_2O 通过电化学反应生成氧，在电极表面形成吸附氧层，即 O_a。由于发生了反应，因此电流逐渐升高。当扫描信号到达电位窗口附近时，会伴随有氧的析出。随后扫描信号开始回扫，即反向扫描，在反向扫描中能够得到体系的还原反应曲线。首先在氧区内注意到氧或氧化物的还原峰（即 O_c 处）与正向扫描曲线中的氧化峰距离较远，这表明氧在铂电极上发生的电化学反应为不可逆的电化学反应。随着回扫的继续进行，到达双电层区发生和正扫相似的行为。随即在氢区内产生了两个还原电流峰（峰 H_c 和峰 1），之所以会产生两个峰，是由于氢在铂电极上发生反应的晶面不同，在不同晶面上吸附的自由能不同，因此导致出峰位置也不同。沿回扫方向首先出现的称为强吸附氢，后出现的称为弱吸附氢。回扫过程中出现的两个峰与正扫中 H_a 附近出现的两个峰相对应，由于这两组峰出峰位置相差不大，因此表明氢在铂电极上的吸附属于接近可逆的过程。

7.4　交流阻抗法

7.4.1　交流阻抗法的基本知识

交流阻抗法（alternating current impedance，可缩写为 AC impedance）指的是通过控制电流（电位）按照正弦规律发生小幅度的变化，测定电位（电流）随时间的变化规律、交流阻抗并以此分析电化学反应机理的一种方法。交流阻抗法可以分为电化学阻抗谱（electrochemical impedance spectroscopy，EIS）和交流伏安法（可缩写为 AC voltammetry）。电化学阻抗谱和交流伏安法都建立在交流阻抗的原理之上。不同的是电化学阻抗谱测定的是直流极化条件下交流阻抗随频率的变化规律，而交流伏安法测定的是某一频率下交流电流的振幅和相位随直流极化电位的变化规律。

7.4.1.1　电化学系统的交流阻抗的含义

对于一个内部稳定的线性系统，将一个角频率为 ω 的正弦波电信号（电流或电位）和一个激励信号 X（或称为扰动信号）输入该系统，输出一个角频率仍为 ω 的正弦波响应信号 Y。则 Y 与 X 之间存在以下关系：

$$Y = G(\omega)X \tag{7-96}$$

式中，G 为角频率 ω 的函数，称为频率响应函数（简称频响函数），反映的是系统的频率响应特征。频响函数受系统内部结构控制，通过频响函数随角频率的变化规律可以获得有关系统内部结构的信息。

若输入的扰动信号为正弦波电流信号，而输出的信号为正弦波电位信号时，则称 $G(\omega)$ 为系统的阻抗（impedance），一般用 Z 或 G_Z 表示。若输入的扰动信号是正弦波电位信号，而输出的是正弦波电流信号，则称 $G(\omega)$ 为系统的导纳（admittance），一般用 Y、G_Y 或 A 表示。如果只讨论阻抗或导纳，则可将 $G(\omega)$ 统称为阻纳（immittance）。

为了保证输入的扰动信号 X 和输出的响应信号 Y 均为角频率为 ω 的正弦波电信号，则应满足以下三个条件。

① 因果性条件（causality）　系统输出的响应信号只对输入的扰动信号响应。因此为了保证输出响应信号的准确性，需要排除其它噪声信号对扰动信号的干扰，确保响应信号和扰动信号之间存在唯一的因果关系。事实上，当扰动信号受到噪声信号的干扰时，输出的正弦波响应信号的角频率会发生改变，不会与扰动信号保持一致。若噪声信号不可知，则扰动信号和响应信号的关系不能通过频响函数来描述。

② 线性条件（linearity）　响应信号和扰动信号之间应当保持线性函数关系，只有这样，才能保证响应信号和扰动信号为同角频率的正弦波信号。若扰动信号和响应信号不具备线性关系，此时系统除了输出响应信号外，还会输出其它的谐波。一般电极过程中的电流和电位并不满足线性关系，因此为了保证响应信号和扰动信号的近似线性关系，需要令电位信号的正弦波幅值尽可能小。在电化学阻抗谱的测试中，一般情况下正弦波电位信号的幅值不超过 25mV。

③ 稳定性条件（stability）　稳定性条件指的是输入的扰动信号不能导致系统内部结构的变化。当系统停止输入扰动信号时，系统应当能够恢复到初始状态。当系统不满足稳定性时，输入的扰动信号导致系统的内部结构发生改变，在停止输入后又不能恢复到原有的状态，当再次输入扰动信号时，系统再次发生改变。系统频繁的改变使任何旨在研究系统内部结构的测试失去了意义。

阻纳是一个当扰动和响应信号均为电信号且分别为电流信号和电位信号时的频响函数。因此，阻纳也满足频响函数的三个条件。需要指出的是，通常电化学系统中的电位和电流并不满足线性关系，会根据体系动力学规律的不同而改变。但当采用小幅度的正弦波电信号作为扰动信号时，作为扰动信号的电位值与作为响应信号的电流值可近似看作线性关系，从而满足频响函数的线性要求。

7.4.1.2　正弦函数的基本知识

对于一个正弦交流电位信号，此电位值（e）随时间（t）的变化曲线可以用三角函数来表示，即：

$$e = E\sin\omega t \tag{7-97}$$

式中　E——电位的幅值；

　　　ω——正弦信号的角频率。

则其频率 $f = 2\pi\omega$。基于正弦波的矢量特性，可以用矢量的表示方法来描述正弦交流信号。在一个复平面内，定义 1 为水平矢量的单位长度，虚部单位 $j = \sqrt{-1}$ 为垂直矢量的单位长度。则上述正弦电位信号在复平面内可表示如下：

$$e = E\cos(\omega t) + jE\sin(\omega t) \tag{7-98}$$

式中，$E\cos(\omega t)$ 为实部；$E\sin(\omega t)$ 为虚部。通过欧拉公式的变换，式（7-98）亦可表示为指数的形式，即：

$$e = E\exp(j\omega t) \tag{7-99}$$

当这个正弦交流电位信号施加在一个线性电路上时，流过电路的电流 i 可以表示为：

$$i = I\exp[j(\omega t + \phi)] \tag{7-100}$$

式中　ϕ——电路中电位 e 与电流 i 之间的相位差。

若 $\phi < 0$，表明电流的相位滞后于电位的相位。若 $\phi > 0$，表明电流的相位超前于电位的相位。

因此，电路的阻抗 Z 可以表示为：

$$Z = \frac{e}{i} = \frac{E}{I}\exp(-j\phi) = |Z|\exp(-j\phi) \tag{7-101}$$

式中　Z——阻抗；

　　　ϕ——阻抗的相位角（也称为阻抗角）；

　$|Z|$——阻抗的模。$|Z|$ 为电位幅值和电流幅值的比值，即：

$$|Z| = \frac{E}{I} \tag{7-102}$$

将阻抗的表达式［即式（7-101）］使用欧拉公式展开有：

$$Z = |Z|(\cos\phi - j\sin\phi) = Z_{Re} - jZ_{Im} \tag{7-103}$$

式中　Z_{Re}——阻抗的实部；

　　　Z_{Im}——阻抗的虚部。即：

$$Z_{Re} = |Z|(\cos\phi) \tag{7-104}$$

$$Z_{Im} = |Z|(\sin\phi) \tag{7-105}$$

此外，通过以上各式我们还可以得到：

$$|Z| = \sqrt{Z_{Re}^2 + Z_{Im}^2} \tag{7-106}$$

$$\tan\phi = \frac{Z_{Im}}{Z_{Re}} \tag{7-107}$$

7.4.1.3　电化学阻抗谱和等效电路

若一个电极系统处于常态，将具有一定幅值的不同频率的正弦电位信号作为扰动信号，测定所对应的电流响应信号，或者用具有一定幅值的不同频率的正弦电流信号作为扰动信号，测定输出的电流响应，则只要扰动信号和响应信号之间满足频响函数的三个条件，即因果性条件、线性条件和稳定性条件，那么便可以得到该电极过程的阻纳谱，或称为该电极过程的电化学阻抗谱。与之对应的是导纳谱，但通常不采用这个术语，电化学阻抗泛指电极系统中的阻纳。

由不同频率下的阻抗数据能够绘制各种形式的曲线，这些曲线都属于电化学阻抗谱。电化学通常可以分为阻抗谱平面图和阻抗波特图。

阻抗复平面图的横轴（实轴）为电化学阻抗的实部，纵轴（虚轴）为电化学阻抗的虚部。这种形式的阻抗复平面图又称为奈奎斯特图（Nyquist plot），或称为斯留特图（Sluyter plot）。而阻抗波特图（Bode plot）包含两条曲线。其中一条用以描述阻抗的模随频率的变化关系，即 $\lg|Z|$-$\lg f$ 曲线，称 Bode 模图。另一条用以描述阻抗的角频率与频率的变化关系，即 ϕ-$\lg f$，称 Bode 相图。一般情况下，Bode 模图和相图须同时给出，才能完整描述阻抗的特征。

为了很好地描述电极系统，可以用电学元件和电化学元件来构造一个电路，使该电路的阻抗谱与电化学阻抗谱一样，那么就称这个电路为整个电极过程的等效电路。所用的电学和电化学元件称为等效元件。在等效电路中，将电阻、电容和电感通过串联或者并联的方式连接起来组成电路，并以此电路来对体系中发生的电化学过程进行模拟。由于等效电路的阻抗和电化学体系的阻抗行为相似或相同，因此可以作为解决电化学问题的有效工具。

7.4.2　传荷过程控制下的简单电极体系的电化学阻抗谱

对于可逆反应 $O + ne^{-} \rightleftharpoons R$：在直流极化稳态下对对电极系统进行电化学阻抗测试。假设在测量的频率范围内浓差极化可以忽略，则由扩散过程引起的阻抗即可忽略，此时电极过程处于电化学（传荷过程）控制，其等效电路如图 7-20 所示。

① 由等效电路可以确定电极阻抗，即：

$$Z = R_S + \cfrac{1}{j\omega C_{dl} + \cfrac{1}{R_{ct}}} \tag{7-108}$$

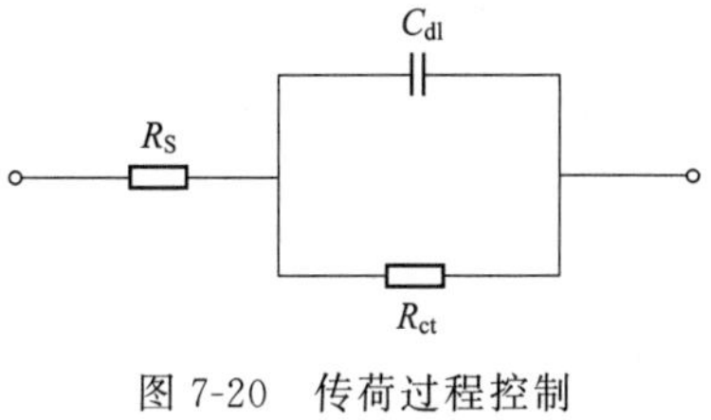

图 7-20　传荷过程控制
下的电极等效电路

将式（7-108）去分母，并整理得：

$$Z = R_S + \frac{R_{ct}}{1 + \omega^2 C_{dl}^2 R_{ct}^2} - j\frac{\omega C_{dl} R_{ct}^2}{1 + \omega^2 C_{dl}^2 R_{ct}^2} \tag{7-109}$$

由式（7-109）可得电极阻抗的实部 Z_{Re} 和虚部 Z_{Im} 分别为：

$$Z_{Re} = R_S + \frac{R_{ct}}{1 + \omega^2 C_{dl}^2 R_{ct}^2} \tag{7-110}$$

$$Z_{Im} = \frac{\omega C_{dl} R_{ct}^2}{1 + \omega^2 C_{dl}^2 R_{ct}^2} \tag{7-111}$$

因此，电极阻抗的实部 Z_{Re} 和虚部 Z_{Im} 均是角频率 ω 的函数。

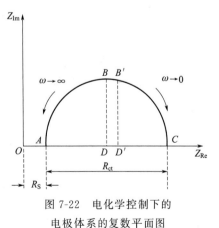

图 7-21　传荷过程控制
下的电极等效电路

在电极等效电路中只有电阻和电容元件，等效电路亦可用一个电阻和一个电容串联的电路来代替，如图 7-21 所示。

② 因此，电极阻抗亦可写作：

$$Z = R_S' - j\,\frac{1}{\omega C_{dl}'} \tag{7-112}$$

通过式（7-110）和式（7-111）可得电极阻抗的实部和虚部分别为：

$$Z_{Re} = R_S' = R_S + \frac{R_{ct}}{1 + \omega^2 C_{dl}^2 R_{ct}^2} \tag{7-113}$$

$$Z_{Im} = C_{dl}' = \frac{\omega C_{dl} R_{ct}^2}{1 + \omega^2 C_{dl}^2 R_{ct}^2} \tag{7-114}$$

将式（7-113）和式（7-114）联立可得：

$$\omega C_{dl} R_{ct} = \frac{Z_{Im}}{Z_{Re} - R_S} \tag{7-115}$$

将式（7-115）代入式（7-110），有：

$$\left(Z_{Re} - R_S - \frac{R_{ct}}{2}\right)^2 + Z_{Im}^2 = \left(\frac{R_{ct}}{2}\right)^2 \tag{7-116}$$

通过式（7-116）在复数平面上作图，点（Z_{Re}，Z_{Im}）的轨迹为一个圆心为 $D(R_S + \frac{R_{ct}}{2}, 0)$、半径为 $\frac{R_{ct}}{2}$ 的圆。考虑简单电极可逆反应 $O + ne^- \rightleftharpoons R$，其等效电路中仅有电阻和电容元件，如图 7-21 所示。其阻抗如式（7-112）所示。式中阻抗的虚部恒大于零。因此，在复平面上仅为实轴以上的半圆，如图 7-22 所示。需要指出的是，若电极等效电路中还存在电感元件，则电极阻抗的虚部可能为负值，即在复平面中存在实轴以下的半部分圆。

由于复平面中的图形是由电子阻抗中的各个元件参数得来，因此，可以通过复平面中所得到的图形来判断电极过程的性质。如上述实轴以上的半圆是由电化学控制下的简单电极过程推导而来，因此若复平面中得到的图形为实轴以上的半圆，则对应的电极过程受电化学控制。

图 7-22　电化学控制下的
电极体系的复数平面图

由图 7-22 可得，半圆圆心 D 坐标为 $(R_S + \frac{R_{ct}}{2}, 0)$，半径为 $\frac{R_{ct}}{2}$。因此，实轴上的 A 点与原点的距离即为 $R_S + \frac{R_{ct}}{2} - \frac{R_{ct}}{2} = R_S$，即 A 点坐标为 $(R_S, 0)$。因此有：

$$\overline{OA} = R_S \tag{7-117}$$

同理，C 点与原点的距离为 $R_S + \frac{R_{ct}}{2} + \frac{R_{ct}}{2} = R_S + R_{ct}$，$C$ 点坐标为 $(R_S + R_{ct}, 0)$，同时有：

$$\overline{OC} = R_S + R_{ct} \tag{7-118}$$

$$\overline{AC} = R_{ct} \tag{7-119}$$

因此，在复平面上，R_S 和 R_{ct} 可以直接求得。

由电极阻抗实部表达式［即式（7-110）］有，当角频率 $\omega \to \infty$ 时，电极阻抗的实部 $Z_{Re} \to R_S$，即图中的 A 点。当 $\omega \to 0$ 时，$Z_{Re} \to R_S + R_{ct}$，即图中 C 点。由此可以得知复平面中的点（Z_{Re}，Z_{Im}）随着角频率的变化而发生位置变化，即随着角频率 ω 的升高，点（Z_{Re}，Z_{Im}）沿着曲线向实轴负向移动，随着角频率 ω 的降低，点（Z_{Re}，Z_{Im}）沿着曲线向实轴正向移动。即半圆右侧为低频区，半圆左侧为高频区。

半圆顶点 B 的横坐标为 $(Z_{Re})_B = R_S + \dfrac{R_{ct}}{2}$。结合电极阻抗实部表达式［即式（7-110）］可得，$\omega_B R_S R_{ct} = 1$。因此可求得双电层电容 C_{dl} 的表达式，即：

$$C_{dl} = \frac{1}{\omega_B R_{ct}} \tag{7-120}$$

结合 B 点处的角频率 ω_B，即可求得双电层电容 C_{dl}。

在某些情况下 B 点坐标未知，不知道 B 点的角频率，则不能通过式（7-120）来计算 C_{dl}。此时，在点 B 附近取一点 B'，而 $\omega_{B'}$ 为选定的频率。过 B' 作垂直于实轴的垂线并与实轴交于点 D'。由式（7-110）有：

$$(Z_{Re})_{B'} = R_S + \frac{R_{ct}}{1 + \omega_{B'}^2 C_{dl}^2 R_{ct}^2} \tag{7-121}$$

将式（7-121）整理得：

$$C_{dl} = \frac{1}{\omega_{B'} R_{ct}} \sqrt{\frac{R_S + R_{ct} - (Z_{Re})_{B'}}{(Z_{Re})_{B'} - R_S}} \tag{7-122}$$

根据曲线中各个线段的关系，可得：

$$C_{dl} = \frac{1}{\omega_{B'} R_{ct}} \sqrt{\frac{\overline{D'C}}{\overline{AD'}}} \tag{7-123}$$

上述求电极过程中各个等效电路元件参数的方法称为复平面图法。复平面图法的优势在于不仅能求出各个特征参数，还能够通过图形的形状来判断电极过程所受的控制类型。在半圆顶点 B 处有 $\omega_B R_S R_{ct} = 1$。此时电极阻抗的虚部 Z_{Im} 存在最大值 $\dfrac{R_{ct}}{2}$。当角频率 ω 增大时，$\omega R_S R_{ct} > 1$，Z_{Im} 沿半圆左侧下降；当角频率 ω 减小时，$\omega R_S R_{ct} < 1$，Z_{Im} 沿半圆右侧下降，由电极阻抗虚部计算公式［即式（7-111）］可得：

$$\frac{Z_{Im}}{\left(\dfrac{R_{ct}}{2}\right)} = \frac{2\omega C_{dl} R_{ct}}{1 + (\omega C_{dl} R_{ct})^2} \tag{7-124}$$

根据式（7-124）可以计算 $\dfrac{Z_{Im}}{\left(\dfrac{R_{ct}}{2}\right)}$ 与 $\omega C_{dl} R_{ct}$ 之间的对应关系。比如若要测定 $0.2 Z_{Im}$ 半圆半

径的阻抗数据，则频率选择的范围为 $\dfrac{0.1}{C_{dl}R_{ct}} \leqslant \omega \leqslant \dfrac{10}{C_{dl}R_{ct}}$，即 $0.1\omega_B \leqslant \omega \leqslant 10\omega_B$。

7.4.3　浓差极化存在时的简单电极体系的电化学阻抗谱

对于电化学反应 $O+ne^- \rightleftharpoons R$：在直流极化稳态下对对电极系统进行电化学阻抗测试。在测量过程中，若选择的角频率过低，在电极界面处反应物和生成物的浓度将在小幅度正弦扰动信号的作用下发生波动，此时产生的浓差极化不可忽略。

当在小幅度正弦扰动信号的作用下，电极界面处反应物和生成物的浓度满足菲克第二定律，即：

$$\frac{\partial c_O(x,t)}{\partial t} = D_O \frac{\partial^2 c_O(x,t)}{\partial x^2} \tag{7-125}$$

$$\frac{\partial c_R(x,t)}{\partial t} = D_R \frac{\partial^2 c_R(x,t)}{\partial x^2} \tag{7-126}$$

考虑两个边界条件：

$$c_O(\infty,t) = c_R(\infty,t) = 0 \tag{7-127}$$

$$i_F = nFAD_O \left[\frac{\partial c_O(x,t)}{\partial x} \right]_{x=0} = -nFAD_R \left[\frac{\partial c_R(x,t)}{\partial x} \right]_{x=0} \tag{7-128}$$

式中，A 为电极的有效表面积。

上述两个边界条件表明，流过电极的法拉第电流随时间呈现正弦规律波动，这将显著提升问题的复杂程度。然而事实上，当正弦波电流走过足够长的周期后，初始状态的情形将可以被忽略。即在经过足够多个周期后，第 N 个周期和第 $N+1$ 个周期的情况将近似完全相同。因此，在达到交流稳态后，电极过程将按交流电的周期发生周期性的变化。因此，电极处反应物和生成物的浓度波动函数可以表示为：

$$c_O(x,t) = c_{PO}(x) e^{j\omega t} \tag{7-129}$$

$$c_R(x,t) = c_{PR}(x) e^{j\omega t} \tag{7-130}$$

式中，$c_{PO}(x)$ 和 $c_{PR}(x)$ 分别为反应物和生成物的浓度波动函数的复振幅，二者都仅是关于 x 的函数。根据式（7-129）及式（7-130），对于反应物和生成物都有：

$$\frac{\partial c(x,t)}{\partial t} = j\omega c(x,t) = j\omega c_P(x) e^{j\omega t} \tag{7-131}$$

$$\frac{\partial^2 c(x,t)}{\partial x^2} = \frac{d^2 c_P(x)}{dx^2} e^{j\omega t} \tag{7-132}$$

将上述两式与式（7-125）和式（7-126）联立可得：

$$\frac{d^2 c_{PO}(x)}{dx^2} = \frac{j\omega}{D_O} c_{PO}(x) \tag{7-133}$$

$$\frac{d^2 c_{PR}(x)}{dx^2} = \frac{j\omega}{D_R} c_{PR}(x) \tag{7-134}$$

求解式（7-133）可得其通解，即：

$$c_{PO}(x) = K e^{\sqrt{\frac{j\omega}{D_O}}\,x} + L e^{-\sqrt{\frac{j\omega}{D_O}}\,x} \tag{7-135}$$

式中，K 和 L 均为待定系数。将式（7-135）与式（7-129）联立，可得：

$$c_O(x,t) = \left(K e^{\sqrt{\frac{j\omega}{D_O}}\,x} + L e^{-\sqrt{\frac{j\omega}{D_O}}\,x} \right) e^{j\omega t} \tag{7-136}$$

将式（7-127）代入式（7-136），可得 $K=0$，此时有：

$$c_O(x,t) = L e^{-\sqrt{\frac{j\omega}{D_O}}\,x} e^{j\omega t} \tag{7-137}$$

将式（7-137）代入式（7-128），可得待定系数 L 的值，即：

$$L = -\frac{i_F}{nFA\sqrt{2D_O\omega}}(1-j)e^{-j\omega t} \tag{7-138}$$

将式（7-138）与式（7-134）联立，有：

$$c_O(x,t) = -\frac{i_F}{nFA\sqrt{2D_O\omega}}(1-j)e^{-\sqrt{\frac{j\omega}{D_O}}\,x} \tag{7-139}$$

则生成物的浓度波动函数同理可得：

$$c_R(x,t) = -\frac{i_F}{nFA\sqrt{2D_R\omega}}(1-j)e^{-\sqrt{\frac{j\omega}{D_R}}\,x} \tag{7-140}$$

式（7-139）和式（7-140）分别为反应物和生成物的浓度波动函数，若 $x=0$，则可以得到反应物和生成物的表面浓度波动函数，即：

$$c_O^S = c_O(0,t) = -\frac{i_F}{nFA\sqrt{2D_O\omega}}(1-j) \tag{7-141}$$

$$c_R^S = c_R(0,t) = -\frac{i_F}{nFA\sqrt{2D_R\omega}}(1-j) \tag{7-142}$$

可逆电极体系下完全受扩散过程控制，电极表面电化学平衡未被破坏，因此满足能斯特方程，即：

$$E = E_{\Psi} + \frac{RT}{nF}\ln\frac{c_O(0,t)}{c_R(0,t)} \tag{7-143}$$

一个电极体系可分为直流体系和交流体系两个部分。当电极反应为可逆反应时，直流体系的各个参数处于稳态，并保持不变。因此，将式（7-143）对 t 求导，并只考虑交流体系，则有：

$$\frac{d\widetilde{E}}{dt} = \frac{RT}{nF}\left[\frac{1}{c_O(0,t)}\frac{d\widetilde{c}_O(0,t)}{dt} - \frac{1}{c_R(0,t)}\frac{d\widetilde{c}_R(0,t)}{dt} \right] \tag{7-144}$$

当交流体系达到稳态后，交流部分的各个参数均随着信号以相同的频率按正弦规律变化，即此时它们对 t 的导数只需乘以 $j\omega$，因此有：

$$\widetilde{E} = \frac{RT}{nF}\left[\frac{\widetilde{c}_O(0,t)}{c_O(0,t)} - \frac{\widetilde{c}_R(0,t)}{c_R(0,t)}\right] \quad (7\text{-}145)$$

则根据法拉第阻抗的定义，有：

$$Z_F = -\frac{\widetilde{E}}{\widetilde{i}_F} \quad (7\text{-}146)$$

式（7-146）中的负号是由于阴极电流规定为正。

将式（7-145）代入式（7-146），有：

$$Z_F = -\frac{RT}{nFc_O(0,t)}\frac{\widetilde{c}_O(0,t)}{\widetilde{i}_F} + \frac{RT}{nFc_R(0,t)}\frac{\widetilde{c}_R(0,t)}{\widetilde{i}_F} \quad (7\text{-}147)$$

将式（7-141）和式（7-142）代入上式，有：

$$Z_F = \frac{RT}{n^2F^2A\sqrt{2D_O\omega}\,c_O(0,t)}(1-j) + \frac{RT}{n^2F^2A\sqrt{2D_R\omega}\,c_R(0,t)}(1-j) \quad (7\text{-}148)$$

由于完全受扩散控制，因此在式（7-148）中只有同扩散相关的参数，则有：

$$Z_F = Z_W = Z_{WO} + Z_{WR} \quad (7\text{-}149)$$

式中，Z_W 为半无限扩散阻抗，也称为韦伯（Warburg）阻抗；Z_{WO} 为反应物扩散阻抗；Z_{WR} 为产物扩散阻抗。

韦伯阻抗可以看作由反应物扩散阻抗（Z_{WO}）和产物扩散阻抗（Z_{WR}）两项构成。即有：

$$Z_{WO} = \frac{RT}{n^2F^2A\sqrt{2D_O\omega}\,c_O(0,t)}(1-j) = R_{WO} - j\frac{1}{\omega C_{WO}} \quad (7\text{-}150)$$

$$Z_{WR} = \frac{RT}{n^2F^2A\sqrt{2D_R\omega}\,c_R(0,t)}(1-j) = R_{WR} - j\frac{1}{\omega C_{WR}} \quad (7\text{-}151)$$

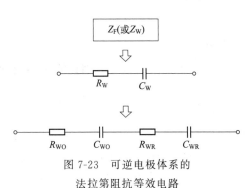

图 7-23 可逆电极体系的
法拉第阻抗等效电路

式中，R_{WO} 为反应物扩散电阻；R_{WR} 为产物扩散电阻；C_{WO} 为反应物扩散电容；C_{WR} 为产物扩散电容。

将 Z_W 的实部和虚部分别相加，可注意到实部和虚部恒等。事实上，在等效电路中，扩散电阻 R_W 可以看作由 R_{WO} 和 R_{WR} 串联组成，扩散电容 C_W 可以看作由 C_{WO} 和 C_{WR} 串联组成，而 Z_W 可以看作是扩散电阻 R_W 和扩散电容 C_W 串联组成，其等效电路如图 7-23 所示。

可将式（7-148）提取公因式 $(1-j)$，因此可以表示为：

$$Z_F = \left[\frac{RT}{n^2F^2A\sqrt{2D_O\omega}\,c_O(0,t)} + \frac{RT}{n^2F^2A\sqrt{2D_R\omega}\,c_R(0,t)}\right](1-j) \quad (7\text{-}152)$$

令 $\sigma_O \equiv \dfrac{RT}{n^2 F^2 A \sqrt{2D_O}\, c_O\,(0,t)}$，$\sigma_R \equiv \dfrac{RT}{n^2 F^2 A \sqrt{2D_R}\, c_R(0,t)}$，$\sigma \equiv \sigma_O + \sigma_R$。则式（7-152）可以重新表示为：

$$Z_F = \sigma \omega^{-1/2}(1-j) \tag{7-153}$$

从式（7-153）中得知，法拉第阻抗的实部和虚部可以分别表示为：

$$(Z_F)_{Re} = (Z_F)_{Im} = \sigma \omega^{-1/2} \tag{7-154}$$

在复平面上用 $(Z_F)_{Re}$ 和 $(Z_F)_{Im}$ 对 $\omega^{-1/2}$ 作图，则可以得到同一条过原点的直线。这条直线的斜率可以用来估算扩散系数。

对于准可逆电极体系，考虑电极反应 $O + ne^- \rightleftharpoons R$。此时电极过程受传质过程和传荷过程共同控制，同时不能忽略逆反应的反应速率。由 B-V 方程有如下等式成立：

$$i_F = FAk_{\Psi} \left[c_O(0,t) e^{\frac{\alpha F}{RT}(E-E_{\Psi})} - c_R(0,t) e^{\frac{\beta F}{RT}(E-E_{\Psi})} \right] \tag{7-155}$$

接下来的过程和可逆反应条件类似，此处不做推导。最终可得到法拉第阻抗 Z_F 的表达式，即：

$$Z_F = R_{ct} + Z_W = R_{ct} + Z_{WO} + Z_{WR} \tag{7-156}$$

其中，

$$R_{ct} = \frac{RT}{F} \frac{1}{\overrightarrow{\alpha_i} + \overleftarrow{\beta_i}} \tag{7-157}$$

$$Z_{WO} = \frac{RT}{Fc_O(0,t)} \frac{\overrightarrow{i}}{\overrightarrow{\alpha_i} + \overleftarrow{\beta_i}} \frac{\widetilde{c_O}(0,t)}{\widetilde{i_F}} \tag{7-158}$$

$$Z_{WR} = \frac{RT}{Fc_R(0,t)} \frac{\overrightarrow{i}}{\overrightarrow{\alpha_i} + \overleftarrow{\beta_i}} \frac{\widetilde{c_R}(0,t)}{\widetilde{i_F}} \tag{7-159}$$

式中，$\overrightarrow{\alpha_i} + \overleftarrow{\beta_i}$ 为等效交换电流密度；$\overrightarrow{i}$ 为正向（氧化反应）电流密度；$\overleftarrow{i}$ 为反向（还原反应）电流密度。

将式（7-141）和式（7-142）分别代入式（7-158）和式（7-159）中，可以得到：

$$Z_{WO} = \frac{RT}{F^2 A \sqrt{2D_O \omega}\, c_O(0,t)} \frac{\overrightarrow{i}}{\overrightarrow{\alpha_i} + \overleftarrow{\beta_i}} (1-j) = R_{WO} - j\frac{1}{\omega C_{WO}} \tag{7-160}$$

$$Z_{WR} = \frac{RT}{F^2 A \sqrt{2D_R \omega}\, c_R(0,t)} \frac{\overrightarrow{i}}{\overrightarrow{\alpha_i} + \overleftarrow{\beta_i}} (1-j) = R_{WR} - j\frac{1}{\omega C_{WR}} \tag{7-161}$$

由以上两式可以得出，在准可逆条件下，等效电路中的扩散电阻 R_W 可以看作由 R_{WO} 和 R_{WR} 串联组成，扩散电容 C_W 可以看作由 C_{WO} 和 C_{WR} 串联组成，Z_W 可以看作是扩散电阻 R_W 和扩散电容 C_W 串联组成，而 Z_F 可以看作是 Z_W 和 R_{ct} 串联组成。其等效电路如图 7-24 所示。

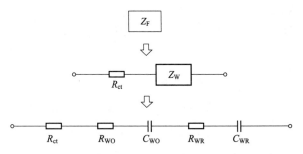

图 7-24　准可逆电极体系的法拉第阻抗等效电路

特别地，若电极过程为可逆反应，则电流处于稳态，为一个恒定的值，将该电流值代入式（7-157）、式（7-160）和式（7-161）中，即可简化为可逆条件下的式（7-148）。

若电极过程为完全不可逆反应，则正向反应的电流即为法拉第电流，而逆向反应电流为零，代入式（7-157）、式（7-160）和式（7-161）中，有：

$$R_{ct} = \frac{RT}{F} \frac{1}{\alpha_{iF}} \tag{7-162}$$

$$Z_{WO} = \frac{RT}{F^2 A \sqrt{2D_O \omega} \alpha c_O(0,t)} (1-j) \tag{7-163}$$

$$Z_{WR} = 0 \tag{7-164}$$

令 $\sigma_O' \equiv \dfrac{\overrightarrow{i}}{\overrightarrow{\alpha_i} + \overleftarrow{\beta_i}}$，$\sigma_R' \equiv \dfrac{\overleftarrow{i}}{\overrightarrow{\alpha_i} + \overleftarrow{\beta_i}}$，$\sigma' \equiv \sigma_O' + \sigma_R'$。则 Z_F 重新表示为：

$$Z_F = R_{ct} + \sigma' \omega^{-1/2} (1-j) \tag{7-165}$$

则 Z_F 的实部和虚部分别为：

$$(Z_F)_{Re} = R_{ct} + \sigma' \omega^{-1/2} \tag{7-166}$$

$$(Z_F)_{Im} = \sigma' \omega^{-1/2} \tag{7-167}$$

在复平面上用 $(Z_F)_{Re}$ 和 $(Z_F)_{Im}$ 对 $\omega^{-1/2}$ 作图，可以得到两条相互平行的直线，如图 7-25 所示。直线的截距即为 R_{ct}，而这条直线的斜率可以用来估算扩散系数。

若在准可逆反应体系下，电荷的传质和传荷控制过程均存在，此外，电化学极化和浓差极化也均同时存在，则此时考虑化学反应 $O + ne^- \rightleftharpoons R$，其等效电路如图 7-26 所示。

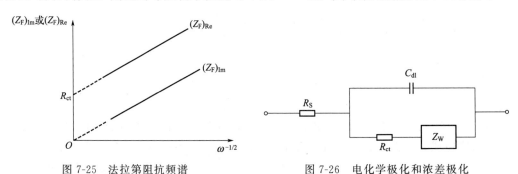

图 7-25　法拉第阻抗频谱　　　　图 7-26　电化学极化和浓差极化

则此时电极阻抗可以表示为：

$$Z = R_S + \cfrac{1}{j\omega C_{dl} + \cfrac{1}{R_{ct} + \sigma'\omega^{-1/2}(1-j)}} \qquad (7\text{-}168)$$

将上式整理得：

$$Z = R_S + \cfrac{R_{ct} + \sigma'\omega^{-1/2}}{(C_{dl}\sigma'\omega^{1/2}+1)^2 + \omega^2 C_{dl}^2(R_{ct}+\sigma'\omega^{-1/2})^2}$$
$$-j\cfrac{\omega C_{dl}(R_{ct}+\sigma'\omega^{-1/2})^2 + \sigma'\omega^{-1/2}(C_{dl}\sigma'\omega^{1/2}+1)}{(C_{dl}\sigma'\omega^{1/2}+1)^2 + \omega^2 C_{dl}^2(R_{ct}+\sigma'\omega^{-1/2})^2} \qquad (7\text{-}169)$$

若角频率 ω 足够低时，则 ω、$\omega^{1/2}$、ω^2 均可以忽略不计，因此上式便可简化为：

$$Z = R_S + R_{ct} + \sigma'\omega^{-1/2} - j(\sigma'\omega^{-1/2} + 2\sigma'^2 C_{dl}) \qquad (7\text{-}170)$$

则阻抗的实部 Z_{Re} 和虚部 Z_{Im} 分别表示如下：

$$Z_{Re} = R_S + R_{ct} + \sigma'\omega^{-1/2} \qquad (7\text{-}171)$$
$$Z_{Im} = \sigma'\omega^{-1/2} + 2\sigma'^2 C_{dl} \qquad (7\text{-}172)$$

用式（7-172）减去式（7-171），可以消去 $\sigma'\omega^{-1/2}$，从而有：

$$Z_{Im} = 2\sigma'^2 C_{dl} - (R_S + R_{ct}) + Z_{Re} \qquad (7\text{-}173)$$

在复数平面图内，Z_{Im}-Z_{Re} 复平面曲线为一条斜率为 1 的直线，如图 7-27 所示。式（7-170）表明在电化学等效元件中，仅有 Warburg 阻抗与角频率有关，表明电极过程受半无限扩散条件控制，得到的复平面曲线即表现扩散控制条件特征。

若角频率 ω 足够高，则 $\omega^{-1/2}$ 可以忽略不计，因此式（7-169）便可简化为：

$$Z = R_S + \cfrac{1}{j\omega C_{dl} + \cfrac{1}{R_{ct}}} = R_S + \cfrac{R_{ct}}{1+\omega^2 C_{dl}^2 R_{ct}^2} - j\cfrac{\omega C_{dl} R_{ct}^2}{1+\omega^2 C_{dl}^2 R_{ct}^2} \qquad (7\text{-}174)$$

从上一节的分析可知，将式（7-174）做出变换后得到的是一个圆的表达式，在复平面上表现为一个实轴上的半圆。对于在混合控制下的准可逆反应而言，双电层控制过程和扩散控制过程会产生快慢上的差异，因此两个过程的阻抗谱将出现在不同的频率区间。作为典型的阻抗复平面曲线，通过式（7-174）所作的 Z_{Im}-Z_{Re} 复平面曲线在高频区域为传荷过程控制的半圆形的阻抗特征曲线，而在低频区域内为扩散控制的带有斜率的特征直线，如图 7-28 所示。

据图 7-28 可以分别通过圆形和直线所对应的分析方法求得各个电化学参数。作为典型的求解过程，可以直接通过阻抗半圆实轴上的坐标获得溶液内阻 R_S 和电荷转移电阻 R_{ct}。然后再利用式（7-123）计算出 C_{dl}。同时可以通过外推直线得到和实轴的交点求出 σ'，从而可以估算出扩散系数 D。

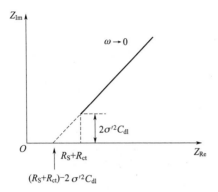

图 7-27　扩散控制下的复数平面图

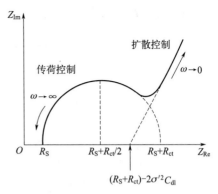

图 7-28　混合控制下的复数平面图

7.5　测试及分析实例

恒电流间歇滴定是由一系列的"脉冲-恒电流-弛豫"过程组成的暂态测量技术，整个测试过程中的主要参数是电流强度和弛豫时间。图 7-29 中的测试结果就是一次典型的 GITT 电池测试，对长方形框内部区域进行放大后，可以清楚地显示出一次"脉冲-恒电流-弛豫"的过程。

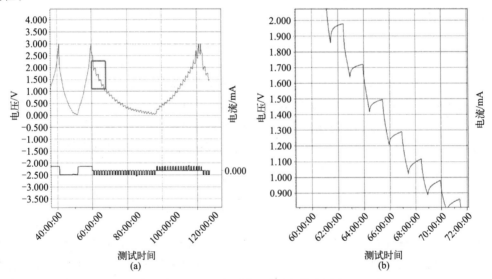

图 7-29　GITT 循环及局部放大图

GITT 测试首先是给电池施加一个正电流的脉冲，让电势快速上升，电势会与图 7-29 中的电压降形成正比。随着电池的电势逐步升高，利用恒定电流进行充电。接着再中断电流，电势会下降，且下降的值与电压降成正比，最后进入弛豫过程。在弛豫过程中，通过离子的扩散会导致电池内部组分平衡，电势缓慢下降，直到最终平衡。随后，电池继续经过脉冲-恒流充电-弛豫的过程。上述是 GITT 测试的充电过程，放电过程则相反。

此处引入式（7-175）：

$$D = \frac{4}{\pi\tau}\left(\frac{V_M m_B}{M_B A}\right)^2\left(\frac{\Delta E_s}{\Delta E_\tau}\right)^2 \tag{7-175}$$

式中，τ 是弛豫时间；V_M 为材料的摩尔体积；M_B 是材料的摩尔质量；m_B 是材料的质量；ΔE_s 是脉冲引起的电压变化；ΔE_τ 是恒电流充放电引起的电压变化。通过式（7-175）可以计算出离子的扩散系数 D，从而针对钠离子的扩散行为进行分析。现通过一篇经典文献［Journal of The Electrochemical Society，2013，160（10）A1842-A1846］来引入 GITT 测试实例，文献中的测试是以镍钴锰正极放电为例。因为 ΔE_s 和 ΔE_τ 都是电压变化，可以从测试数据中读出结果，所以只需要知道材料的摩尔体积、摩尔质量和质量即可算出扩散系数。但是由于对新材料的信息了解有限，所以文中合理地将材料的颗粒假设为半径为 R_s 的球体。因此，可以将式（7-175）进一步简化为式（7-176）。

$$D = \frac{4}{\pi\tau}\left(\frac{R_s}{3}\right)^2\left(\frac{\Delta E_s}{\Delta E_\tau}\right)^2 \tag{7-176}$$

根据式（7-176）就可以计算出离子的扩散系数 D（如图 7-30），即可分析离子的扩散行为。

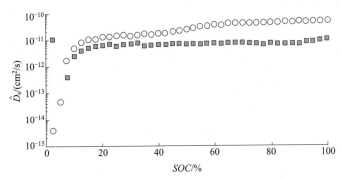

图 7-30　文献中 GITT 计算扩散系数结果

SOC—当前剩余电量占其最大可用容量的百分比

除了对金属离子扩散系数进行分析以外，GITT 分析手段也能对电极材料中微观动力学做出合理的判断。根据不同的充放电的程度，可以逐步找出其各个阶段的影响因素。接下来以钠离子半电池的充放电为案例（二维层状材料为活性物质，对电极是钠片），尝试对 GITT 测试进行图例分析（见图 7-31）。

在钠离子半电池的充放电过程中，可以根据 GITT 数据图进行动力学分析。钠离子半电池在测试过程中，出于测试方便的原因，采用反极性的数据设置进行测试。在钠离子半电池的充放电过程中，Na^+ 在放电过程中会嵌入负极材料中，在充电过程中会从负极材料中脱出。

在半电池放电过程中，钠离子扩散系数 D 呈降低变化趋势（图 7-31）。在初始阶段，Na^+ 更倾向于占据活性材料的表面官能团和表面缺陷，而不是嵌入材料更深的晶格中，因此较高的初始 D 是表面吸附的结果，这种结果更倾向于 Na^+ 的传输是受电容的表面控制。然而，表面吸附会增加静电斥力，导致 Na^+ 的传输系数随之减少。如果材料中存在更多的活性吸附位点，Na^+ 的吸附速率变化会更加明显。此外，从图 7-31（a）中可以看出，在约 0.8V 的拐点后，曲线出现上升趋势，这表明 Na^+ 的存储行为发生了另一个阶段的变化。当

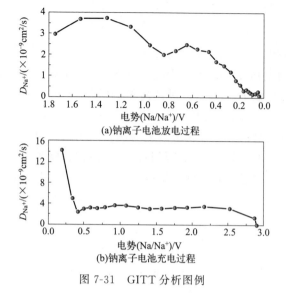

(a)钠离子电池放电过程

(b)钠离子电池充电过程

图 7-31　GITT 分析图例

表面活性位点吸收足够的 Na^+ 后，需要更大的力来完成更深的 Na^+ 插层。材料内部会存在更多官能团和传输通道供 Na^+ 传输，所以导致 Na^+ 的扩散系数 D 增加。这一现象表明，Na^+ 的主要储存行为由吸附在表层向嵌入材料更深内部转变。扩散系数 D 升高后，材料内部被更多的 Na^+ 填充，导致其扩散速率再逐渐降低。在半电池的充电过程中，Na^+ 的扩散速度由刚开始的迅速扩散逐渐降低，直至完成半电池的充电过程，这是由于材料中 Na^+ 全部脱出，完成了半电池的充电过程导致的。以上是钠离子电池在充放电过程中的分析，通过 GITT 图分析出了 Na^+ 在半电池中的扩散动力学行为。

思考题

参考答案

1.在电化学测量中，如何选择参比电极？若参比电极和研究体系溶液相差过大，该如何处理？

2.何为暂态？何为稳态？有什么区别？

3.在暂态测量中，何为控制电流法？何为控制电位法？各有何特点？如何实现？

4.简述控制电位的暂态测量技术的分类，并试着画出电信号曲线？

5.用大幅度三角波电位扫描法测定不同的电极反应体系时，它们各有何特征？

6.什么叫频率响应函数？有何要求？

7.电化学控制下的复数平面图和混合控制下的复数平面图有何区别？试分别画出相应曲线。

参考文献

[1]　贾铮，戴长松，陈玲. 电化学测量方法[M]. 北京：化学工业出版社，2006.

［2］ 吴辉煌. 应用电化学基础［M］. 厦门：厦门大学出版社，2006.

［3］ 刘永辉. 电化学测试技术［M］. 北京：北京航空学院出版社，1987.

［4］ Shen Z，Cao L，Rahn C D，et al. Least Squares Galvanostatic Intermittent Titration Technique（LS-GITT）for Accurate Solid Phase Diffusivity Measurement［J］. Journal of The Electrochemical Society，2013，160(10)：A1842-A1846.

第 8 章

催化性能测试方法

8.1 催化性能评价参数

8.1.1 催化性能概述

在实际生产中，要求一个化学反应要以一定的速率进行，即在单位时间内能够获得足够数量的产品。由化学反应动力学知识可知，可通过加热、光化学、电化学、辐射化学等方法提高反应速率，但这些方法缺乏反应的选择性，并且需要消耗附加的能量。催化剂是提高反应速率较为有效的办法，因此，对催化作用和催化剂的研究应用就成为现代化学工业的重要课题之一。

根据 IUPAC（国际纯粹与应用化学联合会）于 1981 年提出的定义，催化剂是一种物质，它能改变化学反应的速率，而不改变该反应的标准吉布斯（Gibbs）自由焓变化。这种作用称为催化作用。涉及催化剂的反应称为催化反应。事实上，催化剂加速化学反应趋于平衡，而自身在反应的最终产物中不显示。即催化剂能够与反应物相互作用，但是在反应终了时能保持不变。因此，催化剂不改变反应体系的初始态，不改变反应的平衡位置。

催化剂的催化作用具有以下 4 个基本特征：

① 催化剂只能加速热力学上可以进行的反应，而不能加速热力学上无法进行的反应。

② 催化剂只能加速反应趋于平衡，而不能改变平衡的位置（平衡常数）。对于给定的反应，在已知的条件下，其催化和非催化过程的 $-\Delta G_T^{\ominus}$（Gibbs 标准自由能）是相同的，即 K_f（平衡常数）值是相同的。也就是说热力学所预示的反应限度，不会被催化剂改变，但可以优选良好的催化剂使反应加速，尽快达到该反应限度。根据 $K_f = k_正 / k_逆$，催化剂不能改变 K_f 的数值，那么它必然以相同的比例加大正、逆反应的速率常数（分别以 $k_正$、$k_逆$ 表示）。因此，能够加速正向反应的催化剂，同时也是加速逆向反应的催化剂。

③ 催化剂对反应具有选择性。当反应可能有一个以上的不同方向时，催化剂能够仅加速一种热力学上可行的产物生成，从而实现反应速率与选择性的统一。

④ 催化剂的寿命。催化剂是一种化学物质，它借助于与反应物之间的相互作用而起催化作用，在完成一次催化作用后恢复到原来的化学状态，因而能循环不断地起催化作用。理论上，一定量的催化剂可以使大量的反应物转化成大量的产物。但实际反应过程中，催化剂自身在热和化学作用下，也会经受一些不可逆的物理的、化学的变化，如晶相变化、晶粒分散度变化、易挥发物质的流失、易熔组分的熔结等，导致催化剂活性下降，甚至失活。因此，催化剂并非无限期地使用。

为了满足实际生产需要，一种良好的催化剂除了具有一定的活性、选择性和稳定性等基本要求外，还应该满足工业应用的需求，例如：可以再生、可以在工业规模上生产、有适宜的颗粒形貌特征、有一定的机械强度，而且是热稳定的，成本不高，经济上可行等。同时，还应满足循环经济和生态环境的需要，即催化剂应该是环境友好的、反应剩余物是与生态相容的。催化剂的性能评价、测试与表征是研究和开发催化剂不可缺少的部分。因此，实际生产中，应该综合评价催化剂的各项参数。

8.1.2 催化剂的活性

催化剂的活性是指其影响反应进程变化的程度。对于固体催化剂，工业上常采用一定温度下完成原料转化率来表达，即原料转化率的百分数越大，活性越高；也可用完成给定的转化率所需的温度来表达，即所需温度越低，活性越高；还可以用完成给定的转化率所需的空速（单位时间里通过单位体积催化剂的原料的量）表达，即空速越高，活性越高；还可以用给定条件下目的产物的时空产率（或称空时收率）来衡量。

在催化反应动力学的研究中，催化剂的活性多用反应速率表达。对于固体催化剂，活性高低与流体接触面积的大小相联系。如式（8-1），比活性 σ，即催化剂单位表面积相对应的活性，只取决于催化剂的化学组成与结构，而与表面大小无关。因此，催化剂的比活性对选择催化剂具有重要意义。催化剂的活性可用式（8-2）表示。

$$\sigma = \frac{k}{S} \tag{8-1}$$

式中　σ——比活性；

$\quad\quad k$——催化反应速率常数；

$\quad\quad S$——催化剂的表面积或活性表面积。

$$A = \sigma S \tag{8-2}$$

式中　A——催化剂的活性；

$\quad\quad S$——催化剂的表面积或活性表面积。

此外，工业催化剂还常用时空产率表示其活性。时空产率（space time yield，简写为STY）又称为空时收率，是指一定条件（温度、压力、进料组成、进料空速均一定）下单位时间内单位体积或单位质量的催化剂催化所得产物的量。将时空产率乘以反应器装填催化剂的体积或质量即直接给出单位时间内生产的产物数量，也可直接给出完成一定的生产任务所需催化剂的体积或质量。

时空产率表示活性的方法虽然很直观，但不确切。一方面催化剂的生产率相同，其比活性不一定相同；另一方面，时空产率与反应条件密切相关，如果进料组成和进料速度不同，所得的时空产率也不同。因此，用它来比较活性应当在相同的反应条件下比较。但是在生产中要严格控制相同的反应条件是相当困难的，只能做到反应条件相近，故这种活性表示法用于筛选催化剂的好坏不太确切。某种催化剂的生产率低，不一定是它的活性组分不当，有可能是表面积和孔结构等不利因素所致。评价催化剂不能单用时空产率作为活性指标，要同时测定催化剂的总表面积、活性表面积、孔径与孔径分布等。

8.1.3 催化剂的选择性

催化剂的选择性是指所消耗的原料中转化成目的产物的百分率。相比于活性，工业中更加注重催化剂的选择性。因为选择性不仅影响原料的单耗，还影响到反应物的后处理。

催化剂的选择性可进一步区分成以下 4 种类型。

① 化学选择性（chemoselectivity） 在很多化学反应中，与原料处于平衡的热力学上可能的产物是很多的，催化剂的作用在于使化学反应向所期望的反应产物进行，而对其余的反应影响很小，甚至毫无影响。这就是催化剂的化学选择性。

② 区域选择性（regioselectivity） 当底物中含有多个反应位点时，理论上产物会有多种位置异构体。但是由于反应内在的机理、底物的电子效应、反应条件、催化剂等的影响会选择性地在某一个位置（或者官能团）发生反应，即反应选择性发生在某个位置（官能团）的现象叫作区域选择性。例如，在甲酰化反应中，产物中甲酰基团既可以连在伯碳即端基碳上，也可以连在仲碳或内碳原子上，分别产生线型的和支链化的产物。

③ 旋光立构选择性（diastereoselectivity） 例如，在基质分子中含有一个立构对称中心，催化剂能够直接催化加成两个氢原子于其上，给出两个旋光立构异构体，对其中之一的选择性称为旋光立构选择性。

④ 手性选择性（enantioselectivity） 例如，对于一非手性基质，纯手性或富手性催化剂能对其催化，生成某一特定的手性异构体产物。

8.1.4 催化剂的稳定性

催化剂的稳定性是指它的活性和选择性随时间变化的情况。稳定性良好的催化剂，在实用的条件下，随着时间的推移，其变化应是非常缓慢的，理论上应该是完全不变的。实际上，由于物理的、化学的、机械的、热过程等的反复变化，这些指标都发生了变化。

稳定性主要包括以下几个方面。

① 热稳定性 温度对固体催化剂的影响是多方面的，可能使活性组分挥发、流失，负载金属烧结或微晶粒长大等。热稳定性是指催化剂在反应和再生条件下，在一定温度变化范围内，不因受热而破坏其物理、化学状态，产生烧结、微晶长大和晶相变化，从而保持良好的活性稳定性。

② 化学稳定性 催化剂在使用过程中保持其化学组成和化合状态稳定，活性组分和助催化剂不产生挥发、流失或其它化学变化，这样催化剂就有较长的稳定活性时间。

③ 机械稳定性 催化剂抗摩擦、冲击和重力作用的能力称为机械稳定性，其决定了催化剂使用过程中的破碎和磨损的程度。机械稳定性高的催化剂能够经受得住颗粒与颗粒之间、颗粒与流体之间以及颗粒与器壁之间的摩擦。在固定床反应器中，催化剂颗粒需具有较好的抗压碎强度；在流化床反应器中，需具有较强的抗磨损强度；在催化剂使用过程中，其应具有抗化学变化和相变化引起的内聚应力等。

④ 抗毒性 原料中的杂质、反应中形成的副产物等可能在活性表面吸附，将活性表面覆盖，进而导致催化剂活性下降乃至中毒。催化剂不因在反应过程中吸附原料中杂质或毒性副产物而中毒失活，这种对有毒杂质毒物的抵抗能力越强，抗毒稳定性就越好。

8.1.5 催化剂的形貌与粒度大小

催化剂的形貌和粒度分布须与反应过程以及反应环境相匹配适应。对于移动床或者沸腾床反应器，选用球形的催化剂可减少摩擦和磨损。对于流化床反应器，除要求微球状外，还要求达到良好流化的粒度分布。对于固定床反应器，小球状、环状、粒状、条状、碎片状等都可以采用，但是，它们的形状和尺寸大小对流过床层的压力降会有不同的影响。对于给定的同一当量直径的多种形状催化剂，其对床层产生的相对压力降按以下顺序递增：环状＜小球状＜粒状＜条状＜碎片状。为保证反应流体穿过床层时呈均匀分布，床层的压力降不宜太小。而压力降太大会造成压缩气流或者循环气的消耗。另外，催化剂的形貌、大小还会影响到其自身的颗粒密度和反应器的堆密度，这些都是影响催化生产效益的重要指标。

催化剂的形貌和粒度的选择还关系到催化剂有效利用因子和催化反应的宏观动力学。因为已成型的催化剂颗粒是由两种以上的不同层次的粒子构成，见图8-1。一次粒子凝聚成二次粒子，二次粒子再根据成型方式的不同聚集成不同形状和大小的成型粒子，其中形成不同的孔径分布和空隙，影响到反应物的传递和内扩散，影响着催化剂的利用效率。

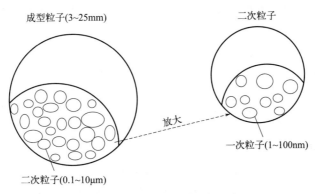

图 8-1　催化剂的颗粒层次形貌

8.1.6　环境友好和自然界相容性

适应于循环经济的催化反应过程，催化剂不仅要具有高转化率和高选择性，还要涵盖可持续发展概念的要求，即催化剂本身应该是无毒无害、对环境友好的，反应应该尽量遵循"原子经济性"及反应的剩余物与自然界相容性的要求，也就是"绿色化"的要求。

生物催化剂——酶在自然界已经发展了亿万年。酶能够在温和的条件下高选择性地催化有机反应，而且反应剩余物与自然界是相容的。设计开发出更具活性、选择性，反应剩余物也能与自然界相容的新型催化剂是工业催化发展的重要方向。

8.2　催化反应器

评估催化剂的性能优劣主要是评价其活性、选择性和寿命等指标。催化反应动力学评价是催化剂评价最常见和最重要的目标之一，通过动力学研究，可以提供数学模型。此类模型已经可以在较大范围内更有把握地、更准确地反映出温度、空速、压力等参数对反应速率、合成率（转化率）和选择性的影响规律，为催化剂设计以及催化反应器的设计提供科学依据。

为了得到可靠的动力学数据，试验设备的选择至关重要。催化过程必定伴随有一些物理传递过程、各类物种的吸附、脱附现象等，它们都会对速率和催化过程产生显著的影响。所以，动力学研究有必要在无任何温度和浓度梯度的条件下进行。然而要满足这些条件是很难的，尤其是当催化剂量比较大时。另外，我们能够测量的仅仅是流体主体中的反应物和产物的浓度，且是针对整个催化剂质量的平均值。为获得本征催化反应动力学数据，需要排除传递影响，且要通过很好的试验设计和适当地选择试验反应设备才能获得。同时，还必须考虑数据的精度、可靠性以及经济效能等。

试验室反应器是大型工业催化反应器的模拟和微型化，是催化剂评价和动力学测定装置的核心。在各种设计的试验室反应器中，有的适于求取动力学数据，有的则否。主要考虑以下三点：①恒温性：由于温度对反应速率的影响是指数性的，因此动力学反应器的一个最主要的条件是恒温性；②停留时间的确切性或均一性；③产物取样和分析的便利性。这三点，决定了反应器的质量，进而也决定了由它获得的动力学模型的精度。

一个适宜的试验室反应器应能使反应床层内颗粒间和催化剂颗粒内的温度和浓度梯度降到最低，这样才能接近催化剂的真实行为，得到可靠的动力学数据。如果在某些情形下需要在与工业有类似的流体动力学条件下优化工业催化剂的形状，允许催化剂粒子和流体间存在一定的温度和浓度梯度时，获得的是包括传递效应在内的宏观催化反应速率方程。这样得到的宏观速率方程虽不能应用于其它催化剂形状的粒子，但是可以在任何一个反应器模型中使用。根据反应器的特性，可以将其分成不同的类别。

8.2.1 积分反应器

积分反应器是试验室常见的微型管式固定床反应器，在其中装填 $10\sim100mL$ 催化剂，以达到较高的转化率。由于这类反应器进、出口物料在组成上有显著的不同，不能用数学上的平均值代表整个反应器的物料组成，这类反应器催化剂床层首尾两端的反应速率变化较大，沿催化剂床层有较大的温度梯度和浓度梯度。利用这种反应器获取的反应速率数据，只能代表转化率对时空的积分结果，因此命名为积分反应器，如图 8-2。

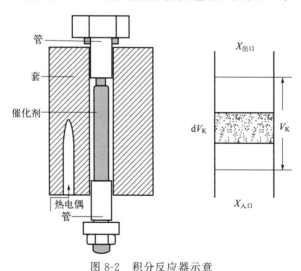

图 8-2 积分反应器示意

X—转化率；V_K—装填催化剂区域体积

积分反应器有如下优点：①与工业反应器相接近，是工业反应器的微型化；②可以比较方便地得到催化剂评价数据的直观结果；③床层较长，转化率较高，在分析上对精度要求低。积分反应器也存在问题：由于热效应较大，难以维持反应床层各处温度的均一和恒定，尤其对于强的放热反应更是如此。当催化剂的热导率相差太大时，床层内的温度梯度更难确切设定，因而，反应速率数据的可比性较差。

在动力学研究中，积分反应器分为恒温和绝热两种。恒温积分反应器简单价廉，对分析精度要求不高，故使用较多。为了达到恒温环境，以保证动力学数据在整个床层温度均一的情况下测得，可通过以下方式实现：减小管径，使径向温度尽可能均匀；用恒温导热介质；用惰性物质稀释催化剂等。绝热积分反应器为直径均一、催化剂装填均匀、绝热良好的圆管反应器。向此反应器通入预热至一定温度的反应物料，并在轴向测出与反应热量和动力学规律相应的温度分布。绝热反应器数据采集、数学解析比较困难。

8.2.2 微分反应器

微分反应器与积分反应器的结构形状相仿，只是催化剂床层更短、更细，催化剂装填量更少，转化率则更低。由于转化率很低，催化剂床层进、出口物料的组成差别小，可以用其平均值来代表全床层的组成。然而该组成差别若大到足够用某种分析方法确定进、出口的浓度差时，即 $\Delta c/\Delta t$ 近似为 dc/dt，并等于反应速率 r 时，则可以从这种反应器求得 r 对分压、温度的微分数据。一般在这种单程流通的管式微分反应器中，转化率应<5%，个别允许达10%，催化剂装填量 $10\sim100\mathrm{mg}$。

微分反应器有如下优点：①转化率低，热效应小，易达到恒温要求。反应器中物料浓度沿催化床层变化很小，可近似认为是恒定的，故在整个催化剂床层内反应温度可以近似视为恒定，并可以从试验直接测得与确定温度相对应的反应速率。②反应器的构造简单。但也存在两个严重的问题：①所得数据常是初始反应速率，难以配出与该反应在高转化条件下生成物组成相同的物料作为微分反应器的进料。②分析要求精度高。由于转化率低，需用准确而灵敏的方法分析，否则很难保证试验数据的重复性和准确性。

8.2.3 无梯度反应器

无梯度反应器种类和形式繁多，本质上都是为了达到反应器流动相内的等温和理想混合，并消除相间的传质阻力。同时，在消除温度、浓度梯度的前提下，无论从循环流动系统还是理想混合系统出发，导出的反应速率方程式都一样。

无梯度反应器有如下优点：①可以直接准确地求出反应速率数据，这对于催化剂评价或其动力学研究都很有价值。②可测定工业反应条件（即存在内扩散阻力）下的表观活性，研究宏观动力学，进而求出催化剂的表面利用系数。由于反应器内流动相接近理想混合，催化剂颗粒和反应器之间的直径比就不必像管式反应器那样严格限制。因此，它可以装填工业用的原粒度催化剂（不必破碎筛分），甚至可以只装一粒工业催化剂，这为催化剂的开发和工业反应器的数学模拟放大提供了可靠的依据，这是其它任何试验室反应器都不能达到的。从某种意义上讲，无梯度反应器是集中了积分和微分反应器的优点，而又摒弃其缺点而发展起来的，是一类比较理想的试验室反应器，是微型试验室反应器的发展方向。

按气体的流动方式可大致将无梯度反应器分为如下三类。

（1）外循环式无梯度反应器

外循环式无梯度反应器也叫作塞状反应器或流动循环装置，其特点是反应后的气体绝大部分通过反应器体外回路进行循环。推动气流循环的动力采用循环泵（如金属风箱式泵或玻璃电磁泵），或在循环回路上造成温差，靠气流的密度差推动循环。

如图 8-3 所示，在这种外循环反应器系统中，连续引入一小股新鲜物料 F_0，同时从反应器出口放出一股流出物，使系统维持恒压。如循环量为 F_R，F_0 中反应组分 B 的摩尔分数为 y_0，入催化床前（F_0+F_R）中 B 的摩尔分数为 y_{in}，出口物中为 y_F，按物料衡算可得转化率（x）：

$$x = y_F - y_{in} = \frac{y_F - y_0}{1 + F_R/F_0} \tag{8-3}$$

当 $F_R \gg F_0$ 时，$y_{in} \rightarrow y_F$，$y_F - y_{in} \rightarrow 0$。

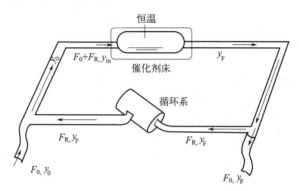

图 8-3　外循环式无梯度反应系统示意

设一个微元的催化剂质量 dm，反应速率 r（单位质量催化剂时反应物的反应速率）。在这个微元内，反应物的转化量可以用 rdm 表示。同时，从物料进出的角度，进料速率为 F，转化率的变化为 dx，那么反应物的转化量也可以表示为 Fdx，则可推出：

$$rdm = Fdx$$

$$r = \frac{dx}{dm/(F_0 + F_R)} \approx \frac{y_F - y_0}{(1 + F_R/F_0)m/(F_0 + F_R)} = \frac{y_F - y_0}{m/F_0} \tag{8-4}$$

将 F_R/F_0 定义为循环比（一般循环比 20～40），远大于 1。这就相当于把 $y_F - y_{in}$ 这一微差值放大成较大的差值 $y_F - y_0$，易于准确分析。

因为通过床层的转化率很低，床层温度变化很小，且通过催化床层的循环流体量相当大，线速大，所以外扩散影响可以消除。这就是外循环反应器中温度和浓度达到无梯度的原因。与单程流通的管式微分反应器相比，外循环反应器通过多次等温反应的循环叠加，解决了在温度不变条件下获得较高转化率的问题，克服分析上的困难，这是一切循环反应器的关键设计思路。虽然外循环反应器的装置解决了分析精度方面的问题，但是它对泵的要求很高：不能沾污反应混合物，滞留量要小且循环量要大（一般＞4L/min）。要全面满足这三项要求，无论用热虹吸泵、磁铁驱动的金属还是玻璃活塞泵、鼓膜泵等，都会存在一些制作上的困难或者性能上的缺陷。

（2）连续搅拌釜式反应器

连续搅拌釜式反应器是通过搅拌作用，使气流在反应器内达到理想混合状态的。根据搅拌器结构，这类反应器可分为旋转催化剂筐篮、旋转挡板等多种结构。其中旋转催化剂筐篮反应器（图 8-4）应用较广。催化剂颗粒装在金属网编织的筐篮中，筐篮连于转轴上，在反应容器中高速旋转。这样，流入反应器中的反应流体，在瞬时与容器内原有流体完全均匀混合后再到出口时，在组成上便可和流出物完全相同。

当内循环反应器循环比足够高时，其本质相当于一种连续进料搅拌釜式反应器。在高速搅拌下，固体催化剂与反应物的充分接触及混合，有力地消除了反应体系内的温度和浓度梯度，同时又不存在外循环反应器的巨大空间以及时间滞后等问题。

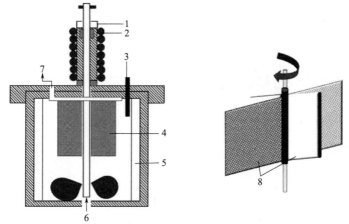

图 8-4　旋转催化剂筐篮反应器示意图

1—聚四氟乙烯轴承；2—冷却水盘管；3—玻璃热偶导管；4—不锈钢筐篮；

5—挡板；6—气体进口；7—气体出口；8—催化剂颗粒

（3）内循环式无梯度反应器

内循环式无梯度反应器是借助搅拌叶轮的转动，推动气流在反应器内部作高速循环流动，达到反应器内的理想混合，以消除其中的温度梯度和浓度梯度。其特点是搅拌器一般都用磁驱动，将动密封变为静密封。在进料大部分循环这一点上，与上述两种无梯度反应器一致。图 8-5 展示了一种高压内循环式无梯度反应器。

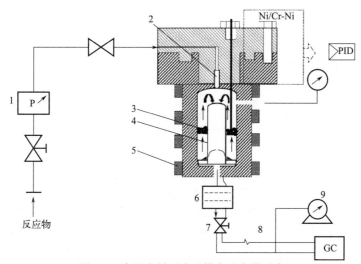

图 8-5　高压内循环式无梯度反应器示意

1—质量流量计；2—内部可调的喷嘴；3—金属网上的催化剂；4—中心管；5—500W 加热带；

6—微型过滤器；7—精密进料阀；8—补充加热器；9—气体流量表；PID—控制系统；GC—气相色谱

综上所述，积分反应器与微分反应器的装置都比较简单，特别是积分反应器，可以得到较多的反应产物，便于分析，并可直接对比催化剂的活性，适用于测定大批工业催化剂试样的活性，尤其适用于快速便捷的现场控制分析。然而，它们都不能完全消除在催化剂床层中存在的气流速度、温度和浓度的梯度，所测数据有偏差。为测取较准确的活性评价数据，尤其是研究催化反应动力学时，选用先进的无梯度反应器则更理想。

除了上述几类常用的催化反应器，还有沸腾床装置、把微型反应器与色谱仪联用的色谱-微型反应器等正在逐渐被开发并应用于催化剂活性评价等领域。

8.3 催化活性测试方法

8.3.1 活性的表示方法

（1）催化速率

催化剂的活性是表示催化剂加快化学反应速率的一个量度，实际是指催化反应速率与非催化反应速率之差。相比催化反应速率，非催化反应速率可以小到忽略不计。因此，一般来说催化剂的活性，实际上就相当于催化反应的速率。用速率常数比较活性时需注意在相同温度下比较。在不同催化剂上进行同一反应时，只有反应的速率方程在所测催化剂上有相同的形式时，用速率常数比较活性大小才有意义。

由于反应速率还与催化剂的体积、质量或表面积有关，所以催化剂的活性可用下式中的比速率表示。

$$体积比速率[\text{volumetric rate},\text{mol}/(\text{cm}^3 \cdot \text{s})]=\frac{1}{V}\frac{\mathrm{d}\xi}{\mathrm{d}t} \tag{8-5}$$

$$质量比速率[\text{specific rate},\text{mol}/(\text{g} \cdot \text{s})]=\frac{1}{m}\frac{\mathrm{d}\xi}{\mathrm{d}t} \tag{8-6}$$

$$面积比速率[\text{area rate},\text{mol}/(\text{cm}^2 \cdot \text{s})]=\frac{1}{S}\frac{\mathrm{d}\xi}{\mathrm{d}t} \tag{8-7}$$

式中　V——固体催化剂的体积；

　　　m——催化剂质量；

　　　S——催化剂表面积；

　　　ξ——反应速度；

　　　t——反应时间。

在工业生产中，催化剂的生产能力大多数是以催化剂单位体积为标准，并且催化剂的用量通常都比较大，所以常用体积比速率来表示。在某些情况下，用催化剂单位质量作为标志，以表示催化剂的活性比较方便。譬如说，一种聚乙烯催化剂的活性为"十万倍"，意思即为每克催化剂可以生产 10 万克聚乙烯。当比较固体物质的固有催化剂性质时，由于催化反应有时仅在固体的表面（包括内表面）上发生，故应以催化剂单位面积上的反应速度作为标准。

（2）转化率

工业上常用转化率来衡量催化剂性能。

$$x(转化率)=\frac{已转化的指定反应物的量}{指定反应物进料的量}\times100\% \tag{8-8}$$

采用这种参数时，必须注明反应物料与催化剂的接触时间，否则就无速率的概念了。因此，工业实践中还引入以下相关参数。

① 空速（space velocity）。在流动体系中，物料的流速（单位时间的体积或质量）除以催化剂的体积就是体积空速或质量空速，单位为 s^{-1}。

空速的倒数为反应物料与催化剂接触的平均时间，以 τ 表示，单位为秒（s）。τ 有时也称空时（space time）。

$$\tau = \frac{V}{F} \tag{8-9}$$

式中　V——催化剂体积；

　　　F——物料流速。

② 时空得率（space time yield），即常用指标 STY。

时空得率为每小时、每升催化剂所得产物的量。该量很直观，但因受操作条件限制，故不是十分确切。

转化率表示的活性，虽然意义上不够确切，但因计算简单方便，在试验过程和实际生产中广泛应用。在用转化率比较活性时，要求反应温度、压力、原料气浓度和接触时间（停留时间）相同。若为一级反应，由于转化率与反应物质浓度无关，则不要求原料气浓度相同的条件。转化率是针对反应物而言的。如果反应物不止一种，根据不同反应物计算所得的转化率数值可能是不一样的，但它们反映的都是同一客观事实。通常我们关注的是关键组分的转化率。

（3）活化能

活化能也能体现催化剂的活性。通常情况下，一个反应在某催化剂上进行时，活化能高，则表示该催化剂的活性低；反之，活化能低时，则表明催化剂的活性高。通常都是用总反应的表观活化能做比较。温度是活化能的宏观体现，活化能通常指达到某一转化率所需的最低反应温度，最低反应温度数值大的，表明该催化剂的活化能低。

8.3.2　活性的测定方法

测试评价催化剂活性的方法很多。根据不同需求，如新催化剂的研制、现有催化剂的改进、催化剂生产控制和动力学数据的测定等，可以采用不同的活性测定方法。也可依据具体反应及所要求的条件，如强烈的放热和吸热反应、高温和低温、高压和低压等，采用不同的活性测定方法。

催化剂活性的测定方法大体上可分为两大类，即静态法和流动法。静态法的反应系统是封闭的，供料不连续。流动法的反应系统是开放的，供料连续或半连续。半连续法，如某些气-液-固三相反应所用的，原料气体连续进出，而原料液体和固体催化剂则相对封闭。流动法中，用于固定床催化剂测定的有一般流动法、流动循环法（无梯度法）、催化色谱法等。结合工业生产中的催化反应多为连续流动系统，所以在催化剂评价时一般流动法应用最广。流动循环法、催化色谱法和静态法主要用于研究反应动力学和反应机理。

工业催化剂评价最常用的是管式反应器。反应器前部有原料的分析计量，预热和增压装置构成评价所需的外部条件，反应器后部有分离、计量和分析手段，以测取计算活性、选择性所必需的反应混合气的流量和浓度数据。

8.3.3　影响催化剂活性的因素

（1）温度

温度对催化剂的活性影响很大，温度太低时，催化剂的活性很小，则反应速度很慢，升高温度，反应速度逐渐增大，但当反应速度达到最大值后，又开始降低。因此，绝大多数催化剂都有其最适宜的活性温度范围，温度过高，易使催化剂烧结而破坏其活性。

（2）助催化剂

在催化剂的制备过程中或催化反应中加入少量物质，虽然这种物质本身对反应的催化活性很小或无催化作用，但能改变催化剂的部分性质，如化学组成、离子价态、酸碱性、表面结构、晶粒大小等，从而提高催化剂的活性、稳定性或选择性等，这种物质即称为助催化剂。例如：工业合成氨中，Fe-K_2O-Al_2O_3 催化剂中 Fe 为催化剂，K_2O 为电子助催化剂，Al_2O_3 为结构助催化剂。

（3）载体

把催化剂负载于某种惰性物质之上，这种惰性物质称为载体。使用载体可以使催化剂分散，增大有效面积，不仅可以提高催化剂活性、节约用量，同时还可以增加催化剂的机械强度，防止活性组分在高温下发生熔结而影响其使用寿命。常用的载体有石棉、活性炭、硅藻土、氧化铝、硅酸等。例如：活性炭作为载体负载铂、钯等催化剂，在加氢反应中催化性能比单独金属效果好。

（4）毒化剂和抑制剂

在催化剂的制备或反应过程中，由于引入少量杂质，催化剂的活性大大降低或完全丧失，并难以恢复到原有活性，这种现象称为催化剂中毒，对催化剂活性起到抑制作用的物质叫作毒化剂或抑制剂。例如：石油化工行业中的催化重整、催化加氢过程中，Pt、Ni 等催化剂遇硫、氮化合物会中毒，催化活性降低。

事实上，影响催化剂活性的因素很多，除上述常见的集中因素之外，酸碱度、催化剂制备过程中焙烧温度等不同引起的本身结构的差异、催化剂表面的两亲性基团差异等因素均可能影响催化剂的活性。

8.4　催化选择性测试方法

8.4.1　催化剂选择性表示方法

催化剂并不是对热力学允许的所有化学反应都有通常的功能，而是特别有效地加速平行反应或连串反应中的一个反应，这就是催化剂的选择性。通常用以下几个指标来量度催化剂的选择性。

① 产率　产率（Y）表明有多少参加反应的反应物转化为目标产物，即生成目的产物所消耗的指定反应物的量占该反应物参加反应的总量的百分率，又称选择率。

$$Y(产率) = \frac{转化成目的产物的指定反应物的量}{已转化的指定反应物的量} \times 100\% \qquad (8\text{-}10)$$

② 收率　收率（又称得率）是已转化为主产物的反应物的物质的量占反应物总物质的量的百分比。按此定义，收率（Z）可表示为：

$$Z = \frac{转化成目的产物的指定反应物的量}{指定反应物进料的量} \qquad (8\text{-}11)$$

综合式（8-8）、式（8-10）及式（8-11）可得，收率等于转化率与产率的乘积。由此可见，收率是衡量催化剂活性与选择性的综合指标，只有同时具备高活性和高选择性的催化剂，才有可能得到高产率的目的产物。

③ 选择性　评价复合反应时，除了采用转化率和收率外，还可应用反应选择性这一概念。反应物沿某一途径进行程度的比较，即为催化剂对某一反应的选择性。选择性（S）的表示如式（8-12），说明了主副反应进行程度的大小。

$$S(选择性) = \frac{转化成目的产物的指定反应物的量}{起始指定反应物的量} \times 100\% \qquad (8\text{-}12)$$

④ 选择性因子（又称选择度）　假设主副反应的速率常数分别为 k_1 和 k_2，则选择性因子（s）定义为：

$$s = \frac{k_1}{k_2} \qquad (8\text{-}13)$$

用真实反应速率常数比表示的选择性因子又称为本征选择性因子；以表观速率常数比表示的则为表观选择性因子。

8.4.2　催化剂选择性的测定方法

催化剂选择性的测试方法与上述活性测试方法类似。随着测试技术的发展，为快速判断催化剂对产物选择性的影响，可将微型反应器与色谱仪联用，组成一个统一体，用于催化剂活性或选择性评价，这种方法称为"微型色谱技术"。该技术又进一步发展到与热天平、差热、X 射线衍射、红外吸收光谱等联合使用以及与还原和脱附装置的联用等。由于色谱法灵敏度高，可以采用极少用量的微分反应器，催化剂的用量可以从几毫克到几十毫克不等。极小的反应器，可以与色谱仪相串联或并联，甚至置于色谱仪的恒温样品预热池内。有时可以直接对比色谱图中生成气的峰面积或峰高评价催化剂的选择性。

按照微型反应器与色谱仪在流程中连接方式的不同，可以分成两类试验方法，即脉冲微量催化色谱法（脉冲法）和稳定流动微量色谱法（尾气法）。

① 脉冲法　反应物以脉冲进料并随载气流经反应器，进行反应后，依次流入色谱柱和鉴定器，分析尾气组成的变化。试验时，可用注射器将少量气体或液体的混合物加到汽化室中，随载气进入反应器。反应后的混合物在冷阱里冷凝。当反应结束后，取下冷阱迅速加热冷凝器里的反应混合物，使之汽化，然后进行色谱分析。

脉冲法有如下优点：a. 快捷简便。可在短时间内获得大量有关催化剂的信息，适用于催化剂配方的快速初选。b. 直观性。能够直观地考察催化剂和反应物最初的作用情况，或者考察有关催化剂的中毒效应、钝化作用和活性中心的数目、性质、强度分布等情况。然而，此方法中催化剂所处的环境和经历与工业催化反应器相差甚远，故用此方法评价筛选催化剂，虽然快速，但其结果可信度较低，应辅之以其它方法的对照更为可信。

② 尾气法　与脉冲法不同，尾气法是反应混合物连续地流过反应器，而反应后的尾气则定时地导入色谱仪，并可按微分反应器操作。由于催化剂用量极少（质量不超过1g），即使采用高空速，催化剂床层内部仍不会有很高的浓度梯度，这是其优点。用这种方法评价催化剂的活性、稳定性比脉冲法可信，数据具有一定的参考价值。

8.4.3 催化剂选择性影响因素

催化剂的选择性实质上是目标反应与副反应之间反应速度竞争的表现，它与反应本身的特性和反应条件有关。催化剂的选择性源于其不同活性位点起到的催化作用不一样，有的位点对目标反应的催化能力强，有的对副反应的催化能力强。因此，活性中心的结构和分布对催化剂的选择性有非常重要的影响。按照反应需要改变催化剂的活性中心的结构和分布，可减少或避免催化剂催化副反应，从而提升催化剂的选择性。均相催化剂的选择性和活性较高，就是因为活性中心单一，结构简单、明晰，并且它的催化稳定性也较强。单原子催化剂因其高效、高选择性是当下研究的热点。对于一些高分子催化剂，可通过改变其孔结构，控制反应物浓度梯度，从而在动力学的层面上控制反应的进行。

类似于催化剂活性，反应环境也会影响催化剂的选择性。比如改变温度就可以改变乙炔加氢反应的选择性。酸碱度的改变可能会使参与反应的活性中心数减少，还有可能改变催化剂的孔径，从而降低活性与选择性。酸碱度的改变也可能引起底物结构的改变，影响底物和活性中心结合，从而在反应途径上降低催化剂的选择性。

8.5　催化稳定性测试方法

8.5.1　催化剂稳定性表示方法

催化稳定性是指催化剂的活性和选择性随时间变化的情况，可用于衡量催化剂保持活性和选择性的能力。常用使用寿命、循环次数、热分解温度、耐酸碱性和机械强度等参数来评估催化剂的稳定性。

催化剂寿命有两种表示方法。①单程寿命：在使用条件下，维持一定活性水平的时间。如图8-6所示，催化剂的活性变化一般可分为成熟期、稳定期和衰变期3个阶段。②总寿命：每次活性下降后经再生而又恢复到要求的活性水平的累计时间，其再生与寿命的关系如图8-7所示。寿命是对催化剂稳定性的总体表征。催化剂寿命越长越好。事实上，催化剂的寿命长短很不一致，有的催化剂的活性长达数年之久，有的短到几秒就会消失。如催化裂化用的催化剂几秒之内就失活，需要频繁再生、补充和交换。

除了耐高温、耐酸碱等化学稳定性，催化

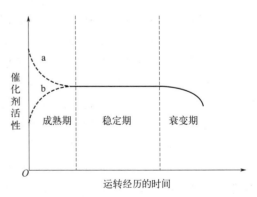

图 8-6　催化剂活性随时间的变化曲线
a—催化剂开始活性高，很快降到老化稳定；
b—催化剂开始活性低，经过诱导期达到老化稳定

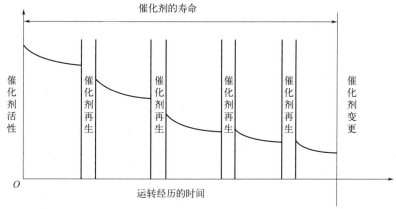

图 8-7　催化剂再生、运转时间与寿命关系

剂应具备一定的机械强度，从而避免搬运时的滚动磨损、装填时的冲击和自身重力造成的挤压，还原使用时的相变以及压力、温度或负荷波动时产生的各种应力。因此，催化剂机械强度性能常被列为评估催化剂稳定性的重要指标之一。

8.5.2　催化剂稳定性的测定方法

催化剂长期稳定性可以在连续流动或连续间歇反应中测量。要评价催化剂稳定性需要花费大量时间，并且需要从多个方面测量。

（1）催化剂的热稳定性测试

衡量催化剂的热稳定性是：从催化剂的使用温度开始逐渐升温，记录催化剂能忍受多高的温度和维持多长时间而活性不变，耐热温度越高、时间越长，则催化剂的寿命越长。

（2）机械强度测试

催化剂机械强度的测试主要分为以下三类。

① 单颗粒强度。本方法主要用于测试大小均匀的催化剂颗粒，适用于形状为球形、大片柱状和挤条颗粒的催化剂。单颗粒强度又可分为单颗粒压碎强度和刀刃切断强度。其中单颗粒压碎强度测试是将代表性的单颗粒催化剂以正向（轴向）、侧向（径向）或球形颗粒的任意方向放置在两平台间，均匀对其施加负载直至颗粒破坏，颗粒压碎时的外加负载表示强度。刀刃切断强度测试是将催化剂颗粒置于刀口下施加负载直至颗粒切断。对于圆柱状颗粒，以颗粒切断时的外加负载与颗粒横截面积的比值来表示刀刃切断强度。

② 整体堆积压碎强度。单颗粒强度并不能直接反映催化剂在固定床层中整体破碎的情况，因而采用整体堆积压碎强度。该方法也适用于形状不规则催化剂的强度测试。

③ 磨损强度。测试催化剂磨损强度的方法很多，结合催化剂在实际使用过程中的磨损情况，固定床催化剂一般采用旋转碰撞法，流化床催化剂一般采用高速空气喷射法。旋转碰撞法是将催化剂装入旋转容器内，催化剂在容器旋转过程中上下滚动而被磨损，经过一段时间，取出样品，筛出细粉，以单位质量催化剂样品所产生的细粉量，即磨损率来表示强度。该方法得到的是微球粒子。高速空气喷射法在高速空气流的喷射作用下使催化剂呈流化态，颗粒间摩擦产生细粉，以单位质量催化剂样品在单位时间内所产生的细粉量，即磨损指数作为评价催化剂抗磨损性能的指标。该方法主要得到的是不规则碎片。需要注意的是，无论哪种方法均需在测试的过程中保证催化剂是由于磨损失效，而不是破碎失效。

8.5.3　催化剂稳定性影响因素

① 温度　每种催化剂都有自己适宜的活性温度范围，高温除会引起催化剂的烧结外，还会引起化学组成和相组成的变化、半熔、晶粒长大、活性组分被载体包埋、活性组分由于生成挥发性物质或可升华的物质而流失等。事实上，在高温下所有的催化剂都将逐渐发生不可逆的结构变化，只是这种变化的快慢程度随着催化剂不同而异。

② 结焦和堵塞　以有机物为原料、以固体为催化剂的多相催化反应过程，催化剂表面上的含碳沉积物称为结焦。含碳物质或其它物质在催化剂孔中沉积，造成孔径减小，使反应物分子不能扩散进入孔中称为堵塞。常把堵塞也归结为结焦失活，它是催化剂失活中最普遍和常见的失活形式。含碳沉积物可与水蒸气或氢气作用经气化除去，所以结焦失活是个可逆过程。

③ 助剂　催化剂中加入某些助剂可以提高活性结构的稳定性和催化剂的导热性，从而影响其稳定性。

总之，催化反应过程中有多种原因可破坏催化剂稳定性，从而导致催化剂的活性和选择性下降。需采取纯化反应物料以避免催化剂中毒，提高催化剂的机械强度以减少催化剂的磨损、破碎等损失，尽可能保持催化剂的稳定性，以延长其寿命。

8.6　催化剂抗毒性测试方法

8.6.1　催化剂的抗毒稳定性表示方法

催化剂应用性能最重要的三个指标是活性、选择性和寿命。许多经验证明，工业催化剂寿命终结的最直接原因，除机械强度不足以外，还有其抗毒性差。由于有害杂质（毒物）对催化剂的毒化作用，使催化剂活性、选择性或寿命降低的现象，称为催化剂中毒。催化剂中毒是因为表面活性中心吸附了毒物，或进一步转化为较稳定的表面化合物，导致活性位被钝化或被永久占据。

一般而言，毒物泛指以下几类。

① 硫化物：H_2S、COS、CS_2、RSH、R_1SR_2、RSO_3H、H_2SO_4 等。
② 含氧化合物：O_2、CO、CO_2、H_2O 等。
③ 含 P、As、卤素、重金属化合物及金属有机化合物等。

8.6.2　催化剂的抗毒稳定性的测试方法

评价催化剂抗毒稳定性的方法如下：

① 选择性和活性恢复能力评价　在反应气中加入一定浓度的有关毒物，使催化剂中毒，而后换用纯净原料进行试验，视其活性和选择性能否恢复。若为可逆性中毒，可观察到一定程度的恢复。

② 测量毒物加入最高浓度　在反应气中逐量加入有关毒物，并使催化剂活性和选择性维持在给定的水准上，测试能加入毒物的最高浓度。

③ 中毒后再生性能评价　将中毒后的催化剂进行再生处理，视其活性和选择性恢复的程度，永久性（不可逆）中毒无法再生。

8.7 催化性能测试及影响因素

8.7.1 光催化性能测试及影响因素

光催化剂在光照的条件下具有氧化还原能力，能够实现催化污染物降解、物质合成和转化等目的。光催化氧化反应以半导体为催化剂，在光照下产生的电子和空穴参加氧化-还原反应。光催化反应过程是将光能转化为化学能。

光催化反应器是光催化降解进行的场所，光催化反应器需要考虑的主要因素有光源、反应器构型（包括催化剂的存在状态或布置形式）和反应器中流动相的状态（包括各相之间的接触状态、曝气方式等）。

① 光源的种类 由光催化降解机理可见，光催化技术中选用的光源的波长需与催化剂的激发波长相匹配。光源可大致分为两大类，即人工光源和太阳光，由于光源的种类不同，所匹配的反应器结构也会有很大的不同。光催化反应体系中，尤其是液相光催化反应体系中，使用最为广泛的光源是汞灯。

② 光催化反应器 用于半导体光催化过程的光催化反应器是一个多相反应器，形式是多种多样的。依据反应器中催化剂的存在状态，反应器可划分为浆式（悬浮）和固定式两类。工业中，为了降低光催化技术的成本，研制了充分利用太阳光源的反应器。工业用太阳光催化反应器一般可分为聚焦式和非聚焦式两种。

从研究目的来看，光催化反应器可以分为以机理研究为目的和以实用化为目的的反应器。机理研究方面主要是要确定影响光催化氧化效率的各种因素，并进行定量计算或定性说明。因此，用于这方面研究的反应器一般为悬浮式反应器，光源一般为人工光源。以实用化为目的的光催化反应器采用人工光源，多为催化剂固定式反应器。研究中主要考察催化剂的布置形式、反应体系的传质能力以及光源的辐射利用等对光催化降解效果的影响，这一类光催化反应器形式是多种多样的，包括环管式光反应器、光纤反应器、旋转鼓式反应器、转盘反应器等。

③ 活性测试 光催化剂催化活性性能测试一般是将催化剂与反应物接触混合，达到吸附平衡之后开启光源，然后结合色谱、紫外-可见光谱等检测技术，测试产物随光照时间生成或反应物浓度随光照时间减少的量，最后结合动力学方程模拟反应速率，从而评估光催化剂的活性。

④ 催化机理研究方法 光催化污染物的降解是一个复杂的物理化学过程，涉及光能吸收、光生电荷分离和界面反应等环节。在研究光生电荷产生、迁移及复合相关的机理时，需要多种测试手段相互辅助。如吸收光谱法、电子自旋共振（ESR）、光谱电化学法、阻抗谱、表面光伏/光电流、荧光光谱等。为检测光催化反应的最终产物或者较稳定的中间产物，可借助高效液相色谱（HPLC）、液相色谱/质谱（LC-MS）联用、气相色谱/质谱（GC/MS）联用装置。

光催化性能主要受光催化剂材料本身以及光催化反应条件两方面的影响。材料本身方面的影响因素有材料本身能带结构、形貌、缺陷、尺寸、晶型结构等，反应条件主要包括光源和 pH 值等。

① 催化剂能带结构　光催化最核心的概念是光催化剂吸收光能后，产生具有还原能力的电子和具备氧化能力的空穴，电子和空穴再还原或氧化其它物质（如 H_2O、有机污染物、重金属离子、CO_2 等）。因此，光催化剂的氧化还原能力是有限制的。光催化剂的氧化还原能力取决于其导带、价带位置，导带越负，还原能力越强；价带越正，氧化能力越强。催化剂的禁带宽度还决定着其吸光范围以及光催化剂能否受光激发产生电子空穴对，禁带宽度越窄，光吸收范围越广，受光激发越容易。

② 催化剂形貌　由于制备方法、反应时间、温度等不同会得到不同的形貌的催化剂，如花状、球状、片状等等。形貌不同，比表面积不同，与反应物接触面积也不同，则活性位点与反应物接触概率不同。一般来讲，比表面积越大，吸附性能越好，催化性能也越好。

③ 催化剂尺寸　当催化剂尺寸达到纳米级后，存在量子尺寸效应，随着尺寸的减小，半导体的禁带宽度也会变大，氧化还原能力则变强。另外，尺寸变小，电子空穴对到达催化剂表面时间越短，能越快与吸附在催化剂表面物质发生反应。但禁带宽度越大，对光的吸收能力也就越弱，因此设计催化剂时需综合考虑。

④ 催化剂晶型结构　晶型结构不同导致催化剂具有不同的禁带宽度并可能影响晶格缺陷。例如：金红石型 TiO_2 禁带宽度为 3.0eV，而锐钛矿型 TiO_2 禁带宽度为 3.2eV。并且相较于金红石型 TiO_2，锐钛矿型 TiO_2 具有更大的比表面积，更多的晶格缺陷，对电子的捕获能力也更强，有利于电子空穴对的分离，从而具备更强的光催化性能。

⑤ 催化剂缺陷　缺陷对半导体材料的电子结构、光吸收性能、表面吸附性能等都有影响。缺陷会在半导体能带中引入新的能级，从而增强材料对光的吸收能力、增加对反应物的吸附能力。除此之外，缺陷可以作为电子捕获中心，有利于电子空穴对的分离。

⑥ pH　光催化降解燃料的过程受 pH 影响显著。因为不同染料在溶液中的 pH 不同，染料所带电荷与催化剂表面电荷的异同将直接影响吸附性能，从而影响到后续的催化降解。

⑦ 光源　光源对催化性能的影响主要体现在光照波长与光照强度两个方面。光照波长与光催化剂的激发波长相匹配才能较好地激发光催化剂，从而得到较高的光催化性能。光强越强，就有更多催化剂被激发从而提高催化性能。然而，当光强增强到一定值，没有多余催化剂产生电子空穴对，对催化性能几乎没影响。光强过强还会导致反应体系温度升高，造成催化剂团聚，从而降低催化性能。

除上述因素之外，影响光催化的因素还有很多：温度、催化剂浓度、反应物浓度、光照时间等。

8.7.2　电催化性能测试及影响因素

电催化是指在电场的作用下，存在于电极表面或溶液相中的修饰物（可以是电活性或非电活性材料）能促进或抑制在电极上发生的电子转移反应，而电极表面或溶液中的修饰物本身并不发生变化的一类化学作用。能够催化电极反应的物质即为电催化剂。电催化作用既可以由电极材料本身引起，也可以通过各种电极表面修饰和改性工艺获得。因此，电催化剂既可以是电极本身，也可以是构成电极的表面修饰物，这时电极仅是电催化剂的基体。

（1）电催化剂性能要求

① 具有较高的电催化活性，以加快目标电极反应速度，且电极电位较低，以降低槽电压和电能消耗。

② 具有良好的电催化选择性，电化学反应发生时目标反应得以加速，副反应得以抑制。

③ 具有良好的电子导电性，可降低电极本身的电压降，使电极尽可能在高电流密度下工作。

④ 具有稳定性、耐蚀性，具有一定的机械强度，使用寿命长。

⑤ 易加工制备，成本较低。

（2）电催化剂性能测试

对于电催化剂的所有电化学测试均通过电化学工作站进行。以 CHI660D 电化学工作站为例，该工作站集成了绝大多数的电化学测试技术，如恒电位、恒电流、电位扫描、电流扫描以及交流阻抗等，可以进行各种电化学常数的测量。例如：析氢反应性能测试中，催化剂的催化活性通过线性扫描伏安法（linear sweep voltammetry，LSV）进行评估，即控制电极电位以恒定的速率线性变化，同时测量通过电极的电流，以测得的电流对施加的电位作图。测量体系采用由工作电极、辅助电极和参比电极组成的三电极体系。当电极表面进行化学反应时，反应物不断在电极上消耗且生成物不断产生。在液相条件下会引起电极附近溶液浓度的变化，破坏了液相中的浓度平衡。采用旋转圆盘电极可以减少电极附近物质传递对电子转移的影响以得到精度更高的测量结果。电催化性能的影响因素包括以下几方面：

① 电催化剂材料本身。材料种类对电催化性能起决定作用。过渡金属的原子结构中都含有空余的 d 轨道和未成对的电子，通过含过渡金属的催化剂与反应物分子的电子接触，这些电催化剂的空余 d 轨道上将形成各种特征的化学吸附键，从而达到分子活化的目的，降低了复杂反应的活化能，实现电催化。因此，过渡金属及其化合物具有优异的电催化性能。

② 电催化剂的形貌。为实现电催化剂与反应物充分接触，要求底物分子和催化物在结构上具有一定的对应关系。为了提高催化效率，一般把电催化剂制备成高分散性的形式并加到载体上。载体材料应具有抗腐蚀性和较好的电子传导能力。

③ 表面因素。表面因素包括比表面积和表面状态，如表面浓度、各种晶面的暴露程度等，这些主要受催化剂的制备方法和工艺条件影响。

④ 能量因素。能量因素也称电子因素，是通过催化剂与电极反应粒子之间的相互作用影响了反应过程中的活化能和能量变化。

8.8 测试及分析实例

8.8.1 催化剂的稳定性测试实例

过氧化氢（H_2O_2）是重要的工业氧化剂。聚（3,4-乙炔基苯乙炔基）吡啶（DE7），在可见光照明下将 H_2O 和 O_2 高效光催化生成 H_2O_2，时间长达 10h 左右。为了测试 DE7 的稳定性（图 8-8），测试了如下性能：五次连续 2h 的光催化产 H_2O_2 测试 [图 8-8（a）]，长期光催化产 H_2O_2 测试 [图 8-8（b）]，比较反应 5h，24h 和 55.5h 后的 DE7-M 和新鲜制备的 DE7-M 的固体紫外-可见光谱测试 [图 8-8（c）] 以及 DE7-M 在不同反应条件下的傅里叶变换红外光谱（FTIR）测试 [图 8-8（d）]。上述测试手段均可用于表征催化剂的稳定性。图 8-8（e）为 DE7 的分子结构及催化示意图。

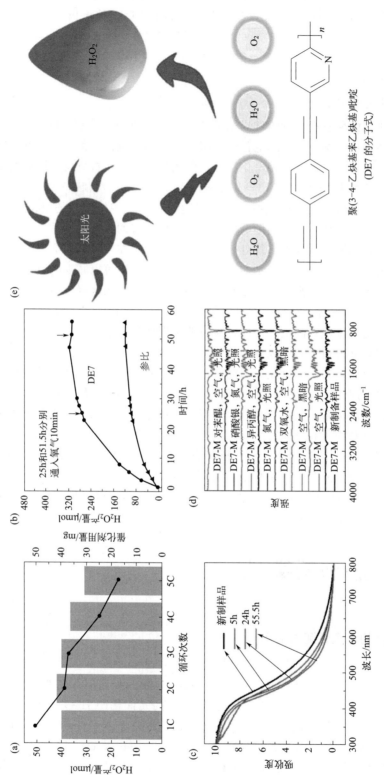

图 8-8 DE7-M 稳定性测试

(a) DE7-M 五次连续 2h 的光催化产 H_2O_2 测试;(b) DE7-M 长期光催化产 H_2O_2 测试;
(c) 反应 5h、24h 和 55.5h 后的 DE7-M 和新鲜制备 DE7-M 的固体紫外-可见光谱测试;
(d) DE7-M 在不同反应条件下的 FTIR 测试;(e) DE7 的分子结构及催化示意图

8.8.2 催化剂的光催化活性测试实例

采用溶胶-凝胶法制备了一系列 $LaNi_{1-x}Mn_xO_3$ 样品，并研究 Mn 掺杂对样品可见光下催化降解甲基橙（MO）的效率，光催化降解 MO 的百分率随时间的变化曲线及对应的一级动力学模拟结果均可用于评价光催化剂的活性，见图 8-9。结果表明，当 Mn 掺杂量为 40% 时，获得的 $LaNi_{0.6}Mn_{0.4}O_3$ 具有最优的光催化性能，可见光照射 120min 时，对甲基橙的降解率高达 99.46%。原因可能是 Mn 掺杂使衍射峰向低角度偏移，引起晶格扩张，导致 $LaNi_{1-x}Mn_xO_3$ 晶体粒径增大；掺杂后 Mn^{4+}/Mn^{3+} 与 O_{ads}/O_{latt}（吸附氧/晶格氧）的峰面积比例增加，提高了催化剂的氧化能力、界面电子转移率和表面吸附氧的数量，进而使其光催化活性提高。

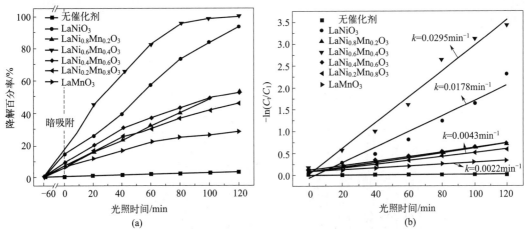

图 8-9　$LaNi_{1-x}Mn_xO_3$ 样品光催化降解 MO 的百分率（a）
及 $LaNi_{1-x}Mn_xO_3$ 样品光催化降解反应一级动力学拟合图（b）
C_t—甲基橙溶液随时间变化的浓度；C_1—甲基橙溶液的初始浓度

8.8.3 催化剂的选择性测试实例

过渡金属 Ag、Au、Pd、Sn 和 Cu 是还原 CO_2 常用的催化剂，为了比较它们催化还原 CO_2 的选择性，采用了如图 8-10 所示的气体扩散三电极流动电池进行测试。测试了不同电流密度和电解质条件下催化产物的法拉第效率从而评估不同催化剂对催化产物的选择性（图 8-11）。

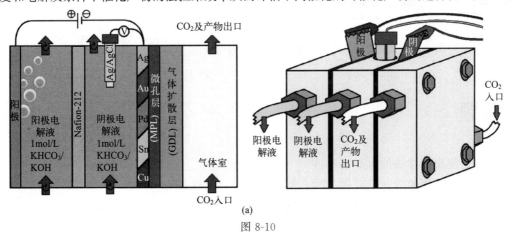

图 8-10

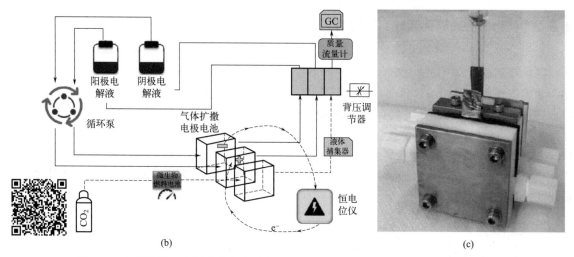

(b)   (c)

图 8-10   气体扩散三电极流动电池示意 (a) 和流动电池的装置示意 (b) 及实物照片 (c)

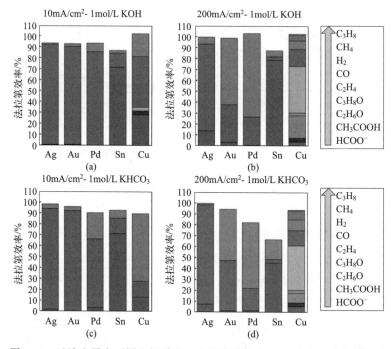

图 8-11   过渡金属在不同电解质及电流密度下催化 CO_2 产物的法拉第效率

思考题

2. 实验室所用的催化反应器有哪几类? 分别有什么优缺点?

3. 什么是催化剂中毒? 可采用哪些方法避免催化剂中毒?

参考答案

4.什么是转化率、产率、收率和选择性？这些参数分别用于评价催化剂的什么性能？它们之间有怎样的关系？

5.催化剂的活性和选择性有何区别？实际应用中，选择催化剂时该如何权衡两者之间的关系？

6.试验中有哪些方法可以快速测试催化剂在产物的选择性？这些测试方法分别有哪些优缺点？

参考文献

[1]　王桂茹.催化剂与催化作用[M].5版.大连：大连理工大学出版社，2024.

[2]　吴越.催化化学-下册[M].北京：科学出版社，1995.

[3]　赵地顺.催化剂评价与表征[M].北京：化学工业出版社，2011.

[4]　王尚弟，孙俊全，王正宝.催化剂工程导论[M].3版.北京：化学工业出版社，2015.

[5]　唐晓东，王宏，汪芳.工业催化[M].2版.北京：化学工业出版社，2020.

[6]　黄仲涛，彭峰.工业催化剂设计与开发[M].北京：化学工业出版社，2009.

[7]　黄仲涛，耿建铭.工业催化[M].4版.北京：化学工业出版社，2020.

[8]　朱永法，姚文清，宗瑞隆.光催化：环境净化与绿色能源应用探索[M].北京：化学工业出版社，2015.

[9]　孙世刚，陈胜利.电催化[M].北京：化学工业出版社，2013.

[10]　Liu L，Gao M，Yang H，et al. Linear Conjugated Polymers for Solar-Driven Hydrogen Peroxide Production：The Importance of Catalyst Stability[J]. Journal of the American Chemical Society，2021，143(46)：19287-19293.

[11]　曾鹏，彭同江，孙红娟，等. Mn 掺杂 $LaNi_{1-x}Mn_xO_3$ 的合成及在可见光下的光催化活性[J]. 材料导报，2021，35(24)：24018-24025.

[12]　Sassenburg M，Rooij R，Nesbitt N，et al. Characterizing CO_2 Reduction Catalysts on Gas Diffusion Electrodes：Comparing Activity，Selectivity，and Stability of Transition Metal Catalysts[J]. ACS Applied Energy Materials，2022，5(5)：5983-5994.

附　表

附表1　标准参照材料的热膨胀值

温度/℃	不锈钢		熔融石英	
	线性热膨胀 $(\Delta L/L_0)/10^{-6}$	线胀系数 $\alpha_l/10^{-6}℃^{-1}$	线性热膨胀 $(\Delta L/L_0)/10^{-6}$	线胀系数 $\alpha_l/10^{-6}℃^{-1}$
−193	—	—	−1	−0.07
−173	—	—	−13	−0.53
−153	—	—	−22.5	−0.53
−133	—	—	−28.5	−0.38
−113	—	—	−32	−0.24
−93	—	—	−32.5	−0.10
−73	—	—	−31	0.13
−53	—	—	−27.5	0.23
−33	—	—	−22	0.32
−13	—	—	−14	0.39
7	—	—	−6	0.45
20	0	9.76	0	0.48
27	69	9.81	—	—
47	—	—	13.5	0.53
67	466	10.04	24.5	0.56
107	872	10.28	47.5	0.60
147	1288	10.52	72	0.62
187	1714	10.76	97	0.63
227	2149	11.00	122	0.63
267	2593	11.23	—	—
287	—	—	159	0.61
307	3408	11.47	—	—
327	—	—	183	0.59
347	3511	11.71	—	—
367	—	—	206	0.56
387	3984	11.95	—	—
407	—	—	228	0.54
427	4467	12.19	—	—

温度/℃	不锈钢		熔融石英	
	线性热膨胀 $(\Delta L/L_0)/10^{-6}$	线胀系数 $\alpha_l/10^{-6}℃^{-1}$	线性热膨胀 $(\Delta L/L_0)/10^{-6}$	线胀系数 $\alpha_l/10^{-6}℃^{-1}$
447	—	—	249	0.51
467	4959	12.42	—	—
487	—	—	269	0.49
507	5461	12.66	—	—
527	—	—	288	0.47
567	—	—	307	0.44
607	—	—	324	0.42
647	—	—	340	0.40
687	—	—	356	0.38
727	—	—	371	0.37

附表 2　工业用参照材料线性热膨胀值

温度/℃	钨 $(\Delta L/L_0)/10^{-6}$	铂 $(\Delta L/L_0)/10^{-6}$	铜 $(\Delta L/L_0)/10^{-6}$	铝 $(\Delta L/L_0)/10^{-6}$
−233	(−875)	—	(−3235)	—
−213	(−850)	—	(−3158)	—
−195	—	−1756.66	—	—
−193	(−811)	—	(−3018)	—
−173	(−760)	—	(−2829)	—
−153	(−700)	—	(−2605)	—
−150	—	−1420.60	—	−3430
−133	(−633)	—	(−2353)	—
−113	(−560)	—	(−2080)	—
−100	—	−1024.09	—	−2550
−93	(−482)	—	(−1792)	—
−73	(−401)	—	(−1492)	—
−50	—	−607.96	—	−1550
−23	(−189)	—	(−707)	—
0	(−49)	−176.2	(−331)	−460
20	0	0　　(0)	0	0
50	(134)	286.06　　(266)	(500)	710
100	(359)	722.38　　(720)	(1354)	1900
150	(814)	—	(2228)	—
200	—	1654.60　　(1652)	(3121)	4450

温度/℃	钨 $(\Delta L/L_0)/10^{-6}$	铂 $(\Delta L/L_0)/10^{-6}$	铜 $(\Delta L/L_0)/10^{-6}$	铝 $(\Delta L/L_0)/10^{-6}$
250	(1045)	(2128)	(4033)	—
300	(1278)	2612.01　(2610)	(4961)	7130
350	(1515)	(3097)	(5907)	—
400	(1754)	3692.18　(3590)	(6870)	10050
450	(1996)	(4087)	(7852)	—
500	(2240)	4596.55　(4591)	(8853)	13230
600	(2733)	5628.65　(5617)	(10919)	16760
700	(3232)	6692.81　(6674)	(13072)	—
800	(3736)	7793.27　(7766)	(15323)	—
900	(4250)	(8896)	(17688)	—
1000	(4775)	(10063)	—	—
1100	(5311)	(11264)	—	—
1200	(5858)	(12500)	—	—
1300	(6415)	(13777)	—	—
1400	(6984)	(15111)	—	—
1500	(7571)	(16507)	—	—
1600	(8183)	—	—	—
1700	(8803)	—	—	—

注：与括号内数据相应的试样的化学纯度为 99.99%。